TONGJICAILIAO
REBIANXING YU REJIAGONG GONGYI

铜基材料
热变形与热加工工艺

张 毅 安俊超 贾延琳 等著

化学工业出版社
·北京·

高性能电子铜合金及铜基复合材料在电子信息、机械制造、航空航天、汽车、国防等领域得到广泛应用，成为一些领域的关键功能材料。铜基材料的热变形行为与其热加工工艺性能和少、无切削精密成形性能密切相关。本书简要介绍了金属材料热加工热-力物理模拟发展现状、热-力物理模拟试验机、材料和热加工领域的物理模拟技术、热加工热-力物理模拟理论基础、金属材料热加工的热-力物理模拟试验技术及数据处理等，重点介绍了作者近年研发的高性能铜合金、弥散铜、弥散铜基复合材料、电接触材料等新材料的设计、制备、组织性能与热变形行为。

本书可供高等院校、科研院所、企业等有关材料研发人员、设计人员参考，也可供高校材料科学与工程、冶金工程等专业高年级研究生、本科生学习。

图书在版编目（CIP）数据

铜基材料热变形与热加工工艺/张毅等著. —北京：化学工业出版社，2018.4
ISBN 978-7-122-31709-4

Ⅰ.①铜…　Ⅱ.①张…　Ⅲ.①铜基复合材料-热变形②铜基复合材料-热加工　Ⅳ.①TB333.1

中国版本图书馆 CIP 数据核字（2018）第 046228 号

责任编辑：邢　涛　　　　　　　　　文字编辑：谢蓉蓉
责任校对：宋　玮　　　　　　　　　装帧设计：韩　飞

出版发行：化学工业出版社（北京市东城区青年湖南街 13 号　邮政编码 100011）
印　　装：三河市航远印刷有限公司
710mm×1000mm　1/16　印张 19　字数 369 千字　　2018 年 6 月北京第 1 版第 1 次印刷

购书咨询：010-64518888（传真：010-64519686）　　售后服务：010-64518899
网　　址：http://www.cip.com.cn
凡购买本书，如有缺损质量问题，本社销售中心负责调换。

定　　价：98.00 元

　　模拟是对真实事件或者过程的虚拟或物拟。现代的材料加工物理模拟，主要指采用热模拟试验机进行物理模拟。热模拟试验机出现在第二次世界大战之后，在现代材料研发机构和加工、制造等行业得到广泛应用。热模拟试验机是一种提供了高温环境的动态材料试验机，它可以动态地对材料受热和成形过程全生命周期地进行物理模拟。其模拟功能齐全，应用广泛，可以进行包括连铸冶炼工艺、轧制锻压工艺、焊接工艺、金属热处理工艺和机械热疲劳等方面内容在内的动态过程模拟试验，可以测定金属高温力学性能、应力应变曲线、金属热物性及CCT 曲线等。材料加工的物理模拟是在实验室里使用真实的材料，经历实际制造工艺或最终服役工况来精确地再现其受热和受力作用的过程。在该模拟过程中使用一个小的真实材料样品，而该样品与全尺寸制品在制造工艺或最终服役工况中具有相同或相似的受热和受力条件。在现代热模拟试验机中模拟的结果将非常具有实用价值，因此，实验室中的模拟结果可以直接应用到全尺寸的生产实践中。

　　本书系统介绍了基于热模拟试验机的现代金属材料加工和物理特性表征的物理模拟的基本概念和意义、现代材料加工的物理模拟技术、材料加工物理模拟的常用试验方法，如高温拉伸试验、高温压缩试验、高温扭转试验和测定 CCT 曲线试验，进行了介绍和应用举例；对热加工理论基础、金属材料热加工的热模拟试验技术及数据处理进行了详细介绍，内容涉及热模拟试验参数的确定原则、真应力-真应变曲线、基于动态材料学模型本构方程构建的数据处理步骤、Z 参数的确定、动态再结晶临界条件与热加工图的构建及应用等。本书特别对河南科技大学及有色金属共性技术河南省协同创新中心电子铜合金研究团队自 1995 年以来，就有关高性能铜合金和电接触材料等铜基材料的热变形行为的热模拟研究成果进行了总结与概括，涉及的材料包括多元微合金化高性能 IC 框架铜合金、微纳结构混杂氧化物弥散强化铜、弥散铜-W/Mo/WC/TiC 电接触复合材料，制备方法涉及大气熔铸、真空熔铸、传统粉末冶金、真空热压烧结、放电等离子烧结（SPS）等多种技术，研究成果已在相关产品中得到应用或作为技术储备。

　　本书由张毅、安俊超、贾延琳、周旭东、付明、田保红、刘勇、殷婷、高直、王智勇、高颖颖、孙慧丽撰写完成，其中第 1、2 章由河南科技大学周旭东教授撰写；第 3、4 章由河南科技大学张毅教授、北京机电研究所有限公司高直工程师、河南科技大学孙慧丽撰写，第 5 章由北京工业大学贾延琳博士和河南科技大学张毅教授、河南工业技师学院高颖颖撰写；第 6 章由洛阳理工学院安俊超博士撰写；第 7 章由河南科技大学殷婷实验师、刘勇教授及中国空空导弹研究院付明研究员撰写；第 8 章由田保红教授、安俊超博士、洛阳轴承研究所有限公司王智勇高级工程师撰写。全书由张毅和田保红教授统稿。河南科技大学材料分析实验中心李炎教授、祝要民教授、刘玉亮博士、李武会博士，金属材料工程系王顺兴教授、贾淑果教授、任凤章教授，材料学实验中心张兴渊工程师，材料加工实验中心刘亚民高级工程师、郜建新高级工程师、赵培峰副教授、王要利实验师、刘重喜高级技师，河南省工程材料实验教学示范中心李红霞高级工程师、朱宏喜副教授、殷婷实验师等教师参与了部分研究工作。有关研究工作还得到有色金属共性技术河南省协同创新中心、河南省有色金属材料科学与加工技术重点实验室的谢敬佩教授、李全安教授、宋克兴教授、黄金亮教授、王文焱教授等教师的帮助与支持。河南科技大学材料科学与工程学院硕士研究生李瑞卿、许倩倩、李艳、孙慧丽、田卡、孙永伟、张晓伟、冯江、杨志强、杨雪瑞、程新乐、殷婷、赵瑞龙、朱顺新等和部分本科毕业生也参与完成了部分研究工作。在此向他们表示衷心的感谢。本书的撰写得到孙慧丽、李国辉、王冰洁等硕士的大力协助，感谢他们的辛勤劳动。

本书的有关项目研究得到国家自然科学基金（51101052、U1704143）、河南省科技开放合作项目（172106000058）、河南省高校科技创新人才支持计划（18HASTIT024）、河南省高校科技创新团队计划（2012IRTSTHN008 ）、河南省杰出青年基金项目（0521001200 ）、河南省高等学校青年骨干教师资助计划（2012GGJS-073）、河南省重点攻关项目（152102210074、162102410022）、河南省教育厅自然科学研究资助项目（2011QN48、14B430015、15A430006）和河南科技大学青年学术带头人启动基金（13490001）、洛阳市科技计划项目（020902）等项目的资助。

感谢有色金属共性技术河南省协同创新中心与河南省有色金属材料科学与加工技术重点实验室对有关研究的资助。感谢河南科技大学材料科学与工程学院、洛阳理工学院材料科学与工程学院、北京工业大学材料科学与工程学院和化学工业出版社对本书的撰写和出版给予的支持。

书中的主要内容是作者研究团队近年来研究工作的总结，本书在撰写过程中参考了部分相关文献，在书中都尽可能以参考文献形式列出，特向有关作者表示由衷的感谢。由于作者水平有限，恳请读者不吝批评指正。

作者

2018 年 2 月于洛阳

目　录

第6章 弥散铜基复合材料的热变形 **163**

第 7 章　电接触材料的热变形　　207

第 8 章　Al₂O₃-弥散铜的热变形　**275**

第1章

绪　论

1.1　材料加工物理模拟的基本概念和现代意义

所谓模拟是对真实事件或者过程的虚拟或物拟。模拟要表现出选定的物理系统或抽象系统的关键特性。模拟的关键问题主要包括有效信息的获取、关键特性和表现的选定、近似简化和假设的应用以及模拟的重现度和有效性。

模拟是工业、科学和教育中的一种研究或教学方法。它可在测验条件下再现实际事件和过程。模拟方法种类颇多，从用纸笔和木板再现情境，直到用复杂的计算机辅助的相互作用体系。实验中使用模拟方法，使研究者能不用稀有材料或昂贵仪器而进行奇异的"仿真实验室"的实验或演示。在汽车制造业中，计划的汽车设计在计算机模拟中来进行模拟风洞试验，可以把原来用于制造和试验原型的时间节约几百小时。压缩或放大时间或空间是模拟技术节省成本的另一个特点。任何地方发生的事件，其真实时间可能为几小时直至极长的时间，但在几分钟内即可模拟出来。例如，医学研究人员常常要隔离器官，并且要用人工方法维持其生命，进行培育，注入化学药物，以等待结果。然而，当一个被选择的器官的正常机能可被精确地模拟下来时，研究人员在几分钟之内即可观察到范围广泛的许多事件对器官机能发生的影响。同样，天文学家使用计算机模拟银河系运动，可以演示数百万年才能完成的事件，例如两个星系的碰撞，以检验理论描述的正确性。作为教学方法，模拟可使学生以逼真的方式处理重大事情，而在他们作出错误选择时也不致产生恶果。这种方法在医学训练中十分有用。例如，艾伯塔大学医学院使用计算机来模拟处于危机情况的，如无适当护理即会死亡的病人，要求医生迅速作出专业诊断，确定治疗方法，以保全病人的生命。

世界上的事物，虽然千姿百态，但究其本质，都有相同的哲理，当我们摸清了事物迥异的个性后，就需要开始去寻找它们内在的共性，这才是一个明哲、智慧的做法，也是认识事物的最好途径。只有这样才能掌握大自然的运动规律，从而站在哲学的高度，通晓自然科学和社会科学领域的真谛。列宁曾经指出："历史有惊人的相似。"莱布尼茨也说过："自然界都是相似的。"然后又说："为什么相似，是神定的先定和谐。"针对这句话，列宁正确地指出："具有深刻的辩证法，虽然有僧侣主义的解释。"但是我们不妨站在唯物主义者的立场，把神的概念，理解为"大自然的规律"。

相似就是客观事物存在的同与变异的辩证统一。在客观事物发展过程中，始终存在着同和变异。只有同，才能有所继承；只有变异，事物才能往前发展。相似绝非等于相同。

有人说，搞相似性就是只研究共性，不研究个性。这是对相似性的不了解。

下面我们给出模拟的正式概念：

定义 1：根据相似性原理，对实际事件或者过程进行再现，称为模拟。

定义 2：在主观或者客观需求驱动下，根据相似性原理，预测或者再现事件或者过程，称为模拟。

定义 3：有目的地根据规律，研究非现时（跨时空）事件或者过程，称为模拟。

材料加工的物理模拟就是根据相似性原理，利用廉价的或易于观测的实物材料进行材料加工过程的再现过程。

早期的材料加工物理模拟有：用常温铅模拟钢的热成形方法、用赛璐珞模拟钢热成形方法、胶泥法、光弹法、光塑法、密栅云纹法等。

现代的材料加工物理模拟主要指采用热模拟试验机进行物理模拟。热模拟试验机出现在第二次世界大战之后，经历了由自由竞争到垄断的发展，目前只剩下为数不多的几家企业在生产，分别是美国 DSI 公司的电阻加热 Gleeble 物理模拟试验机和日本富士电波株式会社的高频感应加热 Themorestor-W 和高频感应及电阻加热 Themocmastor-Z，还有近年来我国东北大学研制的电阻加热 MMS 热模拟试验机。

热模拟试验机就是提供了高温环境的动态材料试验机，它可以动态地对材料受热和成形过程全生命周期地进行物理模拟。其模拟功能齐全，应用广泛，可以进行包括连铸冶炼工艺、轧制锻压工艺、焊接工艺、金属热处理工艺和机械热疲劳等方面内容在内的动态过程模拟试验，可以测定金属高温力学性能、应力应变曲线、金属热物性及 CCT 曲线等。

材料加工的物理模拟是在实验室里使用真实的材料经历实际制造工艺或最终服役工况来精确地再现其受热和受力作用的过程。在该模拟过程中使用一个小的真实材料样品，而该样品与全尺寸制品在制造工艺或最终服役工况中具有相同或相似的受热和受力条件。在现代热模拟试验机中模拟的结果将非常具有实用价值，因此，其实验室中的模拟结果可以直接应用到全尺寸的生产实践中。

1.2　现代材料加工的物理模拟技术

为什么要进行现代材料加工的物理模拟呢？主要有以下几个目的：

（1）开发新材料或者新合金；

（2）降低产品研发的成本；

（3）缩短新产品或者新技术的研发周期；

（4）深入了解当代工业中材料加工工艺及进一步优化材料加工工艺；

（5）提高产品的产量和质量；

（6）表征材料的性能。

现代材料加工物理模拟技术主要分为电阻加热、高频感应加热、高频感应及电阻加热的双电源加热方式等三种，前者指的是 Gleeble 系列热模拟试验机，后两种指的是 Themorestor-W 热模拟试验机或者 Themocmastor-Z 热模拟试验机。

1.2.1　电阻加热热模拟试验机

美国的 Gleeble 热模拟试验机是一流的、卓有成效的热模拟试验机之一，它的发展最早是在 1946 年，从 Rensselaer 工学院做的 HAZ 试验机开始的，后来经过九年时间的修改和再设计终于完成了抗干扰的原始热模拟样机 Gleeble500，之后推出模拟电子计算机控制的 Gleeble510、Gleeble1500 和 Gleeble2000 型号的试验机，到了 20 世纪 90 年代又推出了数字电子计算机控制的 Gleeble3500、Gleeble3800、Gleeble1500D 和 Gleeble3180 等型号的热模拟试验机。电阻加热热模拟试验机的特点是加热速度快。

我国的东北大学 MMS 热模拟试验机也采用电阻加热方式。

（1）Gleeble 热模拟试验机的系统组成　　Gleeble 热模拟试验机的系统如图 1-1所示。该系统由温度控制系统和机械控制系统组成，两个系统目前都是采用数字电子计算机控制、解耦控制或独立控制，控制算法采用经典的 PID 控制。系统的组成主要有：主机（机架、液压机械伺服系统、加热变压器和水冷闭环控制系统、应力应变数据测量和数据采集系统、温度数据测量和数据采集系统、真空箱/真空槽和试样夹具等）、控制计算机单元、编程计算机单元、液压站、水冷机组、真空机组和空压机组等，参见图 1-1。

（2）Gleeble 热模拟试验机的加热原理　　Gleeble 的加热系统主要是由加热变压器、温度测量与控制系统和冷却系统组成。加热变压器的初级线圈可以接 200V/380V/450V 电压，次级线圈抽头分为高、中、低三档，输出电压范围 3～10V。根据焦耳-楞次定律，电流通过试样后在试样上产生的热量为：

$$Q = I^2 R t \tag{1-1}$$

式中，Q 为电流在试样上产生的热量，J；I 为通过试样的电流，A；R 为试样电阻值，Ω；t 为通电时间，s。

由于次级回路不是纯电阻，则加热电流为：

$$I = \frac{U}{Z} \tag{1-2}$$

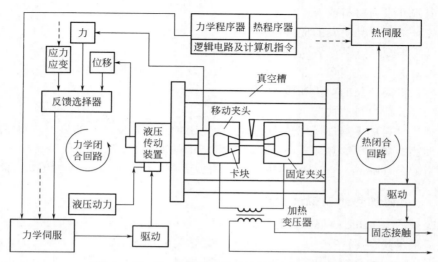

图 1-1　Gleeble 热模拟试验机的系统组成示意图[1]

式中，U 为次级电压；Z 为次级回路阻抗（$Z=\sqrt{R^2+X^2}$，X 为回路感抗）。

于是试样上产生的热量可以写为：

$$Q=\frac{U^2}{Z^2}\times Rt \tag{1-3}$$

为了获得较快的加热速度或较高的加热温度（单位时间内产生更多的热量），必须提高次级输出电压。

试样尺寸确定后，所需功率取决于所要求的最大加热速度或加热温度；反之，当功率一定时，为了实现所需的高温温度，也可以通过调整试样尺寸或者加热速度来实现。对于输出功率的要求，可以利用数学公式来估算。

设试样的长度为 L，横截面积为 A，密度为 ρ，电阻系数为 s，比热容为 C，以 $\mathrm{d}T/\mathrm{d}t$ 的速率加热试样，忽略热量的损失，则每单位体积要求的功率为：

$$W=\rho C\frac{\mathrm{d}T}{\mathrm{d}t} \tag{1-4}$$

整个试样所需功率为：

$$P=LA\rho C\frac{\mathrm{d}T}{\mathrm{d}t} \tag{1-5}$$

试样的电阻为 $R=sL/A$，因此，在试样中电流的消耗功率为：

$$P'=I^2R=I^2s\frac{L}{A} \tag{1-6}$$

为了满足加热速度的需要，其功率应该相等：

$$P'=P \tag{1-7}$$

即：

$$I^2 s \frac{L}{A} = LA\rho C \frac{\mathrm{d}T}{\mathrm{d}t} \tag{1-8}$$

于是，试样中的电流密度为：

$$\frac{I}{A} = \sqrt{\frac{\rho C}{s} \times \frac{\mathrm{d}T}{\mathrm{d}t}} \tag{1-9}$$

试样单位长度的电压降为：

$$\frac{U}{L} = \frac{IR}{L} = \frac{RA}{L}\sqrt{\frac{\rho C}{s} \times \frac{\mathrm{d}T}{\mathrm{d}t}} = s\sqrt{\frac{\rho C}{s} \times \frac{\mathrm{d}T}{\mathrm{d}t}} = \sqrt{\rho C s \times \frac{\mathrm{d}T}{\mathrm{d}t}} \tag{1-10}$$

根据不同材料的试样计算的结果如表 1-1 所示。

表 1-1 不同材料在加热速度为 1000℃/s 时所需的估算功率

材料	工作温度 /℃	密度 ρ /(g/cm³)	电阻率 σ /(Ω/m)	比热容 C /[J/(kg·K)]	电流密度 /(A/mm²)	电压降 /(V/mm)	单位体积 功率 /(W/mm³)
C-Mn 钢	100	7.9	15.9×10^{-8}	480	150	0.025	3.95
	800		109.4×10^{-8}	950	83	0.091	7.60
6061 铝	20	2.7	3.8×10^{-8}	960	260	0.010	2.6
AISI-347	22	8.0	73×10^{-8}	500	74	0.054	4.0

由于试样的两端有水冷机座冷却，被加热试样的温度分布示意图如图 1-2 所示，为了分析，在试样的长度上 x 位置选取单元长度 $\mathrm{d}x$，如图 1-3 所示。

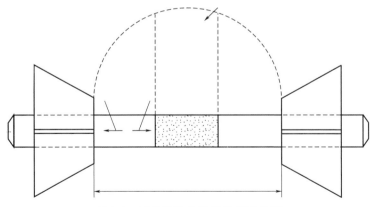

图 1-2 试样沿轴向温度分布示意图

设一试样夹持在夹具之间，夹具温度为 T_0，夹具之间的距离为 L。当热量在试样中传导时，在 $\mathrm{d}t$ 时间内，离开某一夹具的距离为 x 处，通过试样截面积的传导热量为：

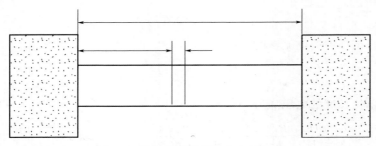

图 1-3 被加热试样温度分布示意图

$$Q = -kA\frac{\partial T}{\partial x}\mathrm{d}t \tag{1-11}$$

式中，k 为试样材料的热传导系数；A 为试样的横截面积。

在同一时间内，离开夹具距离为（$x + \mathrm{d}x$）处，通过试样截面积的传导热量为：

$$Q + \mathrm{d}Q = kA\left[\frac{\partial T}{\partial x} + \frac{\partial}{\partial x}\left(\frac{\partial T}{\partial x}\right)\mathrm{d}x\right]\mathrm{d}t \tag{1-12}$$

设单位体积电加热功率为 W，略去辐射和对流热损失，则在长度 $\mathrm{d}x$ 内获得的净热量为：

$$\mathrm{d}Q + WA\mathrm{d}x\mathrm{d}t = kA\frac{\partial}{\partial x}\left(\frac{\partial T}{\partial x}\right)\mathrm{d}x\mathrm{d}t \tag{1-13}$$

$$\rho C\mathrm{d}TA\mathrm{d}t + WA\mathrm{d}x\mathrm{d}t = kA\frac{\partial}{\partial x}\left(\frac{\partial T}{\partial x}\right)\mathrm{d}x\mathrm{d}t \tag{1-14}$$

于是温度的变化率为：

$$\frac{\partial T}{\partial x} = \frac{1}{\rho C}\left(W + k\frac{\partial^2 T}{\partial x^2}\right) \tag{1-15}$$

在稳定状态时：

$$\frac{\partial T}{\partial x} = 0，W = -k\frac{\partial^2 T}{\partial x^2} \tag{1-16}$$

积分之后得：

$$\frac{\partial T}{\partial x} = -\frac{W}{k}x + a \tag{1-17}$$

当 $x = L/2$ 时：

$$\frac{\partial T}{\partial x} = 0 \tag{1-18}$$

得：

$$a = \frac{WL}{2k} \tag{1-19}$$

再次积分得：

$$T = -\frac{W}{2k}x^2 + \frac{WL}{2k}x + a' \tag{1-20}$$

在 $x=0$ 处，$T=T_0$，故 $a'=T_0$。

因此：

$$T = -\frac{W}{2k}x^2 + \frac{WL}{2k}x + T_0 \tag{1-21}$$

或：

$$T - T_0 = -\frac{W}{2k}x^2 + \frac{WL}{2k}x \tag{1-22}$$

当 $x=L/2$ 时，若 $T=T_{max}$，则：

$$T_{max} - T = \frac{WL^2}{8k} \tag{1-23}$$

令：

$$T = T_{max} - \mathrm{d}T \tag{1-24}$$

则：

$$T_{max} - \mathrm{d}T - T_0 = 4\,\frac{T_{max} - T_0}{L^2} \times (L-x)x \tag{1-25}$$

解得：

$$x = \frac{L}{2}\left(1 \pm \sqrt{\frac{\mathrm{d}T}{T_{max} - T_0}}\right) \tag{1-26}$$

于是得出温度处在 T_{max} 和 $T_{max} - \mathrm{d}T$ 范围内的试样长度，即等温区长度为：

$$\mathrm{d}x = L\sqrt{\frac{\mathrm{d}T}{T_{max} - T_0}} \tag{1-27}$$

利用这个公式计算的结果见表 1-2 所示，在 5％温差范围内，等温区占比为 25％。而不同的环境气氛条件也会影响试样中温度的分布，参见图 1-4。

表 1-2　试样等温区长度和占比计算结果

试样长度 L/mm	最高温度 T_{max}/℃	冷端温度 T_0/℃	等温区温差 $\mathrm{d}T$ ($0.05T_{max}$)/℃	等温区长度 $\mathrm{d}x$/mm	等温区占比/％
20	100	20	5	5	25
20	200	40	10	5	25
20	300	60	15	5	25
20	400	80	20	5	25
20	500	100	25	5	25
20	600	120	30	5	25
20	700	140	35	5	25

续表

试样长度 L/mm	最高温度 T_{max}/℃	冷端温度 T_0/℃	等温区温差 dT ($0.05T_{max}$)/℃	等温区长度 dx/mm	等温区占比/%
20	800	160	40	5	25
20	900	180	45	5	25
20	1000	200	50	5	25
20	1100	220	55	5	25
20	1200	240	60	5	25

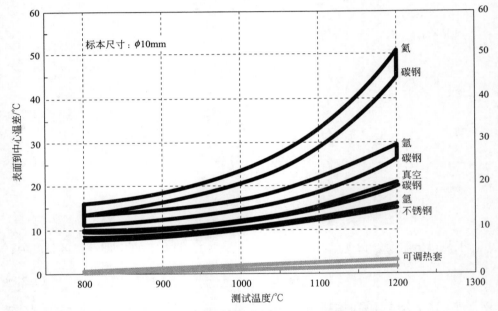

图 1-4 Gleeble 热模拟试验机试样径向温度分布图

（3）Gleeble 热模拟试验机的控制原理 Gleeble 的控制采用了经典的 PID 闭环控制，其机械系统伺服控制框图如图 1-5 所示，其数学模型如图 1-6 所示。前向通道的传递函数为：

$$G_1(s) = K_P K_A \frac{K_V}{T_V s + 1} \times \frac{1}{s} \tag{1-28}$$

图 1-5 Gleeble 热模拟试验机机械系统伺服控制框图

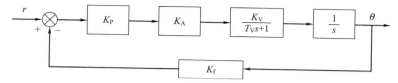

图 1-6 Gleeble 热模拟试验机机械系统伺服控制数学模型

开环传递函数为：

$$G_K(s) = K_f G_1(s) = K_P K_A K_V K_f \frac{1}{T_V s + 1} \times \frac{1}{s} \qquad (1-29)$$

则闭环系统传递函数为：

$$G(s) = \frac{G_1(s)}{G_K(s)} = \frac{1/K_f}{\frac{T_V}{KK_f}s^2 + \frac{1}{KK_f}s + 1} \qquad (1-30)$$

式中，$K = K_P K_V K_A$

表明半闭环进给伺服系统是典型的二阶系统，写成标准形式为：

$$G(s) = \frac{K/T_V}{s^2 + 2\zeta\omega_n s + \omega_n^2} \qquad (1-31)$$

式中，$\omega_n = \sqrt{\dfrac{KK_f}{T_V}}$ 为无阻尼角频率；$\zeta = \dfrac{1}{\sqrt{KK_f K_V}}$ 为阻尼比。

① 动态性能分析 上述机械控制伺服系统是一个典型的二阶系统，阻尼比 ζ 是描述系统动态性能的重要参数。下面分欠阻尼（$0 < \zeta < 1$）、临界阻尼（$\zeta = 1$）和过阻尼（$\zeta > 1$）三种情况进行分析。

a. 欠阻尼 若 $0 < \zeta < 1$，称系统为欠阻尼。此时伺服系统的传递函数有一对共轭复极点，传递函数可写成：

$$G(s) = \frac{K/T_V}{(s + \zeta\omega_n + j\omega_d)(s + \zeta\omega_n - j\omega_d)} \qquad (1-32)$$

式中，$\omega_d = \omega_n\sqrt{1-\zeta^2}$ 为阻尼角频率。其响应如图 1-7 所示。

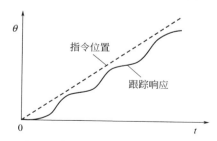

图 1-7 欠阻尼伺服系统跟随斜坡输入信号的响应

b. 过阻尼 若阻尼比 $\zeta > 1$，称系统为过阻尼。此时伺服系统的传递函数有一对不同的实极点，传递函数可写成：

$$G(s) = \frac{K/T_V}{(s+r_1)(s+r_2)} \tag{1-33}$$

式中，$r_1 = (-\zeta + \sqrt{\zeta^2 - 1})\omega_n$，$r_2 = (-\zeta - \sqrt{\zeta^2 - 1})\omega_n$。其响应如图 1-8 所示。

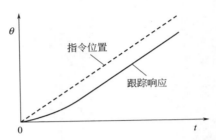

图 1-8 过阻尼伺服系统跟随斜坡输入信号的响应

c. 临界阻尼 若阻尼比 $\zeta = 1$，称系统为临界阻尼。此时伺服系统的传递函数有一对相同的实极点，传递函数可写成：

$$G(s) = \frac{K/T_V}{(s+\omega_n)^2} \tag{1-34}$$

这种情况下，系统的响应无振荡，其情形与过阻尼类似。

由于数控的伺服进给不允许出现振荡，故欠阻尼的情况应当避免，而临界阻尼是一种中间状态，若系统参数发生了变化，就有可能转变成欠阻尼状态，故临界阻尼也是应该避免的。由此得出结论：数控的伺服系统应当在过阻尼的情况下运行。根据过阻尼（$\zeta > 1$）的要求，可以得出：

$$\zeta = \frac{1}{2\sqrt{KK_f T_V}} = \frac{1}{2\sqrt{K_P K_V K_A K_f T_V}} > 1 \tag{1-35}$$

所以，控制器的增益 K_P 应满足 $K_P < \dfrac{4}{K_f K_A K_V K_V}$。

② 静态性能分析 上述机械伺服系统的静态性能主要体现在跟踪误差的大小。在伺服系统中，位置输入指令与位置跟踪响应之间存在着误差，随着时间的增加，这一误差趋于固定。这一误差就称为系统跟随误差。在一般的数控系统中，常用伺服滞后来表示跟随误差，如图 1-9 所示。

为了分析跟踪误差，设进给伺服系统的斜坡输入指令为：

$$r(t) = \begin{cases} vt & t \geqslant 0 \\ 0 & t < 0 \end{cases} \tag{1-36}$$

式中，v 为指令速度。

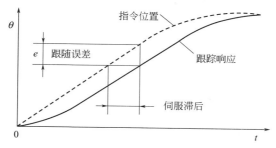

图 1-9　机械伺服系统的跟踪误差

则其拉氏变换为：

$$R(s) = \frac{V}{s^2} \tag{1-37}$$

根据拉氏变换终值定理得：

$$
\begin{aligned}
e &= \lim_{s \to 0} \frac{s}{1 + G_K(s)} R(s) \\
&= \lim_{s \to 0} \frac{V}{s \left(1 + K_P K_A K_V K_f \dfrac{1}{T_V s + 1} \times \dfrac{1}{s} \right)} \\
&= \frac{V}{K_P K_A K_V K_f}
\end{aligned}
\tag{1-38}
$$

从上式可以看出，机械伺服系统的跟随误差与控制器增益 K_P 成反比。因此，要减小跟随误差就要增大 K_P。又由机械伺服系统的动态性能分析知，K_P 的最大值受到限制。

因此，机械伺服系统动态性能的要求和静态性能的要求是一对矛盾。在设置 K_P 的大小时要同时兼顾这两方面的要求。由此可以得出结论：若采用比例控制器，跟随误差是无法完全消除的。

温度控制系统属于时滞系统。温度的测量采用热电偶或者光电高温计。温度控制也采用经典的 PID 闭环伺服控制系统。伺服模块的功能是比较程序温度输入信号和反馈信号（实际温度）并为调节器提供信号，来实时调节通过试样的电流大小，进而保持实际温度与程序温度相一致。当程序温度输入信号和反馈信号相等时，即实际温度＝程序温度，比较合成为零；当程序温度＞实际温度时，调节器提供变化了的触发脉冲宽度，进而加宽可控硅导通角使之增加输出电流提高加热速度。

冷却系统，主要有试样与夹具的热传导、喷气和喷水冷却等方式。

（4）Gleeble 热模拟试验机的型号与性能　随着计算机控制技术的应用以及测量系统的完善和机械装置的改进，现在的 Gleeble 热/力学模拟机主要有

Gleeble 1500、2000、3200、3500、3800 等系列型号,模拟精度和模拟技术的应用水平得到不断提高。其性能指标如表 1-3 所示。

表 1-3 不同型号 Gleeble 模拟机的主要性能指标

性能 \ 型号	Gleeble 1500	Gleeble 2000	Gleeble 3000 系列		
			Gleeble 3200	Gleeble 3500	Gleeble 3800
加热速度	最大 10000℃/s,最小保持温度恒定	最大 10000℃/s,最小保持温度恒定	最大 10000℃/s,最小保持温度恒定	最大 10000℃/s,最小保持温度恒定	最大 10000℃/s,最小保持温度恒定
冷却速度	最大 140℃/s,急冷 10000℃/s	最大 140℃/s,急冷 10000℃/s	最大 140℃/s,急冷 10000℃/s	最大 140℃/s,急冷 10000℃/s	最大 140℃/s,急冷 10000℃/s
最大载荷	拉速/压缩 8.1t 动态载荷 5.4t	拉速/压缩 20t 动态载荷 8t	拉速/压缩 2t 动态载荷估值 1.4t	拉速/压缩 10t 动态载荷 5t	20t 压缩/10t 拉伸动态载荷 8t
位移速度	最大 1000mm/s,最小 0.01mm/s	最大 2000mm/s,最小 0.01mm/s	最大 100mm/s,最小 0.01mm/s	最大 1000mm/s,最小 0.01mm/s	最大 2000mm/s,最小 0.01mm/s

(5)Gleeble 热模拟试验机的应用范围 Gleeble 热模拟试验机的主要应用范围如下,包括但不局限于以下几个方面。

① 材料测试 高/低温拉伸测试,高/低温压缩测试,单轴压缩,平面压缩,应变诱导裂纹(SICO),熔化和凝固,零强度/零塑性温度确定,热循环/热处理,膨胀/相变,TTT/CCT 曲线,裂纹敏感性试验,形变热处理,应变诱导析出,回复,再结晶,应力松弛析出试验,蠕变/应力破坏试验,液化脆性断裂研究,固/液界面研究,固液两相区材料变形行为,热疲劳,热/机械疲劳等。

② 过程模拟 铸造和连铸,固液两相区加工过程,热轧/锻压/挤压,焊接,HAZ 热影响区,焊缝金属,电阻对焊接,激光焊,扩散焊,镦粗焊,板带连续退火,热处理,粉末冶金/烧结,自蔓延燃烧合成(SHS)等。

1.2.2 高频感应加热热模拟试验机

日本的热模拟试验机是以高频感应方式进行加热的。即在试样的周围安装高频感应线圈,利用试样中产生的感应电流(涡电流)进行加热[2]。典型的代表是高频感应加热 Themorestor-W 和高频感应及电阻加热 Themocmastor-Z。此外,还有全自动相变仪 Formastor-F 和压力加工模拟器 Formastor-Press。高频感应加热模拟试验机的特点是温度均匀性好,高频感应及电阻加热双电源加热模拟机的特点是集均温性好和加热速度快于一身。但是在国内,日本的热模拟试验机的占有率很少,远没有美国的高。

(1)高频感应加热试验机系统组成 Themorestor-W 试验机由主机(真空室、加热圈、机械系统和测量系统)、控制计算机单元、编程计算机单元、温度控制系统和机械液压伺服控制系统等组成，如图 1-10 所示。

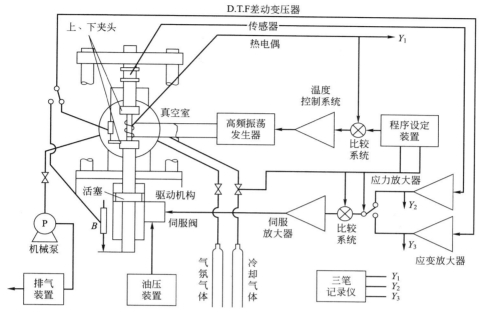

图 1-10　Thermorestor-W 系统原理图

（2）感应加热原理　载流线圈中产生磁场，如图 1-11 所示；磁性棒与非磁性棒的磁场，如图 1-12 所示。通过交流电时产生的涡流大小情况，即趋肤效应或集肤效应，如图 1-13 所示，感应电流的大小从外表向里层以幂指数递减。这一重要的结果可以用来定义载流层的有效穿透深度。有效穿透深度也成为基准深度或趋肤深度，表示为 d。它和交流电的频率、工件的电阻率和相对磁导率有关。穿透深度定义为：

$$d = 5000\sqrt{\rho/(\mu f)} \tag{1-39}$$

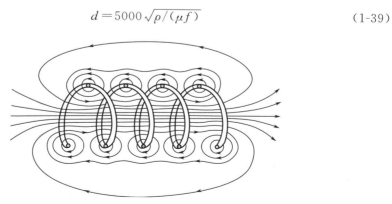

图 1-11　载流线圈中的磁场示意图

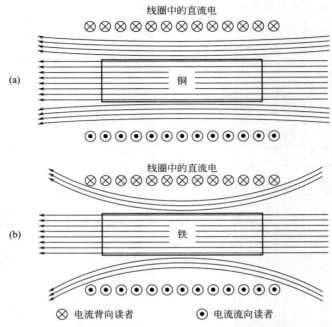

图 1-12　载流线圈对非磁性（a）和磁性（b）金属棒的磁场

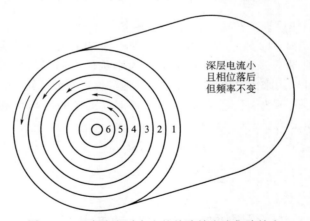

图 1-13　通交流电时产生的趋肤效应或集肤效应

式中，d 为穿透深度，cm；ρ 为工件的电阻率，Ω/cm；μ 为工件的磁导率（无量纲）；f 为交流电频率，Hz。

在感应加热应用中所需要的功率是一个应当考虑的重要的量。在穿透加热应用中，能量密度应保持相对低一些，以允许进行从外层到里层的热传导。当然，从外层到里层必然存在一个温度梯度，但是可以通过对加热量的仔细选择把它控制到最小，忽略温度梯度的影响，吸收的能量取决于所需要的温升 ΔT，单位时间内加热的总重量 W，以及材料的比热容 C。提供给负载的功率为：

$$P_1 = WC\Delta T \tag{1-40}$$

还需要考虑到对流和辐射而使工件损失的功率。由于焦耳热效应线圈损失的功率和工件对流损失的热量很少，计算时忽略不计，那么辐射损失的功率为：

$$P_2 = Ae\sigma(T_2^4 - T_1^4) \tag{1-41}$$

式中，A 为工件的表面积；e 为工件表面辐射率；σ 为史蒂芬玻尔兹曼常数；T_1，T_2（热力学温度）为工件温度，环境温度。

在加热的过程中，辐射率不同，如铝在 $200 \sim 595\,℃$ 之间辐射率为 $0.1 \sim 0.2$，而在同样温度下，钢的辐射率为 0.8。

感应线圈的损耗功率为：

$$P_3 = I_C^2 R_C \tag{1-42}$$

总的功率为 $P = P_1 + P_2 + P_3$。

如果假设金属试样的热传导很快，其加热深度也就是穿透深度。为了使得金属试样加热均匀，电源频率不易过大，同时要保证电源有足够的加热功率。兼顾两方面的要求，经计算和实验修正，对实心金属加热的合适频率为：

$$f = 1.55 \times 10^6 \frac{\rho}{\mu r^2} \tag{1-43}$$

式中，r 为工件半径，cm。

（3）温度控制系统　Themorestor-W 的温度控制也属于 PID 反馈闭环控制，程序温度信号与实测温度信号进行比较，当有差值时，差值信号输入调节器然后触发可控硅，调节可控硅导通角控制输出功率，使得实际温度跟踪程序温度，并保证误差最小化。

Themorestor-W 的冷却系统喷气冷却，并采用气体流量进行调节控制。要求最大冷速时也可以水冷。

Themocmastor-Z 吸收了 Gleeble 电阻加热的优点，把 Themorestor-W 的高频感应加热和 Gleeble 的电阻直接加热结合起来，在试样周围除了有高频感应线圈进行感应加热外，在试样的两端还串联了可控硅调节输出的低频电流实行电阻式加热。测温采用热电偶及光电高温计，冷却系统有气冷和水冷系统。

（4）机械控制系统　与 Gleeble 热模拟试验机试样水平放置不同，Themorestor-W 的试样上下竖着放置。上下压头液压伺服系统闭环控制，将程序输入信号与反馈信号进行比较，差值输入给调节器进行伺服控制。

Themocmastor-Z 的机械控制也是采用液压伺服闭环控制。

（5）Themorestor-W 和 Themocmastor-Z 的性能指标　Themorestor-W 和 Themocmastor-Z 的性能指标如表 1-4 和表 1-5 所示。

表 1-4　Themorestor-W 的性能指标

高频电源的功率及频率	15kW,70kHz
最大加热速度	140℃/s
温度控制精度	±3℃
最高加热温度	≤1400℃
冷却速度	40℃/s(在 800～500℃时用 N_2冷却) 80℃/s(在 800～500℃时用 H_2冷却)
最大负载	±100kN
载荷精度	1%
最大位移	±5mm
位移精度	1%
高频电源功率及频率	15kW,70kHz
加载速度	0.001～50mm/s
真空室的真空度	$133.33×10^{-4}$Pa
轴向均温区(±10℃误差)	±7.5mm(ϕ7mm 或 ϕ10mm×140mm 试样)

　　注：1. 冷却方式：气冷（N_2、Ar、H_2），水冷＋气冷。

　　2. 真空度：在 N_2、Ar 实验时，$133.33×10^{-2}$Pa；在 H_2实验时，$133.33×10^{-4}$Pa。

表 1-5　Themocmastor-Z 的性能指标

加热方式	高频感应加热及电阻加热(可以单独或联合使用)
高频电源功率及频率	20kW,100kHz
电阻加热功率及频率	75kW,50Hz
最高加热速度	300℃/s
最高加热温度	≤1600℃
温度控制精度	±1℃
冷却速度	30℃/s(用 N_2 冷却) 75℃/s(用 He 冷却) 300℃/s(水冷)
最大负载	±100kN
最大位移	拉伸 50mm,压缩 10mm
最大位移速度	1000mm/s
最小位移速度	10^{-3}mm/s
最大连续变形次数	14 次
道次间隔时间	15ms
控制精度(位移和载荷)	1%
实验环境	真空或惰性气体保护

（6）Themorestor-W 和 Themocmastor-Z 的用途

① 材料测试 热拉伸，流变压缩，平面变形，多道次压缩，熔融和凝固，热循环和热机械疲劳，膨胀相变点等。

② 过程模拟 连铸，热轧，锻造，挤压，焊接热影响区，连续淬火，热处理等。

1.2.3 MMS 系列热力模拟实验机的型号与性能分类

MMS 系列热力模拟实验机分 MMS-100、MMS-200、MMS-300 三种型号[3]。这三种型号热力模拟实验机支持的试验类型简介如下：

MMS-100 热力模拟实验机（如图 1-14 所示）具备热处理、单道次压缩、拉伸、焊接等试验功能，不具备扭转、多道次压缩和大变形等试验功能。

图 1-14 MMS-100 热力模拟实验机照片

MMS-200 热力模拟实验机（如图 1-15 所示）具备热处理、单道次压缩、多道次压缩、拉伸、焊接等试验功能，不具备扭转和大变形等试验功能。

(a) 整体结构图
(b) 操作箱图

图 1-15 MMS-200 热力模拟实验机照片

MMS-300 热力模拟实验机（如图 1-16 所示）具备热处理、单道次压缩、多道次压缩、拉伸、焊接、扭转、大变形等试验功能，性能全面。

图 1-16　MMS-300 热力模拟实验机照片

◆ 参考文献 ◆

［1］ 牛济泰. 材料和热加工领域的物理模拟技术. 北京：国防工业出版社，2007.

［2］ 姜土林，赵长汉. 感应加热原理与应用. 天津：天津科技翻译出版公司，1993.

［3］ 冯莹莹. MMS 系列高性能热力模拟实验机的研制. 沈阳：东北大学，2009.

第2章

材料加工物理模拟的基本试验方法

材料加工物理模拟的基本方法分为力学性能试验、热物理模拟试验和热力物理模拟试验，主要有高温拉伸试验、高温压缩试验、高温扭转试验、加热试验和相变试验等。

2.1 高温拉伸试验

高温拉伸试验是研究材料热变形行为与热塑性最常用的方法。通过高温拉伸试验，可获得材料的高温力学性能，如不同成分钢种的塑性温度区间，不同温度下材料的屈服强度和抗拉强度或强度极限，以及其零强度与零塑性温度，热塑性与温度、热历程、冷却速率、应变速率等的关系。高温拉伸试验试样安装如图 2-1所示。

图 2-1　Gleeble 高温拉伸试验照片

典型的热塑性拉伸试验时，高温力学性能的评定指标主要是断面收缩率和抗拉强度。

19

断面收缩率：以试样拉伸前后的断面收缩率 Ra 作为衡量其高温热塑性的指标，Ra 的计算方法为：

$$Ra = \frac{D_0^2 - D_1^2}{D_0^2} \times 100\% \qquad (2\text{-}1)$$

式中，Ra 为断面收缩率，%；D_0 为试样原始直径，mm；D_1 为试样拉断后直径，mm。

抗拉强度：由每个试样拉伸试验曲线上读出最大的拉力值进行计算得出，计算公式为：

$$\sigma_b = \frac{4F}{\pi D_0^2} \qquad (2\text{-}2)$$

式中，σ_b 为抗拉强度，MPa；F 为拉伸过程中拉力的最大值，N；D_0 为试样原始直径，mm。

试验温度：通常将熔点 T_m 到 600℃ 之间分为三个温度区间进行研究，Ⅰ区：$T_m \sim 1200℃$、Ⅱ区 $1200 \sim 900℃$、Ⅲ区 $900 \sim 600℃$。

试样尺寸：Gleeble 高温拉伸试样尺寸一般有直径 $\phi 10mm$ 和 $\phi 6mm$ 两种，长度为大于 90mm 的不定值，可根据实际需要改变。典型的 Gleele 1500 高温拉伸试样尺寸如图 2-2 所示。

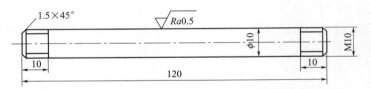

图 2-2　Gleeble 1500 高温拉伸试样尺寸

热历程曲线：通过设计和控制不同的热历程曲线，可以有效模拟测试不同热加工态下材料的高温性能，如图 2-3 所示。

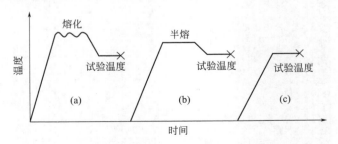

图 2-3　高温拉伸试验热历程图

铃木等人系统地研究了铝镇静低碳钢的高温塑性变化曲线，发现了三个低塑性区，如图 2-4 所示。

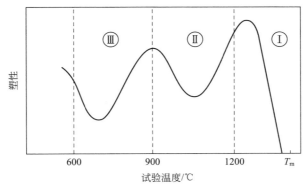

图 2-4　三个低塑性区

Ⅰ区（$T_m \sim 1200℃$）：在高于 $1300℃$ 时，由于晶界开始初熔导致塑性陡降，此温度区间塑性的降落与应变速度关系不大。

Ⅱ区（$1200 \sim 900℃$）：此时钢处于奥氏体状态。由于结晶过程中硫、磷以及氧化物等杂质在奥氏体的晶间析出，提供了晶界空洞的形核源，而导致塑性下降。

Ⅲ区（$900 \sim 600℃$）：此时脆性是由于先共析体薄膜的形成，以及这种析出导致基体（晶内）强化和晶界的滑动，此时，脆性伴随应变速度的提高而增加。

实例1：Sn 对齿轮钢热塑性的影响[1]

Sn 作为钢中的残余有害元素，会降低钢的热塑性而造成连铸坯的表面裂纹，在轧钢时还会造成轧材的表面裂纹。以下以 Sn 对齿轮钢热塑性的影响为例，介绍钢的热塑性研究方法。

① 试验材料与试验方法

材料的化学成分见表 2-1。将钢样加工成 $\phi10mm \times 120mm$ 圆棒，如图 2-5 所示，在 Gleeble 热模拟机上进行高温拉伸试验。试验工艺如图 2-6 所示。

表 2-1　试验用齿轮钢 20CrMnTi 的化学成分（质量分数）[1]　　单位：%

试样	C	Si	Mn	P	S	Cr	Ti	Sn
A	0.18	0.28	1.08	0.020	0.010	1.11	0.10	0.004
B	0.19	0.27	0.85	0.018	0.005	1.13	0.07	0.021
C	0.19	0.26	1.08	0.020	0.005	1.08	0.09	0.049

② 试验结果

热塑性与热强度如图 2-7 和图 2-8 所示。可见：

a. 温度大于 $1000℃$，三条曲线比较接近，其热塑性均较好。

b. 温度小于 $1000℃$ 特别是在 $950 \sim 800℃$ 之间，随 Sn 含量增加，热塑性明

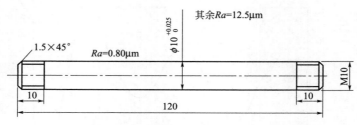

图 2-5　高温拉伸试样尺寸[1]

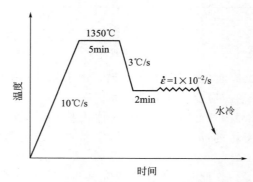

图 2-6　Gleeble 高温拉伸试验工艺[1]

显降低。

　　c. 在相同温度下，随 Sn 含量增加，热塑性明显降低。

　　d. 各试样在所测温度范围内抗拉强度基本一致，说明 Sn 含量的不同对其高温抗拉强度没有明显的影响。

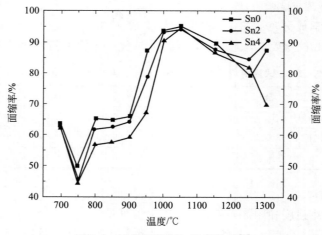

图 2-7　试样面缩率与温度关系[1]

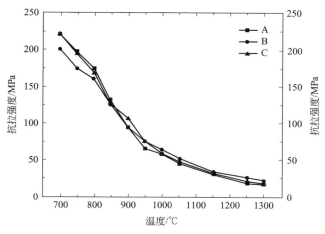

图 2-8 试样抗拉强度与温度关系[1]

③ 高温拉伸断口分析

图 2-9 为 950℃的试样断口形貌。试样 A、B 的断口为塑性断裂，表面有许多大而深的塑坑以及韧窝；试样 C 断口形貌呈典型冰糖状，属沿晶脆性断裂。说明试样中 Sn≥0.049% 显著降低其热塑性而造成脆性断裂；当 Sn≤0.021% 时，对 20CrMnTi 钢的热塑性影响较小。

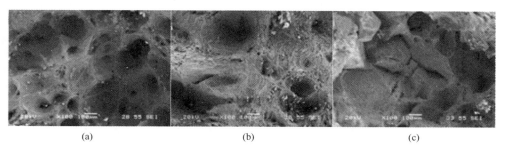

| (a) | (b) | (c) |

图 2-9 950℃的试样断口形貌[1]
(a) 试样 A；(b) 试样 B；(c) 试样 C

④ 电子探针（EPMA）分析

电子探针的结果如表 2-2 和图 2-10 所示，可见晶界区域 Sn 的平均含量明显高于晶粒内部，表明 Sn 的分布出现晶界偏聚现象。

表 2-2 试样 C 的 EPMA 定量检测结果（质量分数）[1]　　　　单位:%

点数	1	2	3	4	5	6	7	8	9	10	平均
基体	0.069	0.045	0.055	0.061	0.054	0.038	0.027	0.04	0.023	0.037	0.045
晶界	0.095	0.102	0.108	0.086	0.131	0.098	0.119	0.136	0.07	0.136	0.108

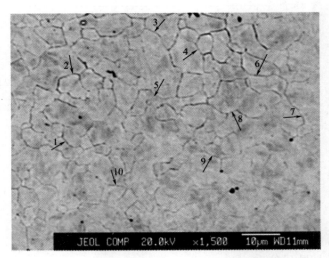

图 2-10　试样 C 的 EPMA 晶界 Sn 含量检测[1]

⑤ 结论

a. 温度在 950～800℃之间，随 Sn 含量增加，20CrMnTi 齿轮钢的热塑性显著降低。

b. 当 Sn≤0.021% 时，对 20CrMnTi 钢的热塑性影响较小，可认为对该钢种热塑性产生明显影响的临界 Sn 含量为 0.021%。

c. 发现钢样的奥氏体晶界和基体的平均 Sn 含量分别为 0.108% 和 0.045%，说明 950℃下 Sn 在奥氏体晶界有明显偏聚，因而降低了热塑性。

2.2　高温压缩试验

高温压缩试验通常有：圆柱体单向压缩试验、平面应变压缩试验以及其多道次压缩试验等。

2.2.1　圆柱体单向压缩试验

圆柱体单向压缩试验通常来测定材料的变形抗力，评估材料的裂纹敏感性和材料流变应力等。图 2-11 为等温加热圆柱体单向压缩试验装配示意图，图 2-12 为圆柱体单向压缩试验照片。

通常采用 $\phi 8mm \times 12mm$ 或 $\phi 10mm \times 15mm$ 的圆柱体试样。

压缩试验时试样端面的摩擦力是影响试验精度的主要因素。理论上，只有试样均匀变形，压缩后试样中部无鼓肚，其轴向应变和横向应变相等，所测的变形抗力才能反映整个试件塑性变形的真实情况，参见图 2-13。通常在试样两端用石墨片、MoS_2 粉等进行润滑→减少试样端面摩擦→减少中部鼓肚，保证单向压

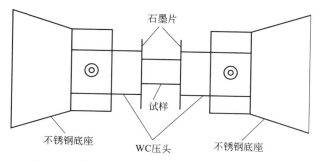

图 2-11　等温加热圆柱体单向压缩试验装配示意图

图 2-12　圆柱体单向压缩试验照片

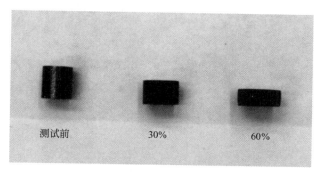

图 2-13　单向压缩均匀变形的实现

缩物理模拟精度。

　　当压缩后试样腰部发生"鼓肚"时，为了衡量单向热压缩试验的有效性，英国国家物理实验室给出了评判标准。该实验室经过大量对比实验及组织观察，提出膨胀系数 B 这一物理量，即

$$B = \frac{L_0 d_0^2}{L_f d_f^2} \qquad (2\text{-}3)$$

式中，B 为膨胀系数；L_0 为试样原始高度；d_0 为试样原始直径；L_f 为压缩后试样平均高度（取试样两端部中心及圆周每隔 120° 的三个点，共测量试样四个高度值进行平均）；d_f 为压缩后试样平均直径（腰部和端部相平均）。

当 $B \geqslant 0.9$ 时，其单向热压缩试验的结果是有效的，当 $B < 0.9$ 时，美国DSI（Dynamic Systems Inc.）科技联合体推荐用式(2-4)予以修正计算

$$\sigma_i = \frac{4F_i}{\pi d_i^2}\left(1 + \frac{\mu d_i}{3L_i}\right)^2 \qquad (2\text{-}4)$$

式中，σ_i 为真应力；F_i、d_i、L_i 为某瞬时测得的压力、试样的平均直径、试样的平均高度；μ 为摩擦系数。

通常测横向应变作为真应变。在实际试验中，端面摩擦很难为零，所以测横向应变作为真应变较好，因为横向应变测量同时也提供了瞬时横截面积，这样真应力亦随时可得；如果用轴向应变，则所测的真应力是间接的，因为瞬时横截面积是根据体积不变假设而得到的。

2.2.2　平面应变压缩试验

平面应变压缩试验，除确定应力-应变关系之外，还广泛地应用于轧制过程的模拟，参见图 2-14。

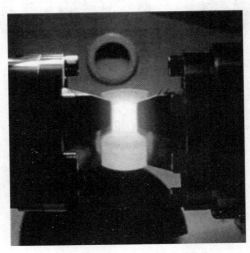

图 2-14　平面压缩变形试验

模拟后试样的组织结构可以通过水冷方式保留，以便进行微观分析。此外，变形过程中动态转变的机理，如动态再结晶及析出等，均可进行研究。

平面应变压缩与圆柱单向压缩试验对比具有如下特点：(1) 平面应变压缩试

验对流变应力的测定更加方便与精确，因其不存在圆柱形试样压缩时的"鼓肚"问题；（2）平面应变压缩试验更广泛地应用于轧制过程的模拟，因其应力状态、变形状态及热传导等更接近于轧制，如图 2-15 所示。

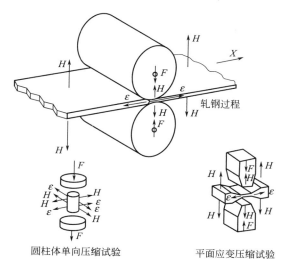

图 2-15 两种压缩试验与实际轧钢过程的比较
F—力；H—散热；ε—应变

平面压缩变形试验压头及试样尺寸如图 2-16 所示，要求如下。

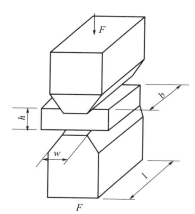

图 2-16 平面应变压缩试验压头及试样尺寸

（1）试样宽度 b 与压头宽度 w 之比应在 6～10 以上，以保证宽度方向的变形忽略不计，由于压头两端试样的弹性约束阻碍试样向宽度方向延伸，使试样变形控制在二维之内。

（2）压头宽度 w 与试样厚度 h 之比应在 2～4 之间，以保证压头之间变形均匀；试验时，应变的测量用冲程控制，应变速率可以随试样厚度的变薄而升高，从而更宜进行薄带材的热轧模拟研究。

压头与试样间一般用 MoS_2 润滑，也可用石墨片、钽片等润滑。

平面应变压缩试验时的名义真应变和平均应力计算公式为：

名义真应变：

$$\varepsilon_p = \ln\left(\frac{h}{h_0}\right) \tag{2-5}$$

名义平均应力：

$$P = \frac{F}{wb} \tag{2-6}$$

式中，h 为试样变形后的厚度；h_0 为试样变形前的厚度；F 为压缩载荷，由热/力模拟试验机测得；w 为压头宽度；b 为试样宽度。

2.2.3 多道次压缩试验

平面应变和单向圆柱体压缩试验均可实现多道次轧制过程模拟，试验的选择取决于现场所要解决的问题。

一般如果模拟多道次轧制过程，平面应变试验应用较广；而圆柱形压缩试验则更经常用在锻压过程模拟。

Gleeble 配置的液压楔系统，除了可以进行圆柱体单向压缩试验外，更适合于平面应变压缩试验，可实现多道次、快速及大应变量的热轧物理模拟。

实例2：超级双相不锈钢热加工性能研究[2]

2507（00Cr25Ni7Mo4N）是第三代超级双相不锈钢的代表钢种，化学成分如表2-3所示，由于双相不锈钢的两相组织具有不同的晶体结构，即体心立方的铁素体和面心立方的奥氏体，在热变形过程中，两相组织的软化机制不同，因此在热加工过程中，即在热轧热锻过程中容易开裂。

表 2-3 2507双相不锈钢的化学成分（质量分数）[2]　　　单位：%

C	Si	Mn	P	S	Cr	Ni	Mo	N
0.007	0.66	1.13	0.023	0.0053	24.84	6.99	3.65	0.298

本试验对2507双相不锈钢在高温下的变形抗力、应变速率等这些与热加工性能相关的参数及规律进行研究，以便为实际轧钢生产提供理论依据。

（1）研究方法

将试样加工成 10mm×15mm×20mm 的尺寸，在 Gleeble 热模拟机上进行单道次（实验温度为 950～1200℃，温度间隔50℃，应变速率分别为 $10s^{-1}$ 和 $50s^{-1}$）和连续4道次（实验温度为 950～1100℃，温度间隔50℃，应变速率为

$50s^{-1}$）的平面应力应变实验，测定其应力应变曲线。

（2）试验结果

① 单道次平面应力应变试验

试验结果见图 2-17，可以看出：

a. 变形温度越高，变形抗力越小。

b. 应变速率小，变形抗力也小。

c. 在应变速率为 $10s^{-1}$，高于 1000℃ 时，应力-应变曲线出现稳定的平台。

d. 在应变速率为 $50s^{-1}$，高于 1100℃ 时，应力-应变曲线出现较稳定的平台。

e. 说明高于 1000℃，试样热加工性较好。

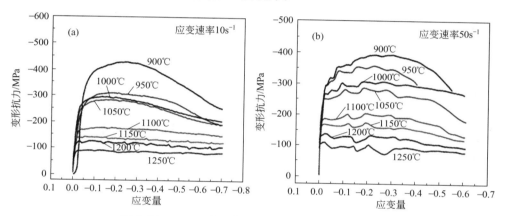

图 2-17　2507 双相不锈钢的单道次平面应力-应变

曲线（应变速率分别为 $10s^{-1}$，$50s^{-1}$)[2]

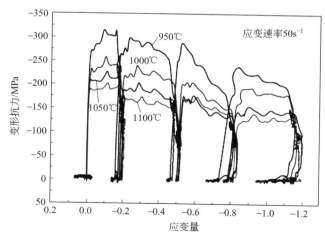

图 2-18　2507 双相不锈钢的连续 4 道次平面应力-应变曲线（应变速率 $50s^{-1}$)[2]

② 连续 4 道次平面应力应变试验

为模拟精轧机连续大变形速率的实际工况，进行了连续 4 道次平面应力应变试验，试验结果如图 2-18 所示。

2.3 高温热扭转试验

Gleeble 3500 热机模拟试验系统中热扭转单元的加载结构布置及试验所用的典型试样分别示于图 2-19 和图 2-20。经测温元件的传感，系统对装卡在快速夹具上的试样实施载荷与温度的动态程序控制。

图 2-19　Gleeble 3500 热机模拟试验系统中热扭转单元的加载结构布置

图 2-20　Gleeble 3500 热机模拟试验系统所使用的热扭转试样

剪切应力便可如下计算[3]

$$\tau = \frac{M}{2\pi R^3}(3+n+m) \tag{2-7}$$

式中，M 为转矩；m 为应变速率敏感度系数；n 为加工硬化系数；R 为试样半径。

将"剪切应力-剪切应变"的试验数据应用于工业过程，或想要把这些数据与来自诸如拉伸、压缩等其他形式试验的数据进行比较，可通过经典的 Von Misses 算法分别得到平均等效应力 σ_{eq} 及平均等效应变 ε_{eq}。

$$\sigma_{eq} = \sqrt{3}M(3+m+n)/(2\pi R^3) \tag{2-8}$$

$$\varepsilon_{eq} = 2\pi RN/(\sqrt{3}L) \tag{2-9}$$

式中，M 为扭转力矩，$N\cdot m$；n 为形变硬化系数；N 为扭转周数。

实例 3：AISI 4140 钢热扭转试验[4]

试验钢的化学成分见表 2-4。

表 2-4　AISI 4140 钢的化学成分（质量分数）[4]　　　单位：%

C	Mn	Si	Cr	Mo	P	S	Fe
0.04	0.67	0.21	0.97	0.15	0.045	0.03	其他

热扭转试样为铸态，试样加工成直径 10mm，高度 20mm 的圆柱体。试验是在 Gleeble3500 上进行的，保温时间为 3min。试验结果如图 2-21 所示，可见热扭转比热压缩具有更大的塑性变形潜力。

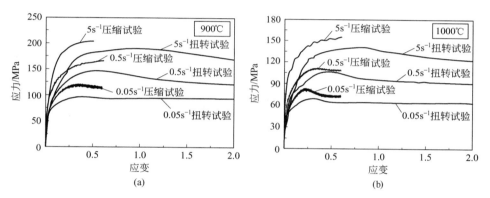

图 2-21　AISI 4140 钢在不同温度和不同应变速率下的应力-应变曲线[4]
（a）900℃；（b）1000℃

2.4　测定 CCT 曲线试验

热/力学模拟机是采用热膨胀法测定 CCT 曲线的，利用钢在相变时体积发生膨胀或收缩的原理来确定钢的转变温度。

2.4.1　试验原理

当材料在加热或冷却过程中发生相变时，若高温组织及其转变产物具有不同的比体积和膨胀系数，则由于相变引起的体积效应叠加在膨胀曲线上，破坏了膨胀量与温度间的线性关系，从而可以根据热膨胀曲线上所显示的变化点来确定相变温度。

当高温奥氏体在连续冷却过程中发生相变时，试件的长度将发生变化，并符合下列关系：

$$\Delta L = \Delta L_V + \Delta L_T$$

式中，ΔL 为试样加热或冷却时全膨胀量；ΔL_V 为相变体积效应引起的长度变化量；ΔL_T 为温度变化引起的长度变化量。

$\Delta L_T = \alpha \Delta T$（$\alpha$ 为金属的热膨胀系数，ΔT 为温度变化量）。对于用 Gleeble 试验机测试 CCT 图时，长度是指圆柱体试样的直径。

2.4.2　试验方法

试样尺寸：$\phi(3\sim10)\mathrm{mm}\times(80\sim120)\mathrm{mm}$；

在 Gleeble 试验机上按设定的加热速度加热到最高温度［对于一般热处理的 CCT 图，其最高加热温度为 $T_{\max}=A_{c3}+(50\sim150℃)$，加热升温时间为 $120\sim300\mathrm{s}$，保温时间为 $180\sim300\mathrm{s}$］，保温一定时间后，控制冷却速度进行冷却；加热、保温和冷却过程中用径向位移传感器测定均温区的径向位移（或称膨胀量），参见图 2-22、图 2-23；根据膨胀量-温度曲线确定不同连续冷却过程中的相变点（曲线中的转折点，一般用切线法找出，参见图 2-24），并根据各种冷却速度下的硬度值，绘制 CCT 图。

图 2-22　Gleeble 热模拟试验机热膨胀试验装置

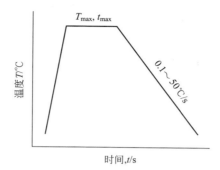

图 2-23　CCT 测试奥氏体化条件

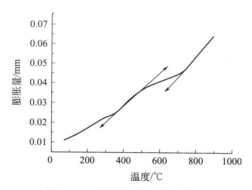

图 2-24　膨胀量-温度实测曲线

实例 4：含硼冷锻钢 10B21 钢连续冷却转变规律及组织研究[5]

10B21 钢是一种 8.8 级较高强度的含硼冷锻钢。传统的 8.8 级强度的冷锻钢是 35K，35K 属于中碳钢，在冷锻加工前需要球化退火处理以降低强度。10B21 属于低碳钢，可省去球化退火工序以降低成本，冷锻成螺栓后经热处理达到 8.8 级强度，而硼可提高热处理时的淬透性。为了在 10B21 钢的热轧控冷后获得稳定的组织和性能，为此钢种的热轧控冷和热处理工艺的制定提供依据，需要测定该钢种的连续冷却转变曲线（CCT），并检测不同冷却速度时转变产物的显微组织和硬度。

（1）试样制备及试验方法

试验材料的化学成分如表 2-5 所示，试样尺寸见图 2-25。

表 2-5　试验材料 10B21 钢的化学成分（质量分数）[5]　　　单位：%

钢种	C	Si	Mn	P	S	Al	Ca	B	Ti
10B21	0.20	0.05	0.79	0.010	0.005	0.063	0.0028	0.0021	0.0071

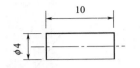

图 2-25　CCT 试样尺寸示意图

（2）试验程序

① 10B21 钢预定奥氏体化温度为 940℃。将试样以 10℃/s 速度加热到奥氏体化温度，保温 5min 后，分别以速度 0.2℃/s，0.5℃/s，1℃/s，2.5℃/s，5℃/s，10℃/s，15℃/s，20℃/s，30℃/s，45℃/s，60℃/s，75℃/s 冷却到室温。测定试样膨胀量随时间变化的曲线，如图 2-26 所示。

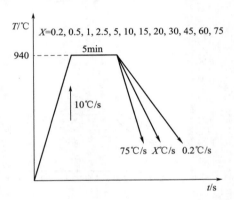

图 2-26　静态 CCT 测定实验热历程[5]

② 将测完的试样经过镶嵌，打磨，抛光后，用 4％硝酸酒精溶液浸蚀，然后在金相显微镜和扫描电镜下观察其微观组织形貌。

③ 采用维氏显微硬度计测定各冷却后试样的硬度。

④ 根据不同冷却速度膨胀曲线上的拐点（切点或极值点），结合金相组织和硬度数据确定不同冷速时的相变温度，并绘制 CCT 曲线。

（3）试验结果

① 转变临界点温度的测定结果

根据加热过程试样的热膨胀情况，确定加热时铁素体→奥氏体的开始温度 A_{c3}，加热时珠光体向奥氏体转变的开始温度 A_{c1}；由 0.2℃/s 连续冷却过程膨胀曲线确定冷却时开始析出铁素体临界点 A_{r3}，与析出珠光体临界点 A_{r1}，由直接水冷的膨胀曲线可确定 M_s 点。测定结果为：$A_{c3}=841℃$，$A_{c1}=740℃$；$A_{r3}=783℃$，$A_{r1}=718℃$；$M_s=416℃$。

② 各冷却速率下试样的硬度

硬度测试结果如表 2-6 所示，趋势如图 2-27 所示。

表 2-6　不同冷速的维氏硬度（HV）[5]

冷速/(℃/s)	0.2	0.5	1	2.5	5	10	15	20	30	45	60	75
维氏硬度（HV）	133	137	152	169	170	179	177	204	282	425	460	487

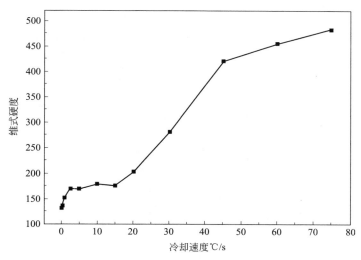

图 2-27　冷速对冷锻钢 10B21 硬度的影响[5]

③ CCT 曲线的绘制

最终绘制的 CCT 曲线见图 2-28。

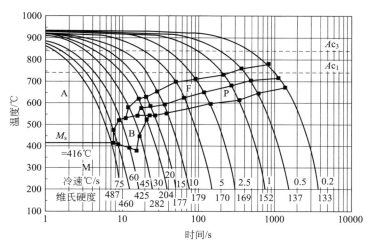

图 2-28　10B21 钢静态 CCT 曲线[5]

④ 连续冷却转变后的金相组织

金相组织如图 2-29 和图 2-30 所示。

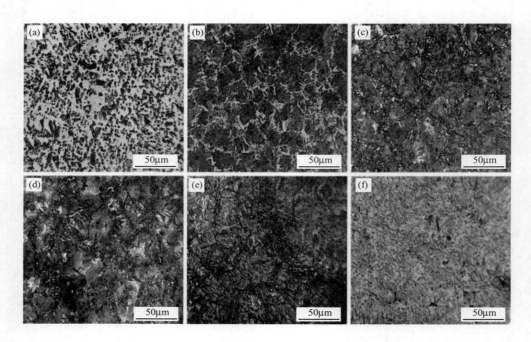

图 2-29　10B21 不同冷速下的光学显微组织[5]

（a）0.5℃/s 铁素体＋粒状珠光体；（b）10℃/s 铁素体＋珠光体；

（c）20℃/s 铁素体＋珠光体＋少量贝氏体；（d）30℃/s 少量铁素体＋贝氏体；

（e）45℃/s 贝氏体组织＋少量马氏体；（f）75℃/s 马氏体

⑤ CCT 曲线的应用

a. 终轧温度　10B21 钢的 Ac_3 温度为 841℃，亚共析钢的终轧温度应当高于 Ac_3 线 50～100℃，因此为保证在单相奥氏体区轧制，终轧温度不能低于 841℃。

b. 吐丝温度　一般控制吐丝温度既保证相变发生在快速冷却之后，又能避免因相变前奥氏体晶粒过分长大，吐丝温度应控制在 790～810℃。

c. 相变区冷却速度　冷锻钢盘条要求有良好的塑性，其理想的金相组织是铁素体＋粒状珠光体，所以轧制后控制冷却时的冷速应在 0.2～1℃/s 之间。

d. 热处理加热温度　亚共析钢的淬火加热温度为 Ac_3＋（30～50℃），即 10B21 钢的淬火加热温度应在 871～891℃。

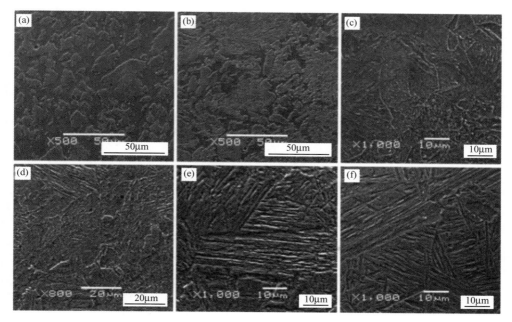

图 2-30 10B21 钢不同冷速下的扫描电镜照片[5]

(a) 0.5℃/s 铁素体＋粒状珠光体；（b）5℃/s 铁素体＋珠光体；

（c）20℃/s 铁素体＋珠光体＋少量贝氏体；（d）30℃/s 少量铁素体＋贝氏体；

（e）45℃/s 贝氏体＋少量马氏体；（f）75℃/s 马氏体

◆ 参考文献 ◆

[1] 彭红兵 . 齿轮钢中残余元素的影响研究 [D]．北京：北京科技大学，2015.

[2] 王晓峰，陈伟庆，宋红梅 .00Cr25Ni7M04N 超级双相不锈钢热加工性能 [J]．特殊钢，2008, 29
（5），29-31.

[3] 胡克迈 .Gleeble3500 数控热机模拟试验系统 [J]．物理测试，2006, 24（5）：34-36.

[4] Kim S I, Lee Y, Byon S M. Study on constitutive relation of AISI 4140 steel subject to large
strain at elevated temperatures [J]. Journal of Materials Processing Technology, 2003(140):
84-89.

[5] 董练德，陈伟庆 . 冷却速率对含硼冷镦钢 10B21 组织转变的影响 [J]．金属热处理，2010, 35
（11）:30-33.

第 3 章

热加工理论基础

金属材料的塑性变形在微观上是大量位错通过滑移和攀移所形成的结果，某些应变速率较高的情况下也会发生孪生变形现象。塑性变形是合金材料制备、加工、成形的重要方法，是一个与热激活息息相关的过程[1]。因此，研究金属材料的热加工对其性能的提高和加工技术发展起着重要作用。本章主要讨论金属材料，特别是铜合金在热加工过程中的形变机理、组织的演变及其对合金性能的影响，以及动态回复与再结晶、时效析出与动态再结晶的相互作用等。

3.1 热变形机理

在金属学中，通常将变形温度在金属再结晶温度以上的塑性加工叫热加工。它是指金属材料在完全再结晶条件下进行的塑性变形。热加工是一个在高温下，借助外在的冲压力或载荷，产生塑性变形，以获得所需的尺寸、形状以及力学性能的过程。一般而言，金属开始再结晶的温度称为再结晶温度，当变形到一定程度（70%～80%）后，金属的再结晶温度将趋于某一最低值，称为"最低再结晶温度"。纯金属的最低再结晶温度大约是熔点的 0.4 倍。因此，对于铜及其合金而言，其再结晶温度大约是 300～400℃。热加工不仅能使金属零件满足"成形"的要求，还能在一定程度上改善材料的组织结构，达到"成性"的目的，或者使已成形的零件改变结晶状态以改善零件的力学性能。塑性变形的实质是金属材料受到外力作用，使得材料的晶粒间（晶间变形）乃至晶粒内部（晶内变形）产生滑移的过程[2]。

3.1.1 晶内变形

大多数金属材料属于多晶体，但是单晶体的塑性变形是多晶体材料塑性变形的基础。对单晶体而言，金属变形的最主要方式是滑移。铜合金具有面心立方晶格，其滑移变形沿着密排面 {111} 的密排方向 ⟨110⟩ 进行，因此，在一般情况下铜合金具有 12 个滑移系。实验表明，若温度升高，不常见的滑移系 {100}

〈110〉和〔110〕〈110〉就会被开动，导致滑移面的数目有所增加，但是，其滑移方向并未改变，因此，在高温下，面心立方晶体具有 14 个滑移系[1]。图 3-1 所示为滑移面示意图和面心立方晶格的滑移示意图。

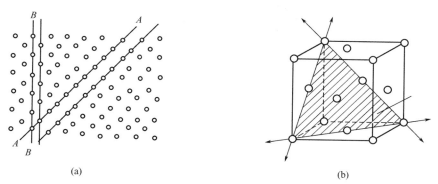

(a)   (b)

图 3-1　滑移面示意图（a）和面心立方晶格的滑移（b）[2]

对金属材料施加外力时，在晶面上产生的应力可以分解为正应力（σ）和切应力（τ）。其中，正应力垂直于晶面，会使金属材料产生弹性变形或断裂；切应力与晶面平行，并可以使晶格发生畸变，使得晶粒的一部分相对另一部分沿着某一晶面（即滑移面，也是密排面）产生相对滑动，从而引起晶粒内部发生塑性变形。对于单晶体而言，其滑移示意图如图 3-2 所示。在图 3-2(b) 中可以看出，切应力较小，撤除所加外力，原子就会回到原来所在位置，单晶粒发生弹性变形；若力度加大，原子则会产生较大的滑移，撤回所加外力，原子也回不到原来的位置，变形亦不会消失，而产生塑性变形。一般来说，金属的滑移难易度与金属的滑移系多少有关，滑移系越多，金属越容易变形，其塑性也就越好，因此，拥有面心立方结构的铜合金要比体心立方结构的铁的塑性好。

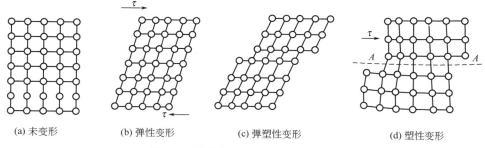

(a) 未变形   (b) 弹性变形   (c) 弹塑性变形   (d) 塑性变形

图 3-2　单晶粒滑移变形示意图[3]

3.1.2　晶间变形

常用的金属材料为多晶体，我们可以将多晶体的塑性变形看成多个单晶粒变形后的结果。但是，由于多晶体中每个晶粒的位向都有所不同，当对金属/合金施加外力时，各个晶粒的变形受到其他晶粒的影响，并且，晶界的存在导致各个晶粒产生滑移的先后顺序有所不同，因此，多晶体的塑性变形有自己一定的特征，要比单晶体复杂得多，不能简单以单个晶粒变形的综合效果来判断。一般而言，多晶体的塑性变形会受到晶粒取向和晶界两个方面的影响[4]。

首先，多晶体在塑性变形过程中，晶界的存在会对其变形产生一定的阻碍作用。晶界是结构相同而取向不同晶粒之间的界面。在晶界上，原子排列从一个取向过渡到另一个取向，晶界处原子排列处于过渡状态，会有大量的晶体缺陷，因此，所产生的位错在此处滑移会受到一定的阻碍，此处的塑性变形抗力较高，变形难以进行。因此，我们可以得出结论，金属材料的晶粒越细小，晶界相对也就越多，对位错的阻碍作用也就更强烈，因此，细化晶粒可以使得合金的强度得到一定程度的提高。其次，多晶体的塑性变形还必须协调不同位向的晶粒。由于不同晶粒的位向不同，因此，在塑性变形过程中，各个晶粒的受力情况也有所不同，有的晶粒会优先产生滑移，而另外一些晶粒的滑移就相对较晚，因此，任何一个晶粒的滑移都会受到周围晶粒不同程度的影响，只有当外力大到能克服各个晶粒之间的影响，使得所有晶粒达到协调，不但满足了自身的滑移条件，而且保持了多晶体的结构连续性，才能使材料发生塑性变形。最后，由于各个晶粒的大小、形状、位置的不同，造成晶粒的变形是不均匀的。图 3-3 所示为多晶体塑性变形的示意图。在材料的外侧，晶粒的变形量较大，在材料心部，晶粒的变形量则相对较小，这就造成每个晶粒的形变量与晶粒所在的位置有很大关系。

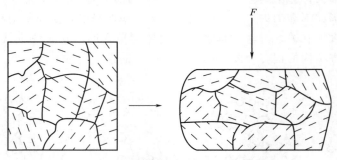

图 3-3　多晶体塑性变形示意图

由以上分析可知，多晶体的塑性变形必须要克服较大的阻力。金属材料内部的晶粒越细，单位体积的晶粒数也就越多，滑移面和滑移方向也就越多，变形可以分散在更多的晶粒内进行，使得外力带来的应力得到更多的分散，也就不至于应力在个别晶粒内部集中，这就使得材料不易断裂，而具有较高的抗塑性变形能力，所以，在铜合金的研究和生产中，大都采用一定的方式和技术使得铜合金具有较细小的晶粒，以提高合金的力学性能。

3.2　热加工组织演变与性能变化

由上节的讨论可知，经过热加工后的金属材料在微观组织上会有一定的变化，这必定会影响金属材料的性能，而在日常生产中，大多金属材料会根据所要求的性能对其进行一定的热加工处理。本节针对铜基材料在热加工过程中的显微组织演变以及所带来的性能的影响进行探讨。

3.2.1　热加工过程中的组织演变

（1）热加工对金属铸态组织的影响

众所周知，高温下的金属具有塑性高、抗力小的特点，而且由于原子活性较强，扩散过程较快，伴随完全再结晶时，有利于组织的改善和成形，故热加工为铸态组织首次加工优先考虑的工艺方法。

铸态组织包括三个不同的组织区域，最外层是由细小的等轴晶组成的，再往轴心是一层较厚的粗大的柱状晶区域，最里层是粗大的等轴晶，这就造成了铸态组织的不均匀性。在成分分布上，低熔点的物质、氧化物以及其他的非金属杂质会在柱状晶的交界处大量集结；在凝固过程中，由于偏析现象，也会带来不同程度的成分不均；另外，由于气孔、分散缩孔、疏松以及微裂纹等的存在，会使金属铸锭的密度偏低。以上现象的存在，是铸锭塑性差、强度低的根本原因[1]。

在三向压缩应力状态占优势的情况下，热变形能有效地改变金属和合金的铸锭组织。给予适当的变形量，可以使铸态组织发生下述有利的变化：

① 一般的热变形是通过多道次的反复变形进行的。由于在每次的变形中，加工硬化和回复与再结晶软化同时发生，这样就会使粗大的柱状晶变形破碎，之后通过反复的变形得到均匀、细小的等轴晶粒，还能使某些晶粒的微裂纹得到愈合。

② 由于应力状态下静水压力分量的作用，可使铸锭中存在的气泡、空隙得到填充压合，压实缩孔，得到较为密实的组织结构。

③ 在高温下，金属材料的原子运动较为剧烈，在应力作用下，借助原子的自扩散和互扩散，可使铸锭中的化学成分得到均匀，减少成分偏聚现象。

上述三方面综合作用的结果，可使铸态组织改造成变形组织（或加工组织），它比铸锭有较高的密度、均匀细小的等轴晶粒以及比较均匀的化学成分，因而，经过热塑性变形的金属材料，其塑性和抗力的指标都明显提高。

（2）热加工对金属晶粒度的影响

在热变形过程中，合金的晶粒度对材料的性能及使用条件有着相当大的影响。变形后，晶粒度的大小与合金的变形程度、变形温度、应变速率等都有直接的关联。有研究表明[6]，为了获得均匀组织以及确定尺寸的晶粒，可以根据再结晶图，确定所需要的加工温度、所需变形量，是制定金属热变形工艺的重要参考依据。

（3）热加工对纤维组织的影响

在金属材料内部，不可避免存在杂质和各种缺陷。在热变形过程中，将沿最大主变形方向被拉长、拉细而形成一系列平行的纤维组织条纹，称为流线。图 3-4 为铸锭热变形前后的组织变化示意图。

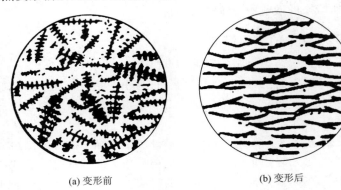

(a) 变形前   (b) 变形后

图 3-4　铸锭热变形前后的组织变化示意图[4]

形成纤维组织的原因有很多，其中，最常见的是金属内部夹杂物的再结晶温度较高，热变形过程中难以发生再结晶，同时，高温下的塑性使得它们在最大延伸方向上被拉长，因此，加工结束后会保持原来细长的形状，形成连续的长条状纤维。通过连续长时间高温退火的方法可以使纤维组织得以消除。另外，多相合金由于其各相的分布不均，塑性不同也会造成纤维组织的出现；还有金属材料中的空穴，若变形量不够大，就会造成类似"发裂"现象。

3.2.2　热加工对材料性能的影响

热变形使金属材料在组织上发生了一系列的变化，这必然会使得材料的性能也有所改变。根据以上热加工对材料组织的影响，可大致上从亚结构、晶粒大小、纤维组织三个方面对其性能进行分析和阐述[1]。

（1）亚结构对材料室温力学性能的影响

经过热变形加工，动态回复形成的亚结构经快速冷却保留至室温，具有这种亚结构的材料，其强度要比退火态的高：

$$\sigma_{RT} = \sigma_A + Nd^{-p} \tag{3-1}$$

式中，σ_A 为亚晶界时的屈服强度；N 为常数；p 为系数，对铝、工业纯铁、Fe-3%Si、Zr，$p \gg 1$。

（2）晶粒大小对力学性能的影响

热变形时，动态再结晶的组织可用快冷方法保留至室温（可阻止或控制亚动态再结晶和静态再结晶的发生），晶粒大小 d 可由热变形条件和冷却条件控制。

有研究表明[5]，在变形量很小时，由于金属的晶格畸变小，不足以引起再结晶。当变形量在2%~8%之间时，由于变形量小，变形极不均匀，形成的再结晶核心较少，极易造成晶粒的异常长大，称此变形度为"临界变形度"。当变形量超过临界变形度后，变形度越大，变形越均匀，再结晶的形核率也就越大，再结晶后得到的晶粒便越细。但是，当变形度特别大（＞90%）时，有些金属的晶粒又会变得特别粗大，这与金属中某些织构的形成有关。升高加热温度，会使金属再结晶晶粒发生异常长大；当热变形温度一定时，加热时间过长，也会使晶粒长大[6]。图3-5为Cu-Ni-Si合金在800℃，$0.01s^{-1}$时得到粗大的晶粒。当然，其他条件相同，原始晶粒较细的金属得到的再结晶晶粒也相对较细小。

图 3-5　热加工参数为800℃，$0.01s^{-1}$时的Cu-Ni-Si合金显微组织

动态再结晶的晶粒中，仍含有位错缠结和所形成的亚晶，因此动态再结晶的室温强度要比静态再结晶的高，比动态回复的低。

金属材料高温变形时，流变应力明显降低，使塑性变形易于实现。另外，有许多金属材料只有在高温下才能实现有实际意义的塑性变形，因此，在实际生产中，金属材料普遍要经过热变形加工。

（3）纤维组织对力学性能的影响

铸锭经过热加工，残存的枝晶偏析、第二相以及夹杂物等沿主变形方向被拉长或破碎，形成纤维组织。在热加工中，动态再结晶和动态回复也不能改变这种分布状态，从而使金属热加工制品具有各向异性，顺着流线方向的强度、韧性和塑性要比垂直流线方向的高，变形程度越大，纤维组织越明显，性能上的差别也就越大。因此，热加工时，力求工件流线分布合理，尽量使流线与制品所受最大应力的方向一致，而与外剪应力和冲击应力方向垂直。

综上所述，热加工可使铸态金属组织中的组织和性能得到一定的改善，但必须在正确的加工工艺条件下才能达到。热加工的温度过高或过低都将导致金属材料的力学性能变差。如果加工温度过高，时间过长，则极有可能得到粗大的晶粒；反之，热加工温度过低，则可能引起加工硬化，产生残余应力，甚至有裂纹的产生，使材料的力学性能显著降低。

3.3 动态回复与再结晶

金属材料热加工的过程实际上是变形中的形变硬化和动态软化同时进行的过程[7]。其中，形变硬化即位错密度增加，晶粒破碎细化而引起的材料内能升高、强度增加的现象；动态软化则是变形储存能的释放过程，其可划分为动态回复和动态再结晶两种类型，二者均可导致材料缺陷密度下降，使材料发生软化。在整个热变形进程中，加工硬化，动态回复和动态再结晶同时发生，加工硬化对材料带来的影响不断被动态回复和动态再结晶所抵消，从而使金属材料处于高塑性、低变形抗力的软化状态，如果温度足够高，加工时间足够长，在后期还伴随晶粒长大的情况。

3.3.1 动态回复

动态回复是在热变形过程中发生的，在人们未认识到这一现象之前，一直以为在整个热塑性过程中，动态再结晶是唯一的软化机制；而事实上，金属材料即使在远高于静态再结晶温度下进行塑性变形加工时，一般也只发生动态回复，且对于有些金属来说，即使变形程度很大，也不会发生动态再结晶。因此可以说，动态回复在热变形过程中起到不可替代的软化作用机制。

研究表明，动态回复主要是通过位错的攀移、交滑移等方式来实现的。层错能的高低，是决定动态回复能否充分进行的关键因素。动态回复现象通常在具有高层错能的金属（铝及铝合金）中发现，铜合金属于层错能较低的金属材料，但是，有实验表明[2]，如果变形程度较小，在通常情况下也只发生动态回复。

当高温变形金属只发生动态回复时，其组织仍为亚晶组织，金属中的位错密度还是相当高。若变形后立即进行热处理，则能获得变形强化和热处理强化的双重效果，使工件具有较之变形和热处理分开单独进行时更好的综合力学性能。这种把热变形和热处理结合起来的方法，称为高温形变热处理。目前，这种工艺已经得到了成熟的研究[2]，例如，在高温变形时，通过合理控制变形温度、应变速率和变形程度，使其只发生动态回复。随后，进行淬火，就可以得到马氏体组织，由于其具有动态回复中的奥氏体和亚晶组织以及较高位错密度的特征而细化，淬火后再加以适当的回火处理，这样就可以使钢在提高强度的同时，仍然保持良好的塑性和韧性，从而提高零件在复杂强载荷下的工作可靠性，而不像一般的淬火回火处理那样，总是伴随塑性的显著下降。

动态回复过程中，变形晶粒呈纤维状，热变形后迅速冷却，可保留拉长的晶粒和其内等轴亚晶的组织；如在高温下较长时间停留，则可发生静态再结晶。热加工中的动态回复产生的热加工亚结构不能通过冷加工和回复叠加实现同样的效果。

影响动态回复的因素有。

（1）变形温度 随变形温度的升高，回复速率增大，进入稳定变形阶段早，变形应力下降。

（2）变形速度 在温度一定时，随应变速率的增大，进入稳定阶段晚，变形应力增大。

（3）层错能的影响 动态回复与层错能密切相关，层错能高的金属易交滑移而导致异号位错对消，亚晶组织中的位错密度降低，储能下降，释放的能量不足以引起动态再结晶，这类金属在热加工中容易产生动态回复。但是，低层错能的金属，如黄铜、不锈钢、镁及镁合金等，容易产生动态再结晶现象。

3.3.2 动态再结晶

动态再结晶（dynamic recrystallization，DRX）是在热塑性变形过程中发生的再结晶，这个过程是金属材料在热加工过程中几乎与塑性变形同时发生的，是材料热变形过程中的一种重要的微观组织变化，是实现组织细化的一种重要手段[7]。动态再结晶主要发生在位错交滑移和攀移比较困难的一些金属中，如铜、镍、金、银、高纯铁、奥氏体钢等。动态再结晶的发生取决于变形金属位错的累积，整个过程是通过形核和长大两个步骤来完成的，其机理是大角度晶界（或亚晶界）向高位错密度区域的迁移。在热变形过程中，两个竞争过程控制着位错密度的变化：一方面，由于变形导致材料内部位错密度的不断升高，造成材料的加工硬化；另一方面，由于塑性变形在高温下进行，变形过程中所产生的一部分位错通过交滑移和攀移的方式与异号位错产生作用，相互抵消，造成动态回复。随着变形的继续，变形量的增加，促使金属材料内部的位错密度不断增大，与此同时，位错湮灭的速度也在不断增大，因此，就会表现出加工硬化速率减缓的迹象，直至变形储存能达到发生动态再结晶所需的临界值为止。此时，变形晶粒将会发生重新形核并且长大，即动态再结晶的过程[8~10]，它是金属材料在热加工过程中保持软化状态（即不发生加工硬化）的重要原因。动态再结晶在提高材料性能方面具有广泛的应用前景，有些已在实际生产中获得应用。例如，有些学者通过高温变形控制奥氏体的动态和静态再结晶过程来细化晶粒，改善钢铁材料的组织、性能，并获得良好的实际应用效果[11,12]。动态再结晶直接对材料内部的显微组织状态有很大影响，也是最终决定材料内部晶粒尺寸分布的关键因素之一，从而在很大程度上决定了产品的最终微观组织和力学性能。因此，了解变形过程中动态再结晶发生的机理，为优化热加工工艺以得到理想的组织与性能提供了重要依据。

3.3.2.1 动态再结晶种类

（1）连续动态再结晶（continuous dynamic recrystallization，CDRX）

连续的动态再结晶是小角度晶界转化为大角度晶界的过程，以晶内形核为主要方式。在热塑性变形过程中，亚晶界持续吸收位错，晶界角度不断增大，导致亚晶转动，最终亚晶由小角度晶界转为大角度晶界（约＞10°）长大，即亚晶成为真正的晶粒。合金在发生高应变的形变时，尤其是在较高温度下的高应变变形，其微观组织主要由大角度晶界组成。新的动态再结晶晶粒大量形成的原因是亚晶间取向差角因位错的累积和重组，使小角度晶界逐渐转变为大角度晶界，最后导致再结晶晶粒的长大，此为连续动态再结晶[13,14]。显然，连续动态再结晶没有明显的形核和长大的过程，而且连续动态再结晶通常发生在高层错能金属中，如铝、α-Fe 等。发生连续动态再结晶后的组织晶粒尺寸细小，在基体中分布较为均匀，其流变应力曲线没有波动，为单峰值曲线，如图 3-6 曲线所示。

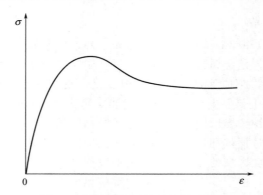

图 3-6　连续动态再结晶曲线示意图

（2）不连续动态再结晶（discontinuous dynamic recrystallization，DDRX）

不连续动态再结晶是经典的再结晶类型，具有形核和长大的过程，一般发生于低层错能金属中。具体的变化情况为：在位错聚集的地方，新的晶核在原有晶界上初步形成，慢慢长大，生成许多小晶粒，变形继续进行，使新形成的晶粒内部位错也不断增多，于是，晶粒进一步长大的驱动力被降低，直至再结晶晶粒停止长大。之后，晶界又开始向高位错密度的位置移动，又有新的晶粒形成，直到晶粒停止长大，就这样"高位错密度处形核→晶粒长大→晶粒停止长大→高位错密度处形核"如此循环往复地发生，所以，不连续动态再结晶进程中，能观察到明显的再结晶形核和长大现象，并且，其最明显的特点就是"反复形核，有限长大"。

发生不连续再结晶以后，金属材料的显微组织的晶粒十分粗大，且分布不均，其流变应力曲线一般迅速达到峰值后，由于再结晶的发生，使材料又发生软化，应力-应变曲线呈下降趋势，之后，材料又发生硬化，曲线再次上升，如此循环反复，在材料的应力-应变曲线上就表现出多个峰值的状态，如图 3-7 曲线所示。一般认为该现象只能在低、中等层错能材料中发生。

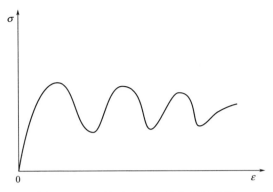

图 3-7　不连续动态再结晶曲线示意图

（3）几何动态再结晶（geometrical dynamic recrystallization，GDRX）

几何动态再结晶是原始晶界断裂生成的过程。几何动态再结晶容易发生在应变速率较低、变形温度较高的变形条件下。在加工条件下变形时，原始晶粒被压扁或延长，致使单位体积内的晶界面积迅速增加，初始的大角度晶界因为亚晶界的变形而变成锯齿形，随着变形进行到原始晶粒厚度薄到亚晶晶粒直径两倍的时候，凸出较厉害的锯齿晶界开始互相接触，致使原始晶粒被夹断，形成位向差角度不断增加的亚晶界面，因而大角度晶界迅速增多。

3.3.2.2　动态再结晶的形核机制

材料不同，变形条件不同，再结晶的形核机制也不同，且在材料的热变形过程中，动态再结晶的形核机制也有多种，也就是说，在铜基材料的整个热变形过程中，可能会有不同的再结晶形核机制。在再结晶的过程中，以下五种形核机制最为常见。

（1）大角度晶界的弓出机制

晶界的弓出机制也叫应变诱发晶界迁移机制，本质是大角度晶界迁移的基本过程。因为热变形过程中，应变使得大角度晶界两侧的亚晶内部含有不同的位错密度，导致晶界的两侧存在着位错密度差，造成晶界两侧亚晶所含应变储能存在差值，储能差值就成为晶界迁移的驱动力，大角度晶界会在这一驱动力的作用下向位错密度较高的一方迁移，从而形成无应变的再结晶晶粒。图 3-8 所示为大角度晶界的弓出机制示意图[15]，可以看出，由于应变诱发晶界迁移，使得晶界的一部分被杂质原子钉扎不能移动，或者使亚晶界凸出，在晶界迁移后产生无晶格畸变区，由此而成为动态再结晶的晶核。

（2）亚晶旋转形核机制

图 3-9 所示为合金材料的亚晶旋转形核机制[15]。这种机制的本质是位向差不大的两相邻亚晶为了降低表面能而转动并发生相互合并的过程（亚晶的旋转与

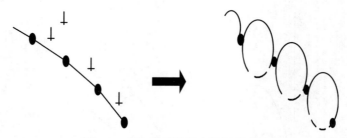

图 3-8　大角度晶界弓出机制示意图

合并示意图如图 3-10 所示）。整个过程主要是通过逐渐累积亚晶间晶界取向差形成大角度晶界而成。在这个过程中，相邻的两个亚晶间的小角度晶界上的位错产生交滑移和攀移，使得两个亚晶界合并后的公共晶界消除，并形成新的亚晶界。由于晶界转动的作用会增大相邻两个亚晶界间的位向差，因此，大角度晶界形成，并产生新的再结晶晶粒。以大角度晶界形核方式形成的晶粒仅限于在晶界形核，而以小角度晶界形核方式形成的晶粒的长大方式则分为：晶内形核长大和晶界形核长大。

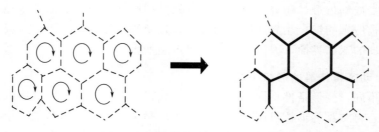

图 3-9　亚晶旋转形核机制示意图

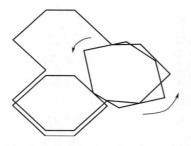

图 3-10　亚晶的旋转与合并示意图

　　亚晶界旋转成大角晶界，然后晶界迁移，晶粒长大，为连续动态再结晶。图 3-11 所示为连续动态再结晶的两种晶粒长大方式，其中，实线代表晶界，虚线代表亚晶界。

　　（3）晶粒机械破碎以及晶界迁移、亚晶粗化的混合形核机制

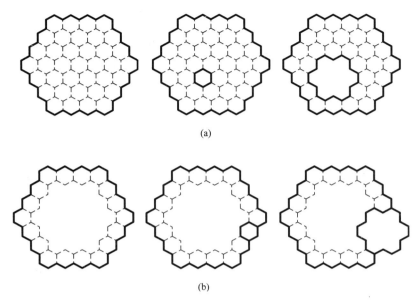

(a)

(b)

图 3-11 连续动态再结晶的过程
（a）亚晶旋转晶内形核并长大；（b）亚晶旋转晶界形核并长大

在大塑性变形条件下，金属材料的晶粒很容易被拉长。冲击载荷的施加，会使被拉长的亚晶粒很容易破碎成细小的再结晶晶核，这些再结晶晶核会成为再结晶晶粒的核心，之后，便可进行晶界迁移，再通过亚晶旋转逐步形成稳定的再结晶晶粒[16]。图 3-12 所示为该混合形核机制的示意图。

（4）机械辅助亚晶（转动）粗化机制

20 世纪 80 年代，结合低温大塑性变形条件，Flaqtier 等提出了适用于低温、大塑性变形的机械辅助亚晶粗化再结晶机制[17]。该动态再结晶形核机制认为，在低温状态下，变形是滑移系激活的结果。当变形材料达到临界分剪切应力时，为使亚晶中的内能达到最低状态，不同的亚晶选择激活不同的滑移系，为了使亚晶界上的能量达到最低状态，位向差不大的相邻亚晶就会转动合并，发生亚晶粗化从而完成动态再结晶过程。

（5）渐进式亚晶位向差再结晶形核机制

渐进式亚晶位向差再结晶形核机制的本质是亚晶的机械转动以及随后由扩散控制的位错攀移和湮灭[18]。在剪切变形的开始阶段，金属材料的显微组织在剪切方向上会出现拉长的胞状组织，并且，应变的作用使得晶粒开始破碎成相互具有较小位向差的亚结构。随着变形的继续进行，在初始阶段被拉长的胞状组织逐渐演变为偏向等轴的胞状结构，而且随着应变速率或者应变程度的增加，亚晶尺寸也会逐步减小，当减小到临界尺寸时就不再变化，此时，亚晶发生转动，从而

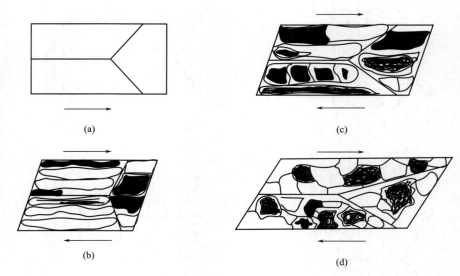

图 3-12 动态再结晶混合机制示意图

（a）预变形胞状结构；（b）形成被拉长的亚晶组织；

（c）临界应变下亚晶破碎；（d）生成动态再结晶晶粒

在晶粒内部形成等轴化区域（相互间具有较大位向差）。亚晶转动过程中，由于亚晶界墙上存在着大量的位错，因此，相邻亚晶间不会出现空洞。在变形完成之后的冷却过程中，位错通过攀移，亚晶界上的异号位错相互抵消，形成大角度晶界，再结晶过程完成。其再结晶示意图如图 3-13 所示。

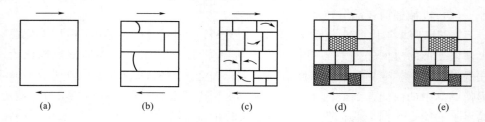

图 3-13 渐进式亚晶位向差再结晶形核示意图[18]

（a）初始单晶；（b）形成被拉长的亚晶组织；（c）等轴亚晶转动；

（d）亚晶间形成大的位向差；（e）形成晶界

3.3.2.3 动态再结晶影响因素

在材料的热变形过程中，并不是所有的条件下都能观察到动态再结晶，而且，并不是所有动态再结晶的形成类型都完全一致，它会因条件的不同而不同。由于再结晶过程包括晶粒形核和长大，所以，在铜合金热变形过程中，影响晶粒形核、长大的因素也都会影响合金的再结晶[19,20]。总的来说，影响动态再结晶的因素可以概括为以下五种类型：

（1）原始晶粒尺寸

由前面细晶强化理论分析可知，合金内部的晶粒的尺寸和抵抗外力的能力成反比，晶粒越大，能力越弱，这是因为，较小的晶粒尺寸会导致晶界增多，为再结晶形核提供更多的形核点，所以也有利于再结晶的发生。

（2）变形程度

合金畸变能的大小和发生再结晶的难易程度成反比，畸变能越低，越不容易发生，反之，较高的畸变能反而促进再结晶的发生。

（3）变形温度

较高的温度下，合金中的原子活性相对较大，运动速度快，所以升高温度，可以有效地促进合金再结晶的进行。

（4）微量溶质原子

在合金的强化方式中，我们知道，适量溶质原子的加入可以起到一定的固溶强化效果，一方面，它们以固溶态存在于金属基体中，所以，增加了合金的形变储存能，促进再结晶的发生；另一方面，溶质原子的存在又会阻碍晶界和位错移动，造成位错在一个地方大量堆积，为再结晶的形核位置提供更多的位置和能量，所以，微量溶质元素的加入也会促进合金发生再结晶。

（5）分散相粒子

若分散相粒子较大，位错就会绕过甚至在粒子周围塞积，变形储存能就会增大，结构就不稳定，再结晶形核就容易发生；若粒子很小，就会钉扎位错和晶界，使它们不易移动，晶粒就不容易长大，再结晶受到阻碍。所以，在制备合金的过程中，要按照相关要求，严格控制分散相粒子的大小。

3.4　时效析出与动态再结晶的相互作用

铜合金在进行强化处理时，往往会将时效强化和形变强化进行结合，经过变形后的合金在时效处理时往往伴随着再结晶行为的发生。时效过程的析出行为和再结晶的相互作用，对合金的性能有强烈的影响。本节主要探讨合金的时效析出与再结晶的相互作用，以及对合金组织与性能的影响。

合金在形变后的时效过程中，第二相的析出伴随着回复和再结晶过程，它们之间的交互作用，必然会对时效后的组织和性能产生影响[21~23]。

合金时效析出与形变后的再结晶过程分别满足下列动力学方程：

$$t_R = A(N) \exp \frac{Q(N)}{kT} \tag{3-2}$$

$$t_p = B \exp \frac{Q_B + \Delta G_k^*(T)}{kT} \tag{3-3}$$

式中，t_p、t_R 为时效析出和再结晶的孕育期；$A(N)$、B 为常数；Q_B、Q (N) 为扩散、再结晶的激活能；$\Delta G_k^*(T)$ 为时效析出的临界形核功。

图 3-14 为过饱和固溶体的析出与再结晶交互作用示意图，图中，N_1、N_2 均为位错密度。当位错密度为 N_1 时，析出与再结晶两个过程没有相互作用。当位错密度为 $N_2 < N_1$ 时，有三种情况，（1）$T > T_2$，发生不连续再结晶；（2）$T_2 > T > T_3$，当 $t_p < t_R$，不连续再结晶受到析出的影响，再结晶前沿位错重排及晶核的形成受到析出行为的阻碍；当 $t_p \gg t_R$ 时，在析出之前再结晶就已完成，因此，这两个过程没有相互作用；（3）$T < T_3$，发生连续再结晶，大量的析出相弥散分布使得所有的位错被钉扎，晶界的形成与析出相的粗化同时发生，晶界不能运动，即发生连续再结晶。

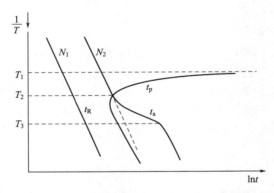

图 3-14　过饱和固溶体的析出与再结晶交互作用

时效过程中，细小的析出相于位错或亚晶界处优先析出，随着时效时间延长，小颗粒的析出相溶解逐渐形成较大的析出相，使得位错的重排和亚晶界的运动在此处受阻，若变形量继续增加，则在析出相附近的位错环累积增多，形成一个高位错密度区，这些位错的大量塞积有利于再结晶晶核的形成。当合金变形时，内部位错线增多，合金处于高能量状态，为了使能量降低，位错线发生集中排列，将晶粒划分为多个亚晶，若变形继续，则亚晶粒得到细化，位错缠结的胞壁将不断增厚，中间形成无畸变的小区域，形成一个个亚晶粒，当两个亚晶粒相遇时，就会以原位的方式形成一晶粒，完成再结晶过程。

再结晶初期，择优形成的晶核核心基本上不存在应变，通过晶界的迁移向形变的基体中长大以降低形变储存能，作用在晶界上的力有再结晶时晶界移动的驱动力 f_R、相变驱动力 f_p、Zener 力 f_V，其中，f_R、f_p 使自由能降低，f_V 使自由能升高。因此，在再结晶过程中，晶界可能被第二相粒子钉扎，也可能移动，使再结晶顺利进行。

在以上几种力的作用下，当 $\sum P_i > 0$ 时，晶界才可以移动，$\sum P_i$ 表示晶界扫过单位体积区域引起自由能降低的驱动力之和，即 $f_R + f_p - f_V > 0$。

再结晶时，晶界移动的驱动力 f_R 为[24]：

$$f_R = \alpha G b^2 (\rho_1 - \rho_0) \tag{3-4}$$

式中，α 为常数；G 为切变弹性模量；b 为柏氏矢量；ρ_0，ρ_1 为变形、再结晶后合金的位错密度。

晶界迁移时扫过的变形基体中会留下相间的低密度位错，平衡浓度的固溶体和第二相，因此，造成相变的驱动力也可以推动晶界的迁移，析出过程的相变驱动力 f_P 可用下式表示[24]：

$$f_P \approx \frac{RT}{V_m} x_0 \ln \frac{x_1}{x_0} \tag{3-5}$$

该式适用于理想的稀溶液，x_0、x_1 分别表示固溶处理、时效处理温度下固溶体的平衡浓度。

析出相对晶界的"钉扎力"作用于相反的方向，析出相导致单位面积晶界迁移的制动力为 Zener 力 f_V，为[25]：

$$f_V = \frac{3f\gamma_b}{D} \tag{3-6}$$

式中，f 为析出相的体积分数；γ_b 为界面能；D 为析出相颗粒的直径。

合金在时效初期，择优析出与再结晶同时发生，再结晶晶核通过与析出相的交互作用，以原位再结晶和不连续再结晶的方式生长。当再结晶的晶粒长大，晶界在移动过程中遇到析出相时，晶界的移动方式分为两种：析出相重新溶解，让晶界过去之后在再结晶晶粒内过饱和溶质原子重新析出；在晶界上的析出物，如果是细小相，对晶界有钉扎作用，使晶界不能移动，阻碍再结晶过程，如果析出相粗化，则减弱了钉扎力，使得再结晶前沿界面脱钉而向前推进，把较大的粒子留在再结晶晶粒中。晶界前沿的析出相是否被溶解或粗化，可以通过计算临界尺寸加以说明。由以上两式，如果 $f_R = f_V$，则析出相的临界尺寸为：

$$D_c = \frac{3f\gamma_b}{f_R} = \frac{3f\gamma_b}{\alpha G b^2 (\rho_1 - \rho_0)} \tag{3-7}$$

式中，γ_b 取值 $0.5J/m^2$，单纯再结晶驱动力 $f_R = 10MPa$，f 取合金在任一状态下的时效时的析出相体积分数，计算其临界尺寸 d，若 $D < d$，则制动力大于驱动力，晶界迁移受阻，晶界迁移需通过这些颗粒的溶解才能实现。若粒子的尺寸较大，则会加速晶界的迁移，促进再结晶的进行[26]。

◆ 参考文献 ◆

[1] 杨扬. 金属塑性加工原理 [M]. 北京：化学工业出版社，2009.
[2] 俞汉清，陈金德. 金属塑性成形原理 [M]. 北京：机械工业出版社，1999.

［3］ 王爱珍．热加工工艺基础［M］．北京：北京航空航天大学出版社，2009.

［4］ 钱继峰．热加工工艺基础［M］．北京：北京大学出版社，2006.

［5］ 于文强，陈宗民．金属材料及工艺［M］．北京：北京大学出版社，2017.

［6］ Sun Huili, Zhang Yi, Volinsky Alex A, et al. Effects of Ag Addition on Hot Deformation Behavior of Cu-Ni-Si Alloys［J］. Advanced Engineering Materials, 2017, 19（3）.

［7］ 杨志强，刘勇，田保红，等．非线性拟合法研究 20% TiC-弥散铜复合材料的动态再结晶［J］．材料热处理学报，2014, 35（6）：213-217.

［8］ 杜志远．Mg-Gd-Y-Nd-Zr 合金热变形过程中的动态再结晶研究［D］．太原：中北大学，2016.

［9］ Zhao D M, Dong Q M, Liu P, et al. Structure and strength of the age hardened Cu-Ni-Si alloy ［J］. Materials chemistry and physics, 2003, 79（2）：81-86.

［10］ 金朝阳，崔振山．变形温度对动态再结晶行为的影响［J］．扬州大学学报（自然科学版），2011, 14（2）：60-64.

［11］ 伍来智，陈军，张鸿冰．40Cr 钢奥氏体动态再结晶及晶粒细化［J］．上海交通大学学报，2008, 42（5）：786-790.

［12］ 舒小勇，鲁世强，刘大博，等．0Cr13Ni8Mo2Al 钢在 900 ~ 1050℃ 时的变形组织演变规律研究［J］．热加工工艺，2011, 40（8）：13-16.

［13］ Jin N, Zhang H, Han Y, et al. Hot deformation behavior of 7150 aluminum alloy during compression at elevated temperature ［J］. Materials Characterization, 2009, 60（6）：530-536.

［14］ 赵晓东．304 不锈钢热变形条件下动态再结晶行为研究［D］．太原：太原科技大学，2009：3-7.

［15］ Shimizu I. Theories and applicability of grain size piezometers: The role of dynamic recrystallization mechanisms［J］. Journal of Structural Geology, 2008, 30（7）：899-917

［16］ 朱远志，杨扬，杨军军．高速变形条件下的动态再结晶机制的研究进展［J］．铝加工，2000, 23（3）：43-46.

［17］ Flaquer J, Sevillano J G. Dynamic subgrain coalescence during low-temperature large plastic strains［J］. Journal of Materials Science, 1984, 19（2）：423-427.

［18］ 孙亚丽．SiCp/Al 复合材料的热变形组织演变及动态再结晶行为研究［D］．洛阳：河南科技大学，2016：4-7.

［19］ Davies R K, Randle V, et al. Continuous recrystallization-related phenomena in a commercial Al-Fe-Si alloy［J］. Acta Matarialia, 1998, 46（17）：6021-6032.

［20］ WU B, LI M Q, MA D W. The flow behavior and constitutive equations in isothermal compression of 7050 aluminum alloy［J］. Materials Science and Engineering A, 2012, 542：79-87.

［21］ Lockyer S A. Fatigue of Precipitate strengthened Cu-Ni-Si alloy［J］. Materials Science and Technology, 1999, 15（10）：1147-1153.

［22］ 铃木竹四．The Characteristics and Processes in Cu-Ni-Si alloyheat treatment［J］．伸铜技术研究会志，1994, （33）：152-160.

［23］ Hidemichi, Fujiwara, et al. Effect of alloy composition on precipitation behavior in Cu-Ni-Si alloy［J］. Japan Inst Metals, 1998, 62（4）：301-309.

［24］ Hornbogen E. Combined Reactions［J］. Metallurgical Transaction, 1979, 947-970.

［25］ Kreye H. Recrystallization of Supersaturated Copper-Cobalt Solid Solutions［J］, Journal of Materials Science, 1970：89-95.

［26］ 雷静果．高强度 CuNiSiCr 合金的时效强化及性能预测［D］．洛阳：河南科技大学，2004：41-47.

第4章

金属材料热变形的热模拟试验技术及数据处理

4.1 热模拟试验参数的确定原则

金属材料热加工（热变形）工艺参数的科学、合理制定，对金属材料热加工产品的质量和性能以及热加工材料产品的高效率、高质量的生产具有重要意义。实际应用形变热处理工艺时，不仅要结合材料的成分与性能要求，确定形变后的热处理工艺参数，更重要的是要根据母相形变后的组织结构及其对相变和相变产物的作用规律，正确确定形变的工艺参数，才能得到所期望的母相组织结构及转变后的组织，达到所需要的性能。

金属的塑性加工是利用金属具有塑性变形能力的特点，通过改变金属材料的形状、尺寸、性能等获得所需的型材、棒材、锻压件、板材以及线材等的一类加工方法。

金属塑性变形的实质是由于外力在金属内部形成较大的内应力，使得金属材料中的晶粒不仅在内部产生滑移，同时晶粒间也产生滑移和转动。因此，金属塑性的好坏不仅取决于金属本身的化学成分、金相组织、晶格类型，还有变形时的试验条件，例如：变形温度、形变速率以及试验所用压力大小等。

金属材料的"可锻性"是衡量材料压力加工工艺难易程度的一个重要指标，其衡量依据通常为材料的塑性大小以及变形抗力。一般情况下，具有较好的塑性、较小的变形抗力的金属材料的可锻性能相对较好。以上两个衡量依据中，塑性的好坏可用延伸率 δ、断面收缩率 ψ 以及冲击韧性 a_k 等参量来表示。变形抗力是指金属材料在变形过程中抵抗工具作用力的大小，变形抗力越小，变形时所消耗的能量也就越少，从而可降低生产成本或提高工作效率。

金属塑性变形后，晶粒的形状、尺寸等将发生变化，晶粒间产生碎晶，晶格发生扭曲，增加了滑移阻力，从而产生所谓"加工硬化"现象。其标志是强度和硬度上升，而塑性和韧性下降。然而当继续经受加热时，原子的运动开始加剧，金属内部错位的原子恢复正常排列，消除晶格扭曲，可使加工硬化部分消除，这一过程称为"回复"。当金属温度继续升高到绝对熔化温度的 0.4 倍时，金属原子获得更高的热能，则开始以某些碎晶或杂质为核心生长成新的晶粒，进而消除了全部加工硬化现象，这个过程称为"再结晶"。

当金属在高温下受力变形时，加工硬化过程和恢复以及再结晶过程是同时存在的，变形过程中产生的加工硬化会随时被再结晶所消除。

由以上分析可知，当金属在不同温度下变形时，最终得到的组织和性能是不一样的。同时，当试验的变形量、变形速率不同时，塑性变形后所产生的微观组织和力学性能也会有所改变，试验应力的大小对金属材料的塑性变形能力也会产生较大的影响。因此，在进行金属材料的塑性变形时，变形温度、应变速率以及变形抗力是必须考虑的热力学基本条件，是物理模拟的基本参数。

本书所考察铜合金的热变形行为，主要是在 Gleeble 1500 热模拟试验机上进行的，该装备因其功能齐全、技术先进而在近年来得到广泛应用。它是由加热系统、加力系统以及计算机控制系统三大部分组成，如图 1-1 所示[1]。Gleeble 1500 热模拟试验机的主要技术性能指标如表 4-1 所示。

表 4-1   Gleeble 1500 模拟装置主要性能指标[2]

加热变压器容量	75kV·A
加热速度	最大 10000℃/s(φ6mm 普通碳钢试样,自由跨度 15mm) 最小保持温度恒定 最大 140℃/s(φ6mm×15mm 碳钢试样,在 1000℃条件下)
冷却速度	78℃/s(φ6mm×15mm 碳钢试样,在 800~500℃自由冷却条件下) 330℃/s(φ6mm×6mm 碳钢试样,在 1000℃条件下) 200℃/s(φ6mm×6mm 碳钢试样,在 800~500℃自由冷却条件下) 急冷速度 10000℃/s(1mm 厚碳钢试样,在 550℃条件下)
最大载荷	拉或压(单道次)80066N 疲劳试验 53374N
加载速率	最大 2000kN/s 最小 0.01N/min
位移速度 (活塞冲程移动速度)	最大 1200mm/s 最小 0.01mm/10min
试样位移量及跨度	最大位移:101mm(在真空槽内)。 最大跨度:167mm(在真空槽内); 583mm(不用真空槽)
试样截面最大尺寸	试样卡头空间尺寸为: 高 50mm 厚 25mm 直径 25mm

注：由于加热变压器容量已定，试样截面最大尺寸的设计应根据材质、试样自由跨度以及所要求的加热参数决定。一般情况下，铜材不超过 100mm^2。

4.2　真应力-真应变曲线

　　材料的真应力-真应变曲线能够反映材料在热变形过程中的硬化和软化情况，通常把它当作判断动态再结晶发生与否的重要标准。一般金属在压缩时，典型热变形过程的真应力-真应变曲线如图 4-1 所示[3,4]。

　　金属材料热变形的真应力-真应变曲线按其特征可以分为 4 种类型：加工硬化型、动态回复型、动态再结晶型和周期动态再结晶型，分别简述如下：

　　（1）加工硬化型

　　图 4-1（a）为典型的加工硬化型，它的流变应力曲线可分为 3 个阶段：①线性硬化阶段，位错密度迅速增加，金属内部畸变能增加。②位错缠结，形成胞状结构阶段，位错进一步重排，通过滑移，异号位错对消，通过位错攀移，发生多边形化过程，加工硬化率较第 ① 阶段明显降低。③ 当变形温度较低时（$<0.5T_m$，T_m 为熔点温度），通过螺位错的交滑移产生动态回复，此时流变应力曲线表现为线性上升的趋势。

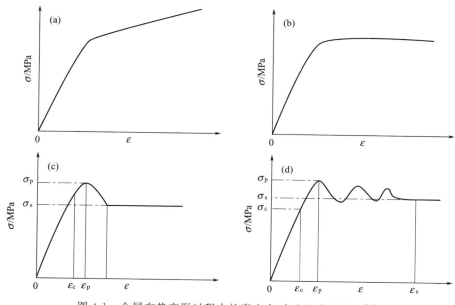

图 4-1　金属在热变形过程中的真应力-真应变曲线类型[2]

　　（2）动态回复型

　　图 4-1（b）为典型的动态回复型，也分为 3 个阶段。前两个阶段与加工硬化型相似，第三阶段当变形温度较高时（$>0.5T_m$），刃位错的攀移能力大大增加，成为这一阶段的主要软化机制，此时，加工硬化与动态回复基本达到平衡，流变应力曲线的线性上升部分基本消失，应力趋向恒定值。

（3）动态再结晶型

图 4-1(c) 为典型的动态再结晶型，也分为 3 个阶段。第一阶段是加工硬化阶段，与动态回复型的相似。第二阶段当变形量达到临界值 ε_c 后开始发生动态再结晶。达到峰值应变 ε_p 后，大量的动态再结晶晶粒的软化作用使流变应力曲线快速下降。第三阶段变形晶粒的回复和再结晶晶粒的长大与加工硬化达到平衡，进入稳态阶段。

（4）周期动态再结晶型

图 4-1(d) 是周期性动态再结晶型，当变形量达到临界值 ε_c 后，变形材料发生动态再结晶，而且材料经动态再结晶后，若晶粒变形量又达到 ε_c，则材料可以再次发生动态再结晶。假设基体再结晶分数达到 63.2% 时所需的时间是 t_R，在 t_R 时间间隔内所发生的应变为 ε_R，如果 $\varepsilon_R \gg \varepsilon_c$（例如当变形速率很大，变形温度较低或合金元素含量较高时可发生这种情况），此时，动态再结晶可以在达到下一个临界变形 ε_c 之前充分完成，从而形成了周期性的再结晶。动态再结晶使流变应力下降，而动态再结晶完成之后的变形又造成加工硬化，使流变应力重新上升，由此产生了周期性的流变应力曲线。

一般认为动态再结晶开始于变形量达到峰值应变 ε_p 的 0.60～0.85 时，而在此之前，仍然可能发生动态回复。因此，也可称之为"动态回复＋动态再结晶"型的流变应力曲线。

由上述典型真应力-真应变曲线可以看出，真应力-真应变曲线可以分为三个阶段。

第一阶段，微变形阶段。在此阶段的应变很小，变形开始时，应力先随应变程度的增大而增大，并且应力的增加很快，并且，应力随应变的增加速率越来越小，加工硬化开始出现。

第二阶段，均匀变形阶段。此时，真实应力因加工硬化而增加，金属材料开始均匀塑性变形，即开始流动并发生硬化，随着加工硬化作用的加强，应力达到高峰后又随应变下降，最后达到稳定态，开始出现动态回复，曲线斜率逐渐下降，这是由于动态回复带来的软化效果抵消了部分加工硬化的作用，若软化作用继续加强，与加工硬化达到动态平衡时，曲线就进入第三个阶段——稳态流变阶段。

第三个阶段，稳态流变阶段。在此阶段可以实现持续形变，流变应力不再上升，而是保持平稳状态。由此可知，在峰值之前，加工硬化占主导地位，在金属中只发生部分动态再结晶，硬化作用大于软化作用；当应力达到极大值后，随着动态再结晶的加快，软化作用开始大于硬化作用，于是曲线下降；当由变形造成的硬化与再结晶所造成的软化达到平衡时，曲线进入稳定态阶段。对于一个给定的金属材料，曲线的应力随应变的变化状态会因为变形温度、应变速率的不同而有所不同。升高温度或者降低应变速率都会使应力值减小，并使曲线提前进入稳态流变阶段。

4.3　动态材料学模型

从材料的热力学角度出发，整个热变形是一个高度非线性、不可逆的过程。

动力学模型（kinetic model）[5]是最早被提出来绘制热加工图的模型，但是其适用范围很小，只用于温度和应变速率变化范围较小的热塑性加工情况，且本质上只注重蠕变机制，所以，Raj 创立了原子论模型（atomistic model）[6]，基于这个理论绘制的热加工图，可以很好地确定金属材料的"稳定区"和"失稳区"，相对前一个模型更加完善，但是，这个模型还存在诸多缺点：（1）仅仅考虑了楔形开裂、空洞形核及动态再结晶等典型过程的原子模型，不能适用于各类型变形机制；（2）需要确定晶粒尺寸、结构参数、扩散系数及激活能等诸多参数，计算繁琐复杂；（3）应用范围较窄，只能用于纯金属或稀合金化金属等简单金属材料，对成分复杂合金不适用。在绘制加工图时需要大量的参数，带来很大的工作量，而且，对复杂的合金并不适用，于是 Prasad[7] 等人将不可逆热力学[8]、大塑性介质力学和物理系统的模型[9]结合起来，提出了适用范围更广的动态材料模型（dynamic materials model，DMM）。

该模型不仅将变形介质力学与耗散微观组织结构演变联系到一起，同时，成功地描述了材料在热变形过程中动态响应的区域。该模型认为，被加工的材料作为一个非线性的能量耗散单元有如下特征：

（1）动态特征　在热变形过程中，若金属材料发生动态软化，则材料在一定的温度下变形时的本构关系取决于应变速率的大小，与应变的影响较小。

（2）耗散特征　制品的成形过程其实是耗散能量而非储存能量的过程。描绘耗散特征的应力-应变曲线包括平坦的应力-应变曲线、发生动态软化最终呈稳态特征的应力-应变曲线以及摆动的应力-应变曲线和没有任何临界应变的动态软化曲线。

（3）不可逆过程　金属材料在塑性变形过程中，其微观组织演变是不可逆的。

（4）远离平衡特征　在热塑性变形过程中，金属材料的应变并不是可以无限小增加，即远离平衡。

（5）非线性特征　整个热塑性试验过程中，温度、应变以及应变速率等试验工艺参数对材料流变应力的影响是非线性的。

基于以上分析，发现动态材料模型可以更好地解决金属材料的本构行为与激结构演化、热加工以及流变失稳等之间的关系。

若压缩速率和温度一定，金属材料的变形符合幂律方程，则流变应力与压缩速率之间存在如下关系：

$$\sigma = K\dot{\varepsilon}^m \tag{4-1}$$

式中，K 为材料常数；m 为应变速率敏感指数。且 m 可表示为[10~12]：

$$m = \frac{\mathrm{d}J}{\mathrm{d}G} = \frac{\dot{\varepsilon}\,\mathrm{d}\sigma}{\sigma\,\mathrm{d}\dot{\varepsilon}} = \frac{\mathrm{d}(\ln\sigma)}{\mathrm{d}(\ln\dot{\varepsilon})} \tag{4-2}$$

由动态材料模型的特征可知，整个热加工过程被当作一个封闭系统，其能量耗散呈现非线性的特征，在单位时间之内，单位体积的材料从外界所吸收的总能量 P 转化为耗散协量 J 和耗散量 G，前者用于组织演变，后者用于塑性变形，数学表达式为：

$$P = \sigma\dot{\varepsilon} = G + J = \int_0^{\dot{\varepsilon}} \sigma\,\mathrm{d}\dot{\varepsilon} + \int_0^{\sigma} \varepsilon\,\mathrm{d}\sigma \tag{4-3}$$

图 4-2 为任意条件下，合金材料的应力-应变速率的示意图，图中，虚线所绘矩形面积为合金吸收的总能量 P，图 4-2(b) 表示理想状态下的线性耗散情况，图 4-2(a) 表示非理想状态-非线性耗散情况，在图中，阴影部分所表示的面积代表热变形过程中的耗散协量 J。结合图 4-2 和式(4-3)可知，在线性状态下，J 可以达到最大值：$J_{\max} = \frac{1}{2}\sigma\dot{\varepsilon} = \frac{1}{2}P$。

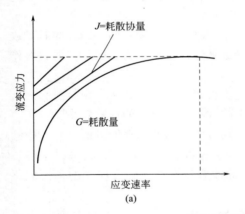
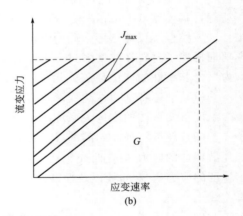

图 4-2　材料的能量耗散图

(a) 非线性耗散；(b) 线性耗散

引入耗散因子 η（微观组织轨迹线），表示在任一条件下，热塑性过程所用耗散协量占线性耗散协量的比值[13]，所以，η 值越高，加工性能越好。结合式(4-1)、式(4-3)，可以找到 η 的数学表达式为：

$$\eta = J/J_{\max} = \frac{2m}{m+1} \times 100\% \tag{4-4}$$

该参数描述了金属材料工件在一定温度和应变速率范围内不同微观机制的本质反应，不同的耗散值对应着不同的微观形变机制。加工硬化、动态回复、动态再结晶、空洞形成、楔形开裂、第二相的脱溶和长大、变形诱导的相的转变、针状结构的球化等冶金过程都会对耗散协量的变化起到一定的作用，进而影响功率耗散系数的变化。

4.4 热加工图的构建与应用

塑性加工过程中，金属材料不仅要达到"成形"的条件，还要满足"成性"的要求，所以，在实际生产中，为了避免材料失稳，造成大批废料，浪费资源，要选择适当的工艺（温度、应变速率以及适宜的变形量）作为加工参数。热加工图是一种能有效预测金属材料热加工性能好坏的有效技术手段，通过对合金材料热加工图的绘制和分析，可以很好地避免图中所示的失稳区，并找到高耗散值的区域，作为最适宜的热加工参数，为实际加工生产提供理论参考。

流变失稳判据是一个无量纲的参数，根据材料模型理论，将其数学表达式计为：

$$\xi(\dot{\varepsilon}) = \frac{\partial \ln[m/(m+1)]}{\partial \ln \dot{\varepsilon}} + m < 0 \qquad (4\text{-}5)$$

在满足上式的所有条件下进行的材料热变形，都将发生流变失稳，这可能是出现了绝热剪切带、有孪晶的产生，甚至是因为局部区域发生了流变现象，在热加工过程中，一定要避开此区域，所以，在材料进行热塑性变形之前，对其失稳判据进行计算并建立失稳图具有极其重要的意义。

4.4.1 数据处理步骤

4.4.1.1 参数 m、η 的求解

本节主要针对热加工图绘制过程中所用到的相关参数的具体求解过程做一简单阐述：

在动态材料模型中有式（4-1）的关系存在，对其两端取自然对数，并利用三次样条插值法运算，可得：

$$\ln \sigma = a + b \ln \dot{\varepsilon} + c (\ln \dot{\varepsilon})^2 + d (\ln \dot{\varepsilon})^3 \qquad (4\text{-}6)$$

以 Cu-0.2%Zr 合金的应变为 0.2 情况为例，先找到不同试验应变速率和温度下相应的应力值，如表 4-2 所示。

表 4-2 应变为 0.2 时，不同条件下 Cu-0.2%Zr 合金的应力值

单位：MPa

变形量	应变速率	550℃	650℃	750℃	850℃	900℃
	0.001	140.98	85.06	61.67	37.29	34.54
	0.01	167.58	97.59	74.00	48.46	42.36
0.1	0.1	163.80	108.75	85.93	57.87	52.18
	1	173.94	132.33	99.17	70.07	62.83
	10	172.98	138.11	114.84	85.93	80.53

之后，计算各个应变速率以及各个应力的自然对数值，输入到 Origin 中，并点击 ⁂ 后选择 Scatter，绘制 lnε̇-lnσ 的散点图（图 4-3 中，一个颜色的散点代表一个温度，例如，黑色是 550℃，红色是 650℃，蓝色是 750℃，粉色是 850℃，绿色是 900℃），结果如下。

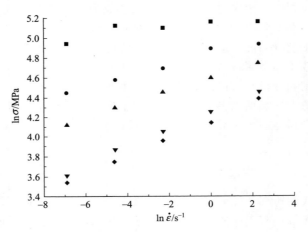

图 4-3　lnε̇-lnσ 的散点图

单击上图中的散点，然后在 analysis 工具下拉菜单中的 fitting 功能的下属键 fit polynomial 中选择 open dialog，打开对话框，在 polynomial order 中选择"3"次拟合，点击 OK，就对其散点图进行了三次拟合。拟合页面和拟合结果如图 4-4 所示。

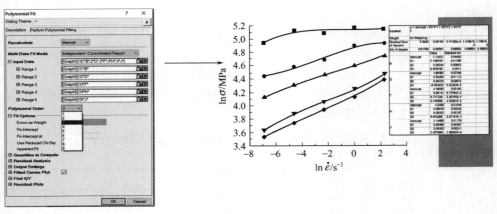

图 4-4　散点三次拟合示意图

拟合结果图中，所出现小框中的数据，分别代表着式（4-6）中的系数，a—intercept，b—B1，c—B2，d—B3。

在第 4.3 节中，我们知道：

$$m = \mathrm{d}\ln\sigma/\mathrm{d}\ln\dot{\varepsilon} = b + 2c\ln\dot{\varepsilon} + 3d\ln\dot{\varepsilon} \tag{4-7}$$

此式就是式（4-6）的求导计算，将 m 值求出，并分别计算 $m+1$，$2m/(m+1)$，$m/(m+1)$，$\ln[m/(m+1)]$ 的值。以 $\ln\dot{\varepsilon}$ 为横坐标，$\ln[m/(m+1)]$ 为纵坐标，输入到 Origin，并点击 ⁛ 后选择 Scatter，绘制 $\ln\dot{\varepsilon}$-$\ln[m/(m+1)]$ 的散点图，之后，进行三次拟合〔将 $\ln[m/(m+1)]$ 作为 $\ln\dot{\varepsilon}$ 的三次函数〕（步骤同上），拟合结果如图 4-5 所示。

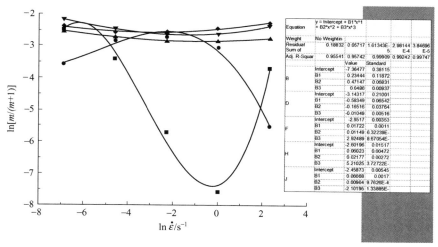

图 4-5　$\ln\dot{\varepsilon}$-$\ln[m/(m+1)]$ 的散点图的拟合

同理，图中小框数据分别代表着下式中的系数，b—B1，c—B2，d—B3，将图 4-5 中的系数代入 $\dfrac{\partial\ln\left(\dfrac{m}{m+1}\right)}{\partial\dot{\varepsilon}} = b + 2c\ln\dot{\varepsilon} + 3d\,(\ln\dot{\varepsilon})^2$ 中并计算。于是，$\xi\,(\dot{\varepsilon})$ 的值就可以求出：

$$\xi(\dot{\varepsilon}) = \frac{\partial\ln\left(\dfrac{m}{m+1}\right)}{\partial\dot{\varepsilon}} + m = b + 2c\ln\dot{\varepsilon} + 3d\,(\ln\dot{\varepsilon})^2 + m \tag{4-8}$$

$$\eta = J/J_{\max} = \frac{2m}{m+1} \times 100\% \tag{4-9}$$

4.4.1.2　热加工图的绘制

（1）耗散图的画法

以温度（几个应变速率，就重复几次，此处重复了 5 次）为横坐标，应变速率的对数为纵坐标，$2m/(m+1)$ 为 Z 轴。具体绘图步骤和结果如图 4-6 所示。

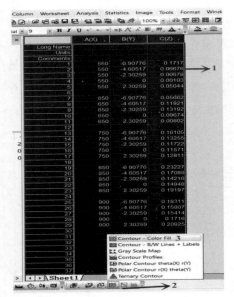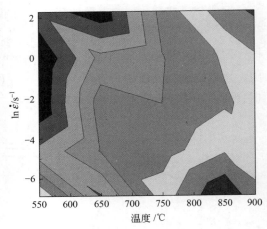

图 4-6　耗散图的前期绘制

双击右图，可弹出下图的对话框，在图中 Colormap 这种的 Color Fill 选项前的√取消，之后，在 Contouring info 中的 Smoothing 中进行对线的平滑调整，最后点击 OK。然后，回到画好的图面，鼠标对着一个线，点右键，选择 Add Contour Lable 会再显示一个数值，这个数值就是耗散值（添加耗散系数的方法有多种，这里就简单列出一种），其页面如图 4-7 所示。

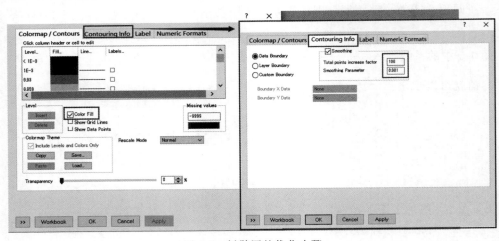

图 4-7　耗散图的优化步骤

（2）失稳图的画法

以温度（几个应变速率，就重复几次）为横坐标，应变速率的对数为纵坐标，ξ 为 Z 轴，重复图 4-7 的步骤，画出失稳图。双击彩图，弹出对话框（此处和耗散图绘制还是一致）。然后，选中负值，点 Delete（重复此步骤，除了一个最大的负值，将其余的负值都删了）。其具体步骤如图 4-8 所示。

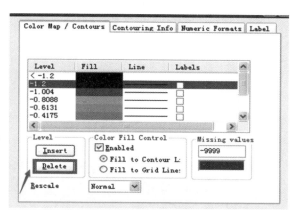

图 4-8　失稳图轮廓线的调整

其最后调整结果如图 4-9 所示，在结果图中，双击 Fill 中的黑色部分，出现右边的对话框，将黑色换成灰色（颜色调整随意），其页面如图 4-9 所示。最后，重复此步骤，将下面的橙色和灰色（也可能是其他颜色）调成白色。其随后结果如图 4-10 所示。

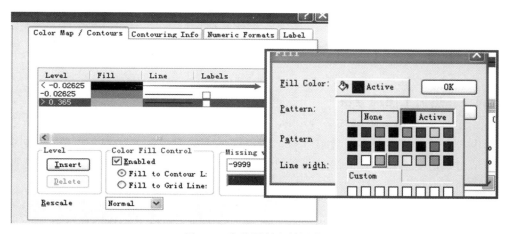

图 4-9　失稳图颜色的调整

最后，在耗散图的页面进行 Edit—Copy page，复制耗散图到失稳图中，将两图进行叠加，热加工图就绘制完成了，如图 4-11 所示。

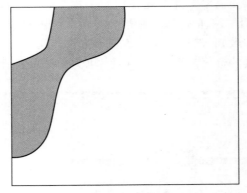

图 4-10　失稳图

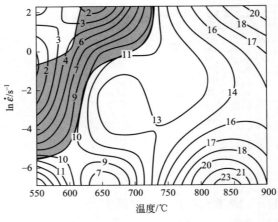

图 4-11　热加工图

4.4.2　热加工图的分析

在图 4-11 中，阴影部分为"不安全区域"，其他白色部分是"安全区域"，图中线上的数值是功率耗散值（η），可以描述不同组织演变过程，该值的大小，表示组织演变消耗能量的多少，所以，在选定合金最佳加工条件时，一定要选择图中白色部分并且耗散值大的区域。

在安全加工区域一般会发生材料软化现象，发生动态再结晶。因为动态再结晶的晶粒分布均匀，并且较为细小，因此，发生动态再结晶的合金性能稳定，加工性能良好。而失稳区域，也就是图中阴影部分代表着热加工过程中的危险区域，在此处进行热加工变形的材料容易出现断裂现象，因此，在热加工过程中，要避开此区域。

在热加工图的绘制过程中，根据式（4-9）可知，η 值的大小可以显示一定条件下材料组织演变消耗能量占总能量的比值，原则上，η 值越大，则其发生组织演变所用能量的比例越高，则越可能发生动态再结晶，但并非功率耗散系数越高越好，若在变形过程中出现局部流变、孔洞、变形孪晶、动态应变时效及微观裂纹或者绝热剪切带等失稳现象时，此时材料的功率耗散系数也会出现极大值，此现象在热加工过程中容易误导工艺的编制与操作，因此，在挑选最佳热加工区域时，要结合合金的微观组织进行观察和分析。

4.5　动态再结晶临界条件

动态再结晶能够显著地细化晶粒，可以明显改善合金的热加工性能，在热加工过程中有很重要的作用，动态再结晶临界条件是研究动态再结晶的重要指标，并且对建立动态再结晶数学模型和优化材料的热加工工艺具有一定的借鉴作用。

金属或合金热变形的过程中，动态再结晶的表征在宏观上主要以流变应力应变曲线的形状进行判断。在变形初期流变应力和位错密度随时间的增加而不断增加，即产生所谓的加工硬化。当位错密度达到一定值时，位错反应消失的速率增加，从而使加工硬化率减小，当达到峰值应力时，金属内部所聚积的变形能有可能达到动态再结晶所需要的能量，从而产生动态再结晶[14,15]。研究表明，温度是发生动态再结晶的必需条件，但它还与合金的类型有关。具有低层错能的金属或合金，如铜、镍、奥氏体等，当变形条件达到某一个临界值时，容易发生动态再结晶；对于高层错能的金属或合金，如铝及其合金，一般发生动态回复[16]。动态再结晶发生与否与变形温度、变形速率和变形程度等外界因素有关。再结晶一旦发生，晶粒得到细化，新晶粒中的位错密度降低，性能得到改善[17]。下面就加工硬化率-应变（θ-ε）图的建立、动态再结晶临界应变的确定介绍如下。

4.5.1　真应力-真应变曲线的非线性拟合

通过 Origin 工具按钮里面的 fitting function organizer 功能，创建一个新的函数（此处用 new fitting function 来命名），所用函数方程的通式为：

$$\sigma = \frac{a + b\varepsilon + c\varepsilon^2 + \cdots + g\varepsilon^n}{h + i\varepsilon + j\varepsilon^2 + \cdots + o\varepsilon^{n+1}} \tag{4-10}$$

其中，自定义拟合函数方程的具体步骤如图 4-12 所示。

注：函数的编辑是在步骤 6 所示箭头处点击进行，编辑后点击 Compile 按钮确认编译的正确与否，若编译正确，在 File 中单击 Save，然后单击 Return to dialog，再单击 OK。

正确的编译界面如图 4-13 所示。

n 值大小要根据实际情况来确定，例如，对于 Cu-0.2%Zr 合金而言，发现在 $n=6$ 时，拟合程度较高，效果最好。

本书以 Cu-0.2%Zr 合金在应变速率 $\dot{\varepsilon} = 0.001/s$，温度 $T = 750\,^{\circ}\mathrm{C}$ 时，对其

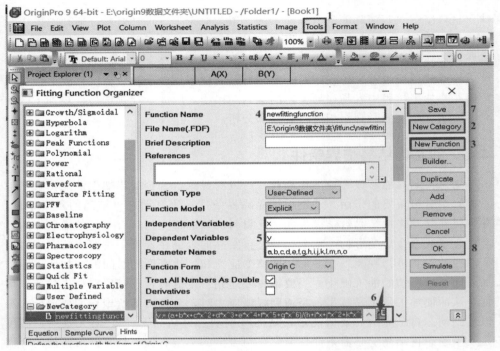

图 4-12　Origin 自定义拟合方程示意图

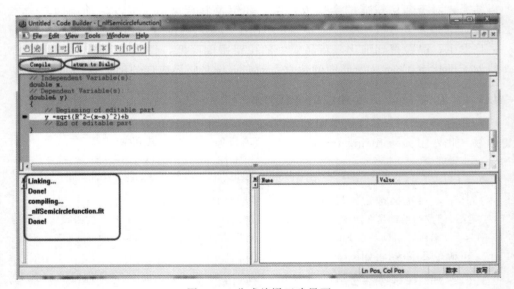

图 4-13　公式编译正确界面

真应力-真应变曲线的拟合为例，进行详细的拟合步骤描述。

在 Origin 里正常绘制真应力-真应变曲线，通过 Analysis 工具里面的 Fitting 功能中的子菜单 Non-linear Curve Fit 进行自定义函数的拟合，其界面如图 4-14 所示，其中，在第 4 步中的 Parameters 中可任意设置 Value 值（打开 Parameter 可获得箭头所指页面），然后进行步骤 5，若步骤 5 之后并未出现步骤 7 中所示界面，则进行第 6 步，直到出现步骤 7 中箭头所指界面，点击 OK 按钮，则拟合完成。此时，可以在 Parameters 中看到 Value 值的变化，其值分别对应公式系数的值。

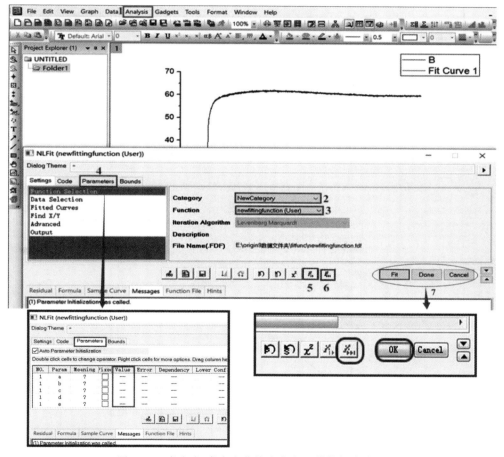

图 4-14　真应力-真应变曲线自定义函数的拟合步骤

Cu-0.2%Zr 合金在经过自定义函数拟合后的结果为：

$$\sigma = (0.0392 + 91.42339\varepsilon + 591.90469\varepsilon^2 - 80.60446\varepsilon^3 + 663.31535\varepsilon^4 - 841.50061\varepsilon^5 - 1145.93523\varepsilon^6)/(0.00211 + 1.56734\varepsilon + 8.98145\varepsilon^2 -$$

$0.91346\varepsilon^3 + 11.16618\varepsilon^4 + 0.75742\varepsilon^5 - 49.73109\varepsilon^6 + 16.45916\varepsilon^7$) （4-11）

Cu-0.2％Zr 合金在拟合前后的应力-应变曲线如图 4-15 所示。图 4-7 为 Cu-0.2％Zr 合金拟合前后在同一应变下试验应力值和拟合应力值的对比，在图 4-15 中可以看出，拟合后的曲线和试验曲线走向趋势一致，而图 4-16 则更加清晰的看出拟合前后的曲线吻合度很高，在后期求解过程中误差较小。

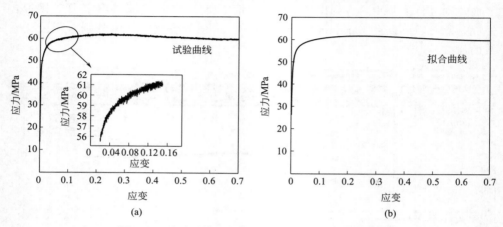

图 4-15　应变速率 $\dot{\varepsilon} = 0.001/s$，温度 $T = 750℃$ 时，
Cu-0.2％Zr 合金的试验应力-应变曲线（a）；拟合应力应变曲线（b）

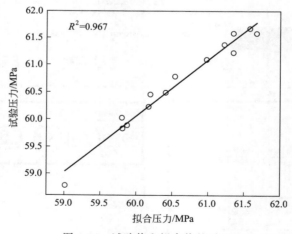

图 4-16　试验值和拟合值的对比

4.5.2　临界应变的确定

对式（4-11）关于应变进行求导微分计算（其具体步骤如图 4-17 所示），则有 $\theta = \partial\sigma/\partial\varepsilon$，然后求出 $\ln\theta$ 值。

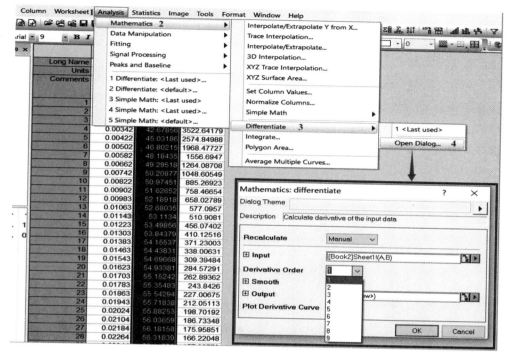

图 4-17　利用 Origin 进行求导微分示意图

　　之后，绘制 $\ln\theta$-ε 曲线并进行三次拟合，拟合结果如图 4-18 所示，拟合方程为：

$$\ln\theta = 7.496 - 101.3439\varepsilon + 743.8892\varepsilon^2 - 1938.3587\varepsilon^3 \tag{4-12}$$

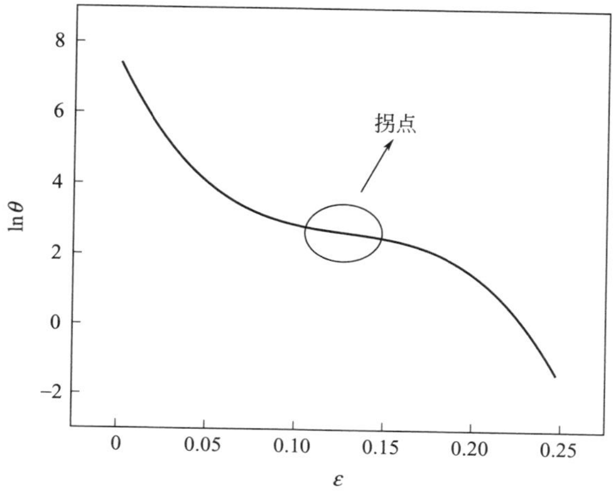

拐点

图 4-18　$T=750℃$，$\dot{\varepsilon}=0.001/s$ 时，$\ln\theta$ 和 ε 之间的关系

　　通过图 4-18 可以清晰地看出，合金加工硬化率随应变的增加先迅速降低，之后变化平缓，最后又急速降低，由于加工硬化率曲线对应的纵坐标是应力-应变曲线的斜率值的对数，所以，硬化率曲线的变化情况能综合反映应力-应变曲线的变化。

　　根据 Poliak 等[18]的研究结果发现，发生再结晶的初始应变点对应的是加工硬化率曲线拐点处的应变点，所以，对 $\ln\theta$-ε 曲线进行微分，会得到一个二次曲线和方程，如图 4-19 和式(4-13) 所示，$\ln\theta$-ε 曲线所对应的拐点对应的就是二次曲线斜率为 0 的点。综上所述，Cu-0.2%Zr 合金在温度 $T=750$℃，应变速率 $\dot{\varepsilon}=0.001/\text{s}$ 热压缩时，动态再结晶临界应变为：$\varepsilon=0.128$。

$$\ln\theta=101.3439+2\times743.8892\varepsilon-3\times1938.3587\varepsilon^2 \tag{4-13}$$

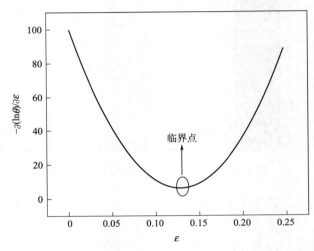

图 4-19　$T=750$℃，$\dot{\varepsilon}=0.001/\text{s}$ 时，$-\partial(\ln\theta)/\partial\varepsilon$ 和 ε 之间的关系

4.6　本构方程的建立

　　合理的本构模型可以准确地描述工艺条件（温度、变形速率、变形量）对流变应力的影响规律，预测给定条件下的流变应力，为确定大构件的热成形工艺提供理论依据，在金属材料成形或产品制造过程的计算机数值模拟、智能制造产品质量监控、缺陷分析与预防等方面中具有重要应用价值。本构方程相关参数的确定和本构方程的建立简述如下。

　　本构方程（constitutive equation），是用来反映材料宏观特性的一种数学模型。在流变应力-应变曲线中可以发现，应力（σ）和温度（T）、应变量（ε）应变速率（$\dot{\varepsilon}$）之间存在某种关系，所以，建立合适的本构方程来描述这种关系就显得极为重要。在建立适当的本构方程过程中，不仅需要理论论证和推理，而且还需要通过对试验数据的计算，确定所建本构方程中的相关参数值。

金属材料用本构模型有两类：基于物理本质型模型和唯象型模型，而基于Arrhenius方程建立的本构模型是唯象型本构模型中最常用的[19]，它对应力（σ）和温度（T）、应变速率（$\dot{\varepsilon}$）之间关系的描述有三种常见表达式：

$$\dot{\varepsilon} = A\sigma^n \exp(-Q/RT) \quad (\alpha\sigma < 0.8) \tag{4-14}$$

$$\dot{\varepsilon} = A_1 \exp(\beta\sigma)\exp(-Q/RT) \quad (\alpha\sigma > 1.2) \tag{4-15}$$

$$\dot{\varepsilon} = A_2[\sinh(\alpha\sigma)]^{n_1}\exp(-Q/RT) \quad (所有情况) \tag{4-16}$$

其中，式(4-16)为双曲正弦形式，由 Sellars C M 等提出，适用范围最广。上面三式中，$\dot{\varepsilon}$ 为试验应变速率，s^{-1}；σ 为试验所得应力，MPa；Q 为试验热激活能，kJ/mol；R 为常数，8.314J/(mol·K)；T 为试验温度，K；A、A_1、A_2、n、n_1、β、$\alpha = \beta/n$ 均为参数常量。

对式(4-14)和式(4-15)进行对数运算，可得：

$$\ln\sigma = \frac{1}{n}\ln\dot{\varepsilon} - \frac{1}{n}\ln A + Q/nRT \tag{4-17}$$

$$\sigma = \frac{1}{\beta}\ln\dot{\varepsilon} - \frac{1}{\beta}\ln A_1 + Q/\beta RT \tag{4-18}$$

具体绘图步骤为：根据式(4-17)先绘制 $\ln\sigma$-$\ln\dot{\varepsilon}$ 的散点图（图4-20所示），然后在 Analysis 菜单中找到 Fitting 的下拉菜单中的 Linear Fit 按钮，对其进行线性拟合，此时，在 Origin 的表格中会有新的表生成，此表中所含信息有各个曲线的截距和斜率，如图4-21所示，找到此表，并计算出较低应力所对应的拟合直线的斜率平均值，即 $1/n$。

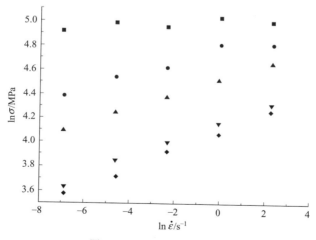

图4-20 $\ln\sigma$-$\ln\dot{\varepsilon}$ 的散点图

同理，根据式(4-18)绘制 σ-$\ln\dot{\varepsilon}$ 的散点图，运用同样的方法找到较高应力所对应的拟合直线的斜率平均值，即 $1/\beta$，于是，$\alpha = \beta/n$ 也被求出。

Update Table

	B	C	D	E1	E2
1 Equation	y = a + b*x				
2 Weight	No Weighting				
3 Residual Sum of Squares	0.0026	0.00512	0.00106	0.00113	3.0359E-4
4 Pearson's r	0.76405	0.97981	0.99694	0.99803	0.9995
5 Adj. R-Square	0.44503	0.94672	0.99186	0.99476	0.99865
6		Value	Standard Error		
7 B Intercept		5.00222	0.01613		
8 Slope		0.0083	0.00405		
9 D Intercept		4.73608	0.02262		
10 Slope		0.04815	0.00567		
11 F Intercept		4.511	0.01028		
12 Slope		0.05696	0.00258		
13 H Intercept		4.1608	0.01063		
14 Slope		0.07352	0.00267		
15 J Intercept		4.07651	0.00551		
16 Slope		0.07527	0.00138		

图 4-21　各个拟合曲线所对应的截距和斜率

在计算过程中，假定 Q 值不随变形温度变化，对式（4-16）取对数，有：

$$\ln\dot{\varepsilon} = \ln A + n_1 \ln[\sinh(\alpha\sigma)] - Q/RT \tag{4-19}$$

假设温度（T）和应变速率（$\dot{\varepsilon}$）不变，对此式关于 T 求偏导，得到 Q 的计算式为：

$$Q = R \left. \frac{\partial \ln\dot{\varepsilon}}{\partial \ln[\sinh(\alpha\sigma)]} \right|_T \left. \frac{\partial \ln[\sinh(\alpha\sigma)]}{\partial(1/T)} \right|_{\dot{\varepsilon}} \tag{4-20}$$

用同样的线性回归方法，分别绘制的 $\ln[\sinh(\alpha\sigma)]$-$\ln\dot{\varepsilon}$ 以及 $\ln[\sinh(\alpha\sigma)]$-$1/T$ 的散点图，然后线性回归拟合。分别找到式（4-19）对应的 n_1，即式（4-20）的 $\left. \frac{\partial \ln\dot{\varepsilon}}{\partial \ln[\sinh(\alpha\sigma)]} \right|_T$ 的值以及式（4-20）的 $\left. \frac{\partial \ln[\sinh(\alpha\sigma)]}{\partial(1/T)} \right|_{\dot{\varepsilon}}$。之后，将上述值和 R 常数代入式（4-20），就可以求得对应的热激活能 Q 值的大小。最后将相关参数代入式（4-16），即可建立该材料的本构方程。具体实例参见后续章节。

◆ 参考文献 ◆

［1］牛济泰．材料和热加工领域的物理模拟技术［M］．北京：国防工业出版社，2007．

［2］Dynamic System Inc USA. Product Description and Specifications of Gleeble-1500——The Thermal and Mechanical Materials Testing Machine. New York, 1987.

［3］林志．α-Fe 动态再结晶机理研究［D］．北京：北京科技大学，2004：11-53．

［4］张毅．微合金化高性能 Cu-Ni-Si 系引线框架材料的研究［D］．西安：西安理工大学，2009：67-69．

［5］Lim S C, Ashby M F. Overview no. 55 wear-mechanism maps［J］. Acta Metallurgica, 1987, 35（1）: 1-24.

［6］ Raj R, Ashby M F. On Grain Boundary Sliding and Diffusional Creep ［J］. Metallurgical transactions, 1971, 2（4）: 1113-1127.

［7］ Prasad Y, Rao K P. Effect of Oxygen Content on the Processing Maps for Hot Deformation of OFHC Copper ［J］. Journal of Engineering Materials and Technology, 2006, 128（2）: 158-162.

［8］ Progogine I. Dissipative Structure Theory ［M］. New York: Bantam Books, 1978: 477-487.

［9］ Wellstead P E. Introduction to Physical Systems Modeling ［J］. London, Academic Press, 1979: 133-156.

［10］ Zhang P, Hu C, Ding C G, et al. Plastic deformation behavior and processing maps of a Ni-based superalloy ［J］. Materials and Design, 2015, 65: 575-584.

［11］ Xia X S, Chen Q, Zhang K, et al. Hot deformation behavior and processing map of coarse-grained Mg-Gd-Y-Nd-Zr alloy ［J］. Materials Science and Engineering A, 2013, 587: 283-290.

［12］ Wen D X, Lin Y C, Li H B, et al. Hot deformation behavior and processing map of a typical Ni-based superalloy ［J］. Materials Science and Engineering A, 2014, 591: 183-192.

［13］ Zhang P, Hu C P, Ding C G, et al. Platic Deformation Behavior and Processing Maps of a Ni-Based Superalloy ［J］. Materials and Design, 2015, 65: 575-584.

［14］ Sellars C M, McG Tgart W J. Hot workability, Int ［J］. M Reviews, 1927, 17: 1-24.

［15］ McQueen H J, Jonas J J. Recent advanced inhot working: foundmentaldynamic softening mechanic ［J］. J Appl Metalworking, 1984, 3: 233-241.

［16］ Zhou M, Clode M P. Constitutive equation for modeling flow softening due to dynamic recovery and heat generation during plastic deformation ［J］. Mechanics of Materials, 1998, 27: 63-76.

［17］ 刘国金，张辉，林高用等. 铝合金多道次热变形过程的动态与静态软化 ［J］. 热加工工艺, 2002, 6: 13-15.

［18］ Poliak E I, Jonas J J. A One-parameter Approach to Determining the Critical Conditions for the Initiation of Dynamic Recrystallization ［J］. Acta Materialia, 1996, 44（1）: 127-136.

［19］ 刘文，王梦寒，冉云兰. 超高强度钢热成形冷却过程数值模拟 ［J］. 热加工工艺, 2012, 41（3）: 78-80.

第 5 章

高性能铜合金热变形

5.1 Cu-Ni-Si 合金引线框架铜合金

5.1.1 材料制备、组织与性能

5.1.1.1 Cu-Ni-Si 合金的成分设计

　　由于引线框架材料强度及电导率的提高主要依赖于析出强化，且析出强化型铜合金析出强化的效果主要取决于：合金元素的类型及其对溶解度变化曲线的影响；合金元素在 Cu 中的极限溶解度以及在室温下的平衡溶解度；析出相的种类、数量、分布、大小、形态等因素。合金电导率的高低主要取决于：合金元素的类型；合金元素对固溶体电导率的影响；合金元素在室温下的平衡溶解度等因素。

　　因此，设计引线框架高性能铜合金的主要原则，也即合金成分设计的关键是：合理设计和控制析出相的种类、数量、分布、大小、形态，尽量降低合金元素在基体内的残留量。

　　综合上述对合金强度和电导率两方面的要求，合金元素应能够满足以下条件：合金元素固溶于 Cu 中，对 Cu 基体电导率的影响要小；在高温时，合金元素在 Cu 基体中的溶解度要大；在室温下，合金元素在 Cu 基体中的平衡溶解度要尽量小；在析出过程，析出相弥散分布并与基体保持一定的共格关系；析出相稳定性好，在较高温度不易长大。

　　根据上述要求，所确定的合金系首先具备如图 5-1 所示的相图特征。合金元素加入量的设计，主要考虑其对合金强度和导电性两方面的影响[1,2]。按合理的比例加入，使其形成第二相强化粒子，在满足电导率的前提下，尽可能提高合金的强度。图 5-2 列出了不同合金元素固溶于铜基体中，不同加入量对固溶体电导率的影响。从图中可以看出，固溶体的电导率与合金元素的加入量成线性关系，合金元素加入量越多，则电导率越低。因而要使固溶体的电导率大于 80% IACS，室温下固溶体中合金元素的含量应越少越好。但从提高析出强化效果来

看，合金元素加入量不可太少，否则，其弥散强化效果很弱。最少的合金元素加入量一般不应低于0.1%，低于此值，难以得到明显的弥散强化效果。

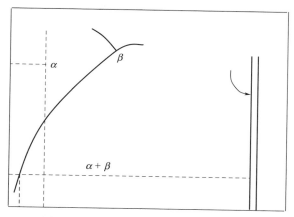

图5-1　所选择合金系应具备的相图特征

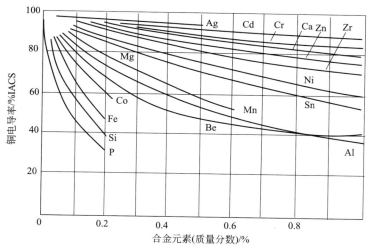

图5-2　合金元素对铜电导率的影响[2]

从图5-2可见，满足产生析出强化要求的元素有：Cr、Zr、Be、Fe、Ni、P、Si、Co、Cd。微量的Ag、Cd、Cr、Zr、Mg对铜基体的导电性降低较少，而P、Si、Fe、Co、Be、Mn、Al等强烈降低Cu的导电性，0.1%的加入量已使铜合金的电导率急剧下降，仅电导率就达不到80%IACS。为了提高材料的强度和硬度，就需要增加强化相，同时考虑析出相的数量、分布、大小等对合金电导率的影响等。

在Cu-Ni-Si合金中加入微量合金元素Ag，Ag作为合金元素加入Cu中，可产生显著的固溶强化效应，从而提高了铜的强度和硬度，但对电导率影响很小。一般来说，固溶强化对铜的导电性和强度的效应是矛盾的，铜中加入合金元素，溶质原子溶入晶格后会引起晶体点阵畸变，这种畸变的晶格点阵对运动电子的散射作用也相应加剧[3~5]。但 Ag 与可固溶于铜的其他元素不同，含 Ag 量较少时，铜的电导率和热导率的下降不多，对塑性的影响也甚微，并显著提高铜的再结晶温度。考虑提高析出强化效果，最少的合金元素加入量一般不应低于 0.1%，所以 Ag 的加入量应该约高于 0.1%。由于 Ni 与 Si 能形成 Ni_2Si 析出相，Ni 与 P 能形成 Ni_3P 析出相，对合金的强度及电导率都有很大影响，所以选取 P 作为添加元素，P 室温下在 Cu 中的溶解度为<0.6%，会急剧地降低合金的电导率，加入量如果小于 0.05%，对导电性的影响较小，所以加入量尽量小于 0.05%。

综合考虑铜合金成分设计的原理以及合金在实际应用中的情况，确定 Ni、Si 合金元素含量分别在 1.8~2.0 之间，0.45~0.5 之间，设计了新型 Cu-Ni-Si 合金。为了提高合金的综合性能，设计了微量添加元素 Ag、P，根据微量合金元素对该合金电导率以及强度的影响，将其含量范围分别控制在 0.1~0.15 之间，0.02~0.03 之间，见表 5-1。采用合适的冷加工工艺和热处理工艺，可使新设计合金兼具高强度和高导电性的良好综合性能。

表 5-1 Cu-Ni-Si 合金设计成分 （质量分数） 单位:%

合金	Ni	Si	P	Ag	Cu
Cu-Ni-Si	1.8~2.0	0.45~0.5	—	—	余量
Cu-Ni-Si-P	1.8~2.0	0.45~0.5	0.02~0.03	—	余量
Cu-Ni-Si-Ag	1.8~2.0	0.45~0.5	—	0.1~0.15	余量

5.1.1.2　材料制备

试验用铜合金在 ZG-0.01-40-4 型真空中频感应炉中熔炼而成，熔炼采用纯度为 99.95% 的标准阴极铜，纯度为 99.5% 以上的 Ni、Si、Ag、Cr、P（采用 Cu-P 合金），工艺流程如图 5-3 所示。浇铸锭模采用圆柱状铸铁锭模，尺寸为 $\phi83mm \times 150mm$。浇铸前将锭模预热至约 100℃，同时对锭模内表面进行熏苯处理，以利于脱模和提高铸锭表面质量。浇铸温度为 1200~1250℃，对所有铸锭化学成分进行分析，分析结果见表 5-2。铸锭直径为 80mm、质量 8kg。将铸

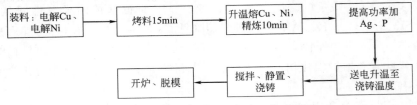

图 5-3　Cu-Ni-Si 系合金熔炼工艺流程图

锭加工成直径 78mm 的圆柱体，在 RJX45-9 箱式炉里进行 850℃×2h 均匀化退火处理，然后自由锻造，热锻成直径为 25mm 的棒材以及 110mm×50mm×7mm 的板材。

表 5-2　Cu-Ni-Si 系合金熔炼成分（质量分数）　　　　单位：%

合金	Ni	Si	P	Ag	Cu
Cu-Ni-Si	1.96	0.51	—	—	余量
Cu-Ni-Si-P	1.91	0.47	0.035	—	余量
Cu-Ni-Si-Ag	1.93	0.5	—	0.14	余量

5.1.1.3　显微组织

图 5-4 分别为 Cu-2.0Ni-0.5Si、Cu-2.0Ni-0.5Si-0.15Ag、Cu-2.0Ni-0.5Si-0.03P 合金经 900℃×1h 固溶处理，随后水淬得到的合金显微组织。从图中可以看出，晶内未溶的第二相数量很少，说明 900℃×1h 后基本上能使合金中的 Ni、Si、Ag、P 元素固溶于 Cu 基体中。从图 5-4 中也可以看出微量的合金元素 Ag、P 的加入使 Cu-2.0Ni-0.5Si 合金的晶粒明显细化，且 P 的加入使晶粒细化最为明显，这是由于微量的合金元素 Ag、P 的加入使 Cu-2.0Ni-0.5Si 合金造成了较为严重的晶格畸变，所以起到有效细化晶粒的作用，晶粒的细化为后续的性能提高起到积极的作用。

图 5-4　三种合金 900℃×1h 固溶处理后的金相组织

（a）Cu-2.0Ni-0.5Si；（b）Cu-2.0Ni-0.5Si-0.15Ag；（c）Cu-2.0Ni-0.5Si-0.03P

5.1.1.4 材料性能

表 5-3 分别给出了 Cu-2.0Ni-0.5Si、Cu-2.0Ni-0.5Si-0.15Ag、Cu-2.0Ni-0.5Si-0.03P 合金经 900℃×1h 固溶处理后的抗拉强度、显微硬度、电导率、平均晶粒直径。从表中可以看出，由于微量合金元素 Ag、P 的加入，起到细晶强化的作用，因而 Cu-2.0Ni-0.5Si-0.15Ag、Cu-2.0Ni-0.5Si-0.03P 合金的抗拉强度、显微硬度比 Cu-2.0Ni-0.5Si 合金有明显的上升，对比电导率发现，Cu-2.0Ni-0.5Si-0.15Ag、Cu-2.0Ni-0.5Si-0.03P 合金比 Cu-2.0Ni-0.5Si 合金略有降低，这是由于微量合金元素加入形成固溶体后，固溶原子的存在使得点阵发生畸变，增加了合金的电阻，由于加入的合金元素较少，所以对电导率的影响很小。

表 5-3　三种合金 900℃×1h 固溶处理后的性能与平均晶粒直径

合金	抗拉强度/MPa	显微硬度（HV）	电导率/%IACS	平均晶粒直径/μm
Cu-2.0Ni-0.5Si	269	82	22.1	178.3
Cu-2.0Ni-0.5Si-0.15Ag	281	87	21.6	156.1
Cu-2.0Ni-0.5Si-0.03P	288	109	20.8	78.8

5.1.2　Cu-Ni-Si 合金真应力-真应变曲线

在 Gleeble-1500D 热模拟机上进行材料高温压缩试验，压缩时在试样两端涂满润滑剂（75%石墨＋20% 46#机油＋5%硝酸三甲苯脂，质量分数），以减少试样和模具之间的摩擦，从而可减少试样的不均匀变形，避免试样产生严重鼓形。试样取自固溶后的棒料，经线切割加工，将坯料加工成直径 10mm，高 15mm 的圆柱体试样。压缩变形试验工艺如图 5-5 所示。

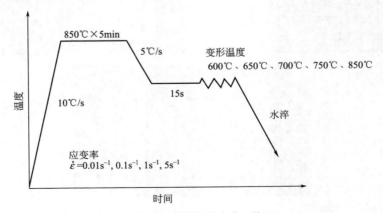

图 5-5　压缩变形试验工艺

试样以 10℃/s 的加热速度升温至 850℃，保温 5min，然后以 5℃/s 的冷却速度冷却至不同的变形温度，随之以不同工艺变形。变形条件的主要参数为：

变形温度：600℃、650℃、700℃、750℃、800℃。

应变速率：0.01s⁻¹、0.1s⁻¹、1s⁻¹、5s⁻¹。

总压缩变形量约为 0.8。

5.1.2.1　真应力-真应变曲线

真应力-应变曲线反映了流变应力与变形条件之间的内在联系，同时它也是材料内部组织性能变化的宏观表现[6~8]。图 5-6 和图 5-7 分别为 Cu-2.0Ni-0.5Si-0.15Ag 合金和 Cu-2.0Ni-0.5Si-0.03P 合金高温热压缩变形的真应力-真应变 (σ-ε) 实验曲线。从图中可以看出，在高应变速率和低温条件下，当真应变 ε 超过一定值后，真应力 σ 并不随应变量的继续增大而发生明显变化，即合金高温压缩变形时出现稳态流变特征。而在低应变速率或高温条件下，当真应变 ε 超过一定值后，真应力 σ 仍然随应变量的继续增大而减小，趋于稳态变形。由图 5-6 和图 5-7 可知，合金在同样的变形温度下，随应变速率的增加，材料的真应力值升

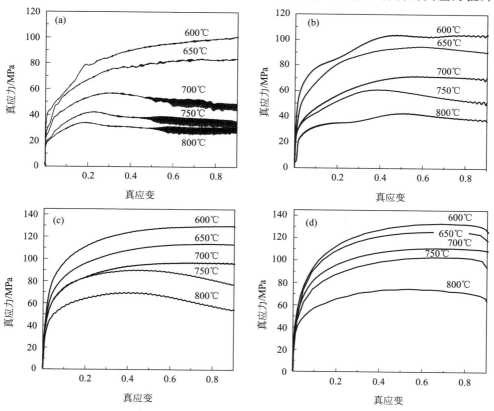

图 5-6　Cu-2.0Ni-0.5Si-0.15Ag 合金热压缩变形的真应力-真应变曲线

(a) $\dot{\varepsilon}$=0.01s⁻¹；(b) $\dot{\varepsilon}$=0.1s⁻¹；(c) $\dot{\varepsilon}$=1s⁻¹；(d) $\dot{\varepsilon}$=5s⁻¹

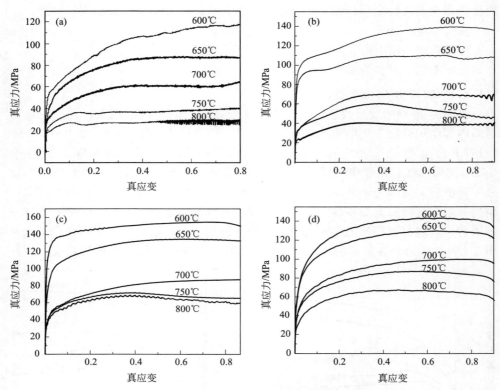

图 5-7　Cu-2.0Ni-0.5Si-0.03P 合金热压缩变形的真应力-真应变曲线
(a) $\dot\varepsilon=0.01s^{-1}$；(b) $\dot\varepsilon=0.1s^{-1}$；(c) $\dot\varepsilon=1s^{-1}$；(d) $\dot\varepsilon=5s^{-1}$

高，如 Cu-2.0Ni-0.5Si-0.15Ag 合金在 800℃ 变形时，应变速率由 0.01s^{-1} 提高到 5s^{-1} 时，峰值应力值由 34.29MPa 提高到 74.81MPa；Cu-2.0Ni-0.5Si-0.03P 合金在 800℃ 变形时，应变速率由 0.01s^{-1} 提高到 5s^{-1} 时，峰值应力值由 29.66MPa 提高到 67.49MPa。这说明 Cu-2.0Ni-0.5Si-0.15Ag 合金和 Cu-2.0Ni-0.5Si-0.03P 合金是正应变速率敏感材料。同时还可以看出，在相等的应变速率条件下，合金的真应力值随温度的升高而降低。

　　所得真应力-真应变曲线可以分为两类。第一类为动态再结晶型：即应力达到一峰值应力 σ_p 后下降至一稳定态值保持不变，且峰值应力随变形温度的降低和应变速率的增大而升高，如图 5-6 和图 5-7 所示，当变形温度为 750℃、800℃时这一现象较为明显。峰值应力的出现是动态再结晶的结果，热变形过程中热激活能控制着软化机制。随着变形速率的增加，软化率降低，说明对于 Cu-2.0Ni-0.5Si-0.15Ag 合金和 Cu-2.0Ni-0.5Si-0.03P 合金，动态再结晶是在较高温度下进行的。第二类为动态回复型：这种类型又可分为两种，第一种为当加工硬化和动态回复基本达到平衡状态，流变应力的上升部分基本消失，应力趋向恒定值，如图 5-6 和图 5-7 中 650～700℃ 的真应力-真应变曲线。第二种是动态回复发生后加工硬化仍占上风，即在较大应变下，真应力-真应变曲线的最后阶段仍为上升的，如图 5-6 和图 5-7 中 600℃ 时的真应力-真应变曲线。

　　一般认为，峰值应力的出现是由位错堆积造成的硬化和动态再结晶软化共同作用的结果[9]。在变形初期，一方面位错增加带来的位错密度急剧增加，结果产生固定割阶、位错缠结等障碍，使得合金要继续变形就要不断增加外力以克服位错间强大的交互作用力，反映在真应力-真应变曲线上就是变形抗力急剧上升，这就是所谓的加工硬化效应；另一方面在变形过程中位错通过交滑移和攀移运动，使异号位错相互抵消，当位错重新排列发展到一定程度时，形成了清晰的亚晶界，这种结构上的变化使得材料软化，就是所谓的动态回复效应，从而使加工硬化速度逐渐减弱，反映在真应力-真应变曲线上，随着变形量的增加，曲线变化的斜率越来越小。当应变量超过临界应变值时，位错密度达到发生动态再结晶所需的临界密度，动态再结晶开始。无畸变的晶核生长、长大替代含有高位错密度的变形晶粒，位错密度下降速率大于增加速率，流变应力很快降低。

　　从图 5-6 和图 5-7 中可以看出，在较高温度下合金容易发生动态再结晶，这是由于，金属的高温变形是一个热激活过程，温度升高会使热激活过程增强，进而使变形生成的过高空位浓度降低，且这时位错也会具有足够的活动能力，克服金属变形结构对它的钉扎作用而做某种运动。这种运动表现为螺位错的交滑移和刃位错的攀移运动。这里起主要作用的是刃位错的攀移。温度升高造成的热激活可以立即引起回复现象的出现而不需要孕育期。在这过程中，由加工硬化造成的位错密度会有所下降，即金属缺陷降低，宏观上表现为流变应力下降。金属经历回复阶段后进行再结晶转变，热激活决定了形核和再结晶的过程。所以温度的微小变化会使再结晶完成所需的时间有很大的变化。随着温度的升高，合金动态再结晶的形核率、晶粒长大速率均增加，促使位错密度急剧下降，流变应力减小。

5.1.2.2　变形条件对合金峰值应力的影响

　　表 5-4、表 5-5 为不同形变条件下 Cu-2.0Ni-0.5Si-0.15Ag、Cu-2.0Ni -0.5Si-0.03P 合金的峰值应力。图 5-8 为 Cu-2.0Ni-0.5Si-0.15Ag 合金和 Cu-2.0Ni-0.5Si-0.03P 合金高温热压缩变形下，变形温度和应变速率对峰值应力的影响，由图可见，当变形温度一定时，峰值应力随变形速率增加而增加；当变形速率一定时，峰值应力随变形温度的不断升高而降低，这种变化趋势与应力应变曲线的类型无关。

5.1.3　Cu-Ni-Si 合金本构方程

　　表 5-6 为 Cu-Ni-Si 合金的热变激活能和本构方程。

表 5-4　不同形变条件下 Cu-2.0Ni-0.5Si-0.15Ag 合金的峰值应力

单位：MPa

$\dot{\varepsilon}/s^{-1}$	600℃	650℃	700℃	750℃	800℃
0.01	101.37	83.992	57.188	42.391	34.285
0.1	104.6	94.951	71.92	61.087	43.04
1	129.89	113.83	97.129	90.057	70.003
5	133.14	125.72	111.11	103	74.811

表 5-5　不同形变条件下 Cu-2.0Ni-0.5Si-0.03P 合金的峰值应力

单位：MPa

$\dot{\varepsilon}/s^{-1}$	600℃	650℃	700℃	750℃	800℃
0.01	117.97	84.324	60.679	41.2	29.661
0.1	139.39	110.23	70.544	60.221	40.675
1	154.51	125.94	87.659	72.218	63.115
5	160	129.53	99.814	87.197	67.485

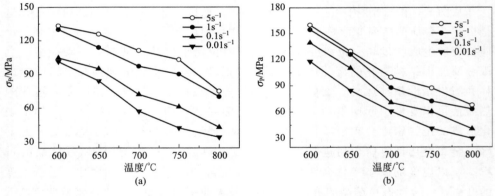

图 5-8　形变参数对峰值应力的影响

(a) Cu-2.0Ni-0.5Si-0.15Ag；(b) Cu-2.0Ni-0.5Si-0.03P

表 5-6　Cu-Ni-Si 合金的热变激活能和本构方程

合金	$Q/(kJ/mol)$	本构方程
Cu-2.0Ni-0.5Si	245.4	$\dot{\varepsilon}=2.31\times10^{12}[\sinh(0.013\sigma)]^{5.52}\exp(-245.4\times10^{3}/RT)$
Cu-2.0Ni-0.5Si-0.15Ag	312.3	$\dot{\varepsilon}=8.67\times10^{11}[\sinh(0.018\sigma)]^{7.59}\exp(-312.3\times10^{3}/RT)$
Cu-2.0Ni-0.5Si-0.03P	485.6	$\dot{\varepsilon}=4.62\times10^{23}[\sinh(0.016\sigma)]^{7.06}\exp(-485.6\times10^{3}/RT)$

　　由于在不同的温度和应变速率下，直线 $\ln\dot{\varepsilon}$-$\ln[\sinh(\alpha\sigma)]$ 和 $\ln[\sinh(\alpha\sigma)]$-$100/T$ 的斜率稍有不同。因此，激活能就存在差别。Cu-2.0Ni-0.5Si-0.15Ag 合金和 Cu-2.0Ni-0.5Si-0.03P 合金实验求得的激活能 Q 与温度 T、应变速率 $\dot{\varepsilon}$ 的关系分别见表 5-7 和表 5-8。可以看出，激活能随变形条件的变化而变化。温度升

高和应变速率增大,激活能都升高,且前面已求得 Cu-2.0Ni-0.5Si 合金、Cu-2.0Ni-0.5Si-0.15Ag 合金和 Cu-2.0Ni-0.5Si-0.03P 合金的激活能 Q 的平均值分别为 245.4kJ/mol、312.3kJ/mol 和 485.6kJ/mol。

表 5-7　Cu-2.0Ni-0.5Si-0.15Ag 合金高温压缩时不同条件下的变形激活能

单位：kJ/mol

应变速率/s^{-1} \ 变形温度 T/℃	600	650	700	750	800
0.01	185.42	220.31	223.96	309.57	338.78
0.1	195.67	232.49	236.35	326.69	357.52
1	235.95	280.35	284.99	393.93	431.11
5	284.96	338.58	344.19	431.11	520.66

表 5-8　Cu-2.0Ni-0.5Si-0.03P 合金高温压缩时不同条件下的变形激活能

单位：kJ/mol

应变速率/s^{-1} \ 变形温度 T/℃	600	650	700	750	800
0.01	325.8	396.37	455.27	503.13	530.74
0.1	326.25	396.9	455.88	503.8	531.46
1	388.94	473.17	543.48	600.62	633.58
5	389.82	474.25	544.72	601.98	635.02

随温度升高和应变速率增大,激活能升高,可能基于下列原因:由于 Cu-2.0Ni-0.5Si-0.15Ag 合金在高温压缩过程中会析出第二相 Ni_2Si,Cu-2.0Ni-0.5Si-0.03P 合金在高温压缩过程中会析出 Ni_2Si 相以及 Ni_3P 相,因此第二相粒子在塑性变形的过程中会阻碍位错的运动,使位错的滑移和攀移的能量增加,由此提高动态再结晶所需的能量。当变形温度和应变速率增加时,位错的滑移和攀移所受到的滑移阻力增加,导致材料变形时所需的变形激活能增加[12～14]。

5.1.4　热加工图

热加工图是制定材料工艺参数的重要参数,Prasad[15] 等人充分考虑各种因素,提出了动态材料模型（DMM）。在此基础上,绘制出了 Cu-0.8%Mg-0.2%Fe 合金在不同变形量时的热加工图,找出材料加工过程中的"安全区"和"非安全区"。

图 5-9 是 Cu-2.0Ni-0.5Si-0.15Ag 合金和 Cu-2.0Ni-0.5Si-0.03P 合金应变为 0.3 时的热加工图。Cu-2.0Ni-0.5Si-0.15Ag 合金的能量耗散值在 2%～37%,Cu-2.0Ni-0.5Si-0.03P 合金的能量耗散值在 1%～40%。一般认为,功率耗散越大,用于动态再结晶的能量越多,材料的热加工性能越好[16～18]。图中的阴影部分为失稳区。Cu-2.0Ni-0.5Si-0.15Ag 合金的失稳区域较大,主要集中在

$600\sim710℃$，$0.01\sim1s^{-1}$ 和 $710\sim780℃$，适宜的热加工范围为图 5-9（a）中的 A 区域：$730\sim800℃$，$0.06\sim5s^{-1}$ 应变速率为：$0.01\sim0.06s^{-1}$。Cu-2.0Ni-0.5Si-0.15Ag 合金的失稳区域只要集中在 $670\sim740℃$，应变速率为 $0.01\sim0.5s^{-1}$。热加工范围为图 5-9（b）中的 A1 区域：$750\sim800℃$，应变速率为 $0.01\sim0.6s^{-1}$。

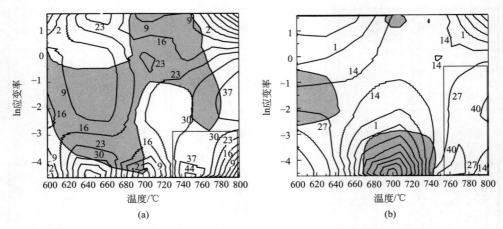

(a)　　　　　　　　　　　　　(b)

图 5-9　应变为 0.3 时 Cu-2.0Ni-0.5Si-0.15Ag 合金（a）、
Cu-2.0Ni-0.5Si-0.03P 合金（b）的热加工图

5.1.5　组织演变

5.1.5.1　变形温度对动态再结晶组织的影响

图 5-10 为 Cu-2.0Ni-0.5Si-0.15Ag 合金在变形速率为 $\dot{\varepsilon}=0.1s^{-1}$ 时，不同温度下进行热压缩后的光学显微组织（垂直方向为压缩方向）。从图中可以看到，当温度较低时，晶粒沿垂直于压缩方向上被拉长，如图 5-10（a）所示。

随着温度的升高，晶粒继续变形，其中大角度晶界出现模糊状况，开始局部动态再结晶形核，如图 5-10（b）所示；随着温度的进一步增加，动态再结晶所形核的区域越来越多，再结晶的形核也越来越多，被拉长的晶粒的晶界完全模糊，形成所谓的"项链"结构[16~19]，如图 5-10（c）所示；当温度达到 750℃ 时，被拉长且较大的晶粒基本上已被再结晶晶粒所取代，只能看到很少的拉长晶粒，如图 5-10（d）所示；随着温度的继续升高，为再结晶的形核的长大提供了驱动力；当温度达到 800℃ 时，动态再结晶的形核长大成为细小的等轴晶，且完全取代了被拉长的晶粒，如图 5-10（e）所示。结合图 5-6 中的真应力-真应变曲线，可以看到材料的组织变化和材料在压缩过程中的应力变化情况是一一对应的关系。

图 5-11 为 Cu-2.0Ni-0.5Si-0.03P 合金在变形速率为 $\dot{\varepsilon}=5s^{-1}$ 时，不同温度下进行热压缩后的光学显微组织（垂直方向为压缩方向）。从图 5-11 中可以看

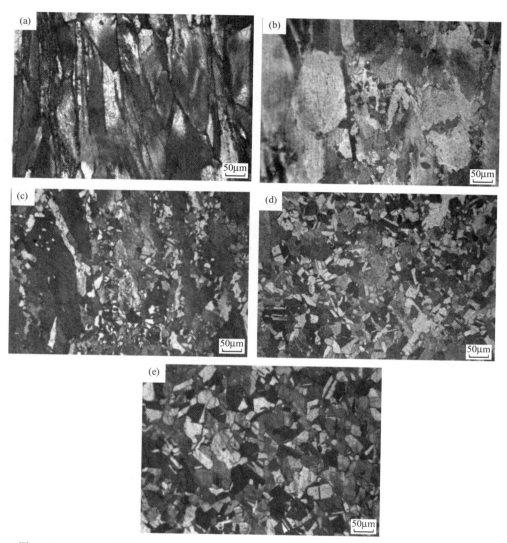

图 5-10　$\dot{\varepsilon}=0.1\mathrm{s}^{-1}$时 Cu-2.0Ni-0.5Si-0.15Ag 合金在不同温度下压缩后的光学显微组织
（a）$T=600℃$；（b）$T=650℃$；（c）$T=700℃$；（d）$T=750℃$；（e）$T=800℃$

出，当温度较低时，晶粒沿垂直于压缩方向上被拉长，随着温度升高，晶粒进一步变形，晶界变得不明显，形成了纤维状条纹。当温度达到 700℃时，可以看到原始晶界被大量的细小、等轴的动态再结晶晶粒所包围。随着温度的进一步升高，再结晶晶粒大量增加，在图 5-11（d）中几乎全部为再结晶组织。当温度达到 800℃时，已经发生完全的动态再结晶，且再结晶晶粒已趋向于长大，如图 5-11（e）所示。

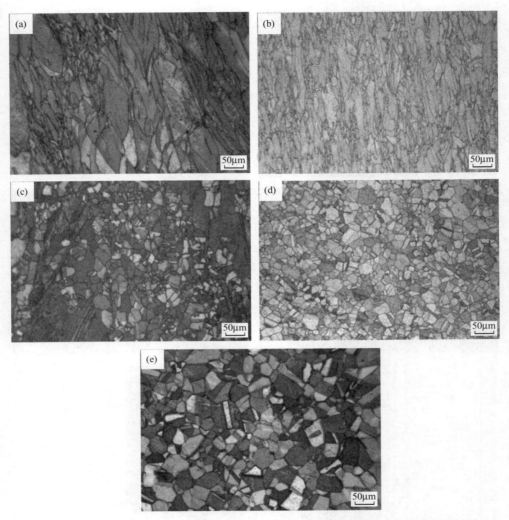

图 5-11 $\dot{\varepsilon}=5\mathrm{s}^{-1}$ 时 Cu-2.0Ni-0.5Si-0.03P 合金在不同温度下压缩后的光学显微组织

(a) $T=600℃$；(b) $T=650℃$；(c) $T=700℃$；(d) $T=750℃$；(e) $T=800℃$

　　动态再结晶过程是通过形核和长大来完成的，其机理是大角度晶界（或亚晶界）向高位错密度的区域迁移，是一个热激活过程，因此温度对其有重要影响。再结晶晶核的形成与长大都需要原子的扩散，只有当变形温度高到足以激活原子，使其能进行迁移时，再结晶过程才能进行。由于相对低的变形温度不利于晶界移动，再结晶孕育期延长，因此在光学显微镜下，图 5-10（a）和图 5-11（a）、图 5-11（b）中均未观察到动态再结晶行为。当温度升高到 700℃时，热激活作用增强，原子扩散、位错交滑移及晶界迁移能力增强，尽管此时的动态回复也会增强，减少形变储存能，但高温依然促进再结晶形核和晶粒长大[20]。

5.1.5.2 变形速率对动态再结晶组织的影响

图 5-12 为 Cu-2.0Ni-0.5Si-0.15Ag 合金在变形温度为 650℃下的不同变形速率压缩时的金相组织。由于温度较低，故晶体内只有部分的再结晶晶粒。从图 5-12 可以看出：在变形速率低时，晶体内有较多的再结晶晶粒，见图 5-12(a)；随着变形速率增大，晶体内再结晶的晶粒逐渐减少，见图 5-12(b) 和图 5-12 (c)；当在较高的变形速率下热压缩时，晶体内基本上没有再结晶晶粒，见图 5-12(d)。图 5-13 为 Cu-2.0Ni-0.5Si-0.03P 合金在变形温度为 650℃下的不同变形速率压缩时的金相组织，从图中可以看出，在应变速率为 $0.01s^{-1}$ 时，合金已发生完全的动态再结晶，而在较高应变速率（$5s^{-1}$），合金几乎没有发生动态再结晶，这与 Cu-2.0Ni-0.5Si-0.15Ag 合金观测结果是一致的。

图 5-12　Cu-2.0Ni-0.5Si-0.15Ag 合金在不同的变形速率下
热压缩时的金相组织（$T=650℃$，轴向压缩）
(a) $\dot{\varepsilon}=0.01s^{-1}$；(b) $\dot{\varepsilon}=0.1s^{-1}$；(c) $\dot{\varepsilon}=1s^{-1}$；(d) $\dot{\varepsilon}=5s^{-1}$

动态再结晶形核及长大需要一定的孕育期，除与畸变能大小和温度高低有关外，还受原子扩散速率的影响。当应变速率较小时，材料有充分的时间进行再结

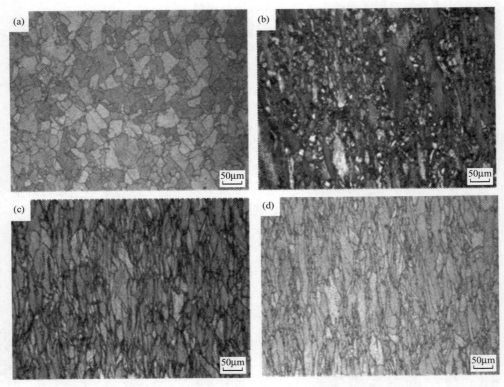

图 5-13　Cu-2.0Ni-0.5Si-0.03P 合金在不同的变形速率下热
压缩时的金相组织（$T=650℃$，轴向压缩）

(a) $\dot{\varepsilon}=0.01\text{s}^{-1}$；(b) $\dot{\varepsilon}=0.1\text{s}^{-1}$；(c) $\dot{\varepsilon}=1\text{s}^{-1}$；(d) $\dot{\varepsilon}=5\text{s}^{-1}$

晶，并择优于原始晶界处形核长大。当应变速率增大时，一方面尽管有利于畸变能增加，但形变时间缩短，原子扩散不充分，阻碍了再结晶晶粒的长大；另一方面，提高应变速率，导致缺陷增加，有助于提高再结晶形核率，但晶粒又来不及长大，因此晶粒度会略有细化。

5.2　Cu-Cr-Zr 引线框架铜合金

5.2.1　Cu-Cr-Zr 合金组织与性能

5.2.1.1　Cu-Cr-Zr 合金设计

根据多元微合金化时效析出强化型铜合金的设计原则，Cr 元素在 Cu 基体中高温和室温下的最大固溶度相差很大，在 1070℃ 为 0.77%，而在室温下为 0.03%。因此，合金中的 Cr 原子在随后的时效过程中会逐渐析出，从而起到弥散强化的作用。又由于 Cr 原子在室温下几乎不溶于 Cu 基体，因此，合金可以得到比较高的电导率，所以 Cr 可作为铜合金主要的添加元素。Zr 元素室温下在 Cu 基体中的固溶度约为 0.01%，而在高温下的最大固溶度为 0.11%。与 Cr 元素对 Cu 电阻率的影响相比，Zr 元素明显要小得多，因此，Cu-Zr 系合金的电导率要优于 Cu-Cr 系合金，所以 Zr 也可作为铜合金主要的添加元素。

对于 Cu-Cr 系和 Cu-Zr 系的合金，有研究指出，为了保证合金元素加入后铜合金的导电性能不至于大幅降低，Cr 和 Zr 的添加量都应不大于 1%[21]。如果单独在 Cu 中加入 Cr 或 Zr，Cr 和 Zr 会很快地从固溶体中析出，这样很容易导致过时效现象的出现，使第二相过于粗大从而减弱了强化效果。这导致两个系列的合金强度都不能达到很高，其强度大致在 450MPa 左右。大量研究发现，Zr 元素的存在能够延缓合金中析出相 Cr 相的长大，并使其保持球形，因此，向 Cu-Cr 系合金中加入少量的 Zr 元素，会获得比 Cu-Cr 系的合金更加细密的析出相。这样的结果不仅提高了合金的时效强度，还大幅度地提高了合金的高温力学性能[22]。在这些基础上，本实验选择了在以铜为主要元素的基础上，分别加入质量分数为 0.8% 的 Cr 和 0.3% 的 Zr，以期获得具有高性能的铜合金。

关于 Cu-Cr-Zr 合金的制备工艺，近年来，一般采用的是快速凝固技术。该方法可使合金晶粒得到显著细化，晶体缺陷增加，显微偏析降低，新的亚稳相结构形成，同时析出相和其弥散程度在时效过程中也会增加。因此，快速凝固技术除了能够极大程度地改善合金的耐磨、耐腐蚀性能，还能够显著地提高合金的强度。

对于高强高导的 Cu-Cr-Zr 系合金，真空感应熔炼和非真空大气熔炼是目前熔炼的主要方法。由于 Cr、Zr 与氧的亲和力都远大于 Cu，而真空熔炼炉内氧、氮等气体分压极低，所以采用真空熔炼能够有效地阻止 Cr 和 Zr 元素的烧损，这样可以提升熔炼后合金成分的精准性。因此，国内目前普遍采用真空熔炼的方式来完成 Cu-Cr-Zr 系合金的熔炼。

5.2.1.2　Cu-Cr-Zr 合金制备

三种合金均是通过真空熔炼的方法得到的。熔炉型号为 ZG-0.01-40-4 型真空中频感应熔炼炉；规格为 10kg；坩埚材质为高纯石墨；熔炼温度为 1450℃。熔炼时所用材料的纯度：标准阴极铜 99.99%，Cr、Zr、Ag、Nd≥99.5%。浇铸时采用圆柱状锭模，锭模尺寸为 ϕ70mm×150mm。浇铸前先在 100℃ 左右的温度对锭模进行预热。浇铸温度为 1200～1250℃，水冷、脱模。

表 5-9 是设计的三种 Cu-Cr-Zr 合金化学成分。图 5-14 是合金具体的熔炼及铸造工艺。

5.2.1.3　Cu-Cr-Zr 合金时效后的组织与性能

图 5-15 为 40% 冷变形的 Cu-0.8Cr-0.3Zr 合金，在 350℃ 和 450℃ 温度下时效 2h 后的显微组织。从图中可以看出，合金在变形的过程中位错大量增殖，并且

表 5-9　Cu-Cr-Zr 合金的设计成分（质量分数）

合金/元素	Cr	Zr	Ag	Nd	Cu
Cu-0.8Cr-0.3Zr	0.8	0.3	—	—	余量
Cu-0.8Cr-0.3Zr-0.1Ag	0.8	0.3	0.1	—	余量
Cu-0.8Cr-0.3Zr-0.05Nd	0.8	0.3	—	0.05	余量

图 5-14　Cu-Cr-Zr 合金的熔炼及铸造工艺

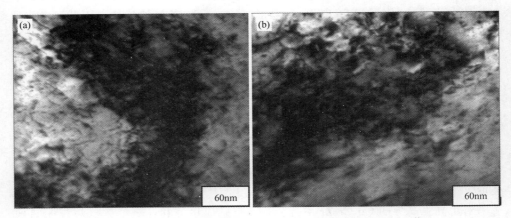

图 5-15　40％冷变形的 Cu-0.8Cr-0.3Zr 合金时效 2h 的 TEM 像

(a) 350℃；(b) 450℃

位错之间发生了相互交割和缠结，这使得合金得到了强化。图 5-16 为 40％冷变形的 Cu-Cr-Zr 合金在 450℃ 下时效不同时间的显微组织。从图 5-15(a) 中可以看出时效 2h，组织中有大量的缠结在一起的位错和少量细小的析出相，且析出相弥散分布，使合金得到了一定程度的强化。从图 5-16(b) 可以看出时效 12h 后，

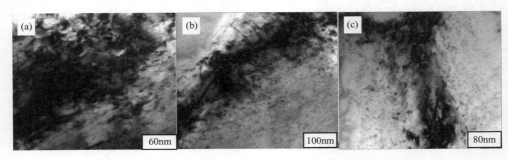

图 5-16　450℃时不同时效时间的 Cu-0.8Cr-0.3Zr 合金 TEM 像

(a) 2h；(b) 12h；(c) 22h

位错有一定程度的减少，且组织中的析出相有所增多并长大，也呈弥散分布，这时合金的强度依然很高。时效 22h 后，如图 5-16（c）所示，位错数量在一定程度上减少，但是析出相变得更多，这时合金的强度增高。

　　图 5-17 为不同温度下的 Cu-0.8Cr-0.3Zr 合金不同程度冷变形后显微硬度随时效时间的变化曲线。图 5-18 为不同温度下的 Cu-0.8Cr-0.3Zr 合金不同程度冷变形后电导率随时效时间的变化曲线。

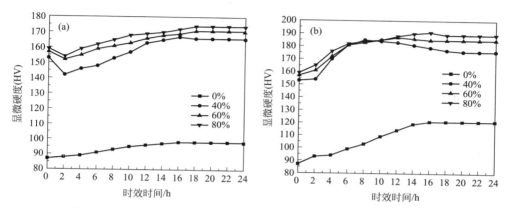

图 5-17　不同温度的 Cu-0.8Cr-0.3Zr 显微硬度随时效时间的变化曲线
(a) 300℃；(b) 450℃

　　从图 5-17 可以看出：Cu-0.8Cr-0.3Zr 合金时效前的冷变形程度越大，时效后显微硬度就越大。这是因为不同程度的变形会造成不同程度的加工硬化。合金发生的塑性变形越大，其内部位错的密度越高，位错的交割和缠结就会越严重，位错运动的阻力也越大，所以，合金的变形量越大，显微硬度在时效后越大。时效前的冷变形程度越大，合金内部的组织缺陷就越多，晶格畸变能也越多，同样也越有利于时效过程中析出相在高能量畸变区的形核和长大。如图 5-17 所示，时效温度分别为 300℃和 450℃时，合金经过 80% 冷变形的显微硬度分别可以达到 178HV 和 189HV，而没经过冷变形的合金时效后的显微硬度仅为 98HV 和 121HV。

　　从图 5-18 可以看出：合金的电导率随时效时间的延长在逐渐增大，最后基本保持了不变。这是由于在时效后期，也就是 16h 以后，溶质原子出现了贫化并且析出的第二相已经完全长大，合金长时间时效后电导率趋于了稳定。在时效温度相同的情况下，时效前的冷变形程度越大，合金电导率在时效过程中增长速率就越大，如在 300℃下的时效，事先经过 40%、60% 和 80% 冷变形的合金时效 14h 的电导率分别为 67.1%IACS、70.2%IACS 和 72.1%IACS，而未变形的合金为 59.8% IACS。另外，时效温度不变时，合金时效前的冷变形程度越大，合金时效处理后所能达到的最大电导率就越高，如同样是在 450℃下时效，事先经

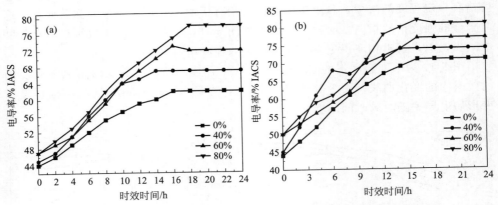

图 5-18　不同温度的 Cu-0.8Cr-0.3Zr 合金电导率随时效时间的变化曲线

(a) 300℃；(b) 450℃

过 80％冷变形的合金的电导率最终可达到 89.0％ IACS，而经过 40％，60％，0％变形的合金为 84.2％IACS，87.1％ IACS，80.8％IACS。

　　图 5-19 为 40％和 60％冷变形的 Cu-0.8Cr-0.3Zr 合金时效 24h 的电导率随时间变化的曲线。从图 5-19 可看出：时效温度越高，电导率越大，电导率随时效时间的变化是先逐渐增大到一定值，然后基本保持不变。这是由于时效开始不久后，温度越高，基体内溶质原子的析出速度就越快，电导率提升的速度也越快。如图 5-19 (a) 所示，时效 4h 后合金的电导率在 300℃为 51％IACS，350℃为 61％IACS，400℃为 85％IACS，450℃为 87％IACS。随着时效的继续进行，合金中的溶质原子逐步减少，合金析出第二相的速度减慢，因此电导率的增长速度随之减缓，如图 5-19 (b) 所示，时效 16h 后合金电导率的值基本保持不变。另外随着时效的继续进行，特别是在较高温度时，如在 400℃和 450℃时，随着合

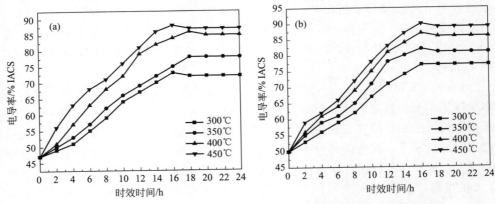

图 5-19　不同变形量的 Cu-0.8Cr-0.3Zr 合金电导率随时效时间的变化曲线

(a) 40％；(b) 60％

金析出相的长大，电导率会出现小幅度降低。

图 5-20 为 40％和 60％冷变形的 Cu-0.8Cr-0.3Zr 合金时效 24h 的显微硬度随时间的变化曲线。

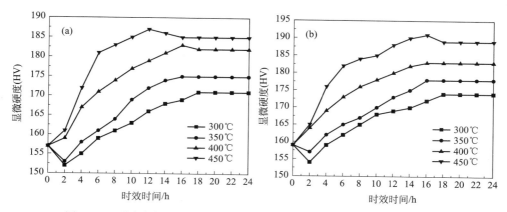

图 5-20　不同冷变形的 Cu-0.8Cr-0.3Zr 显微硬度随时效时间的变化曲线

(a) 40％；(b) 60％

从图 5-20 可以看出：刚开始时效时，温度为 400℃和 450℃的曲线的显微硬度增加速度较快，且 450℃的曲线硬度上升速率比 400℃的更快。这是因为原子的扩散与温度有着很大的关系，温度越高，溶质原子扩散越快，合金中第二相越容易析出。随着时效时间的不断增加，显微硬度呈现先逐渐增大最终基本保持不变的趋势。如图 5-20(a) 和图 5-20(b) 中 400℃和 450℃所对应的曲线。而温度为 350℃和 300℃的曲线，合金的显微硬度则是在时效开始后先出现小幅度的下降，这是由于这时的时效温度较低，第二相的析出不容易进行，这样第二相析出的强化作用低于因加热而造成的软化作用。之后随着时效的继续进行，第二析出相的强化作用占据了主导地位，合金硬度在一定范围内缓慢升高。总的来说，当时效时间相同时，温度越高合金的显微硬度越大，并且时效温度越高，合金的显微硬度达到最大值所用时间越短。

5.2.2　流变应力曲线

5.2.2.1　变形条件对合金峰值应力的影响

图 5-21 为三种合金的峰值应力与应变速率和变形温度的关系曲线。

结合表 5-10～表 5-12 以及图 5-21 可以看出：在材料变形温度不变的情况下，随应变速率的逐渐升高，材料的峰值应力值在不成比例地增加，如 Cu-0.8Cr-0.3Zr-0.05Nd 合金在 750℃变形时，应变速率由 $0.001s^{-1}$ 提高到 $10s^{-1}$ 时，峰值应力值由 64.039MPa、84.355MPa 提高到 142.3MPa。同时还可以看出，在应变速率一定的情况下，变形温度越高，合金的峰值应力值反而在逐渐变

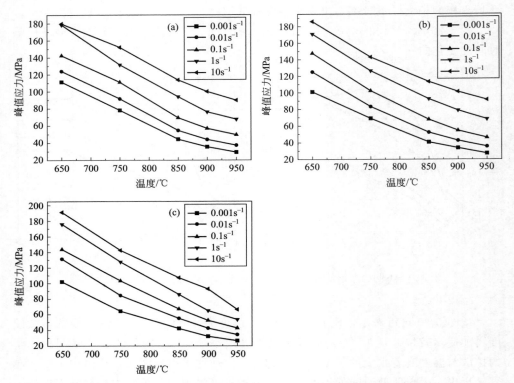

图 5-21 应变速率和变形温度对三种 Cu-Cr-Zr 合金的峰值应力的影响曲线

（a）Cu-0.8Cr-0.3Zr；（b）Cu-0.8Cr-0.3Zr-0.1Ag；（c）Cu-0.8Cr-0.3Zr-0.05Nd

表 5-10　不同形变条件下 Cu-0.8Cr-0.3Zr 合金的峰值应力　单位：MPa

$\dot{\varepsilon}/s^{-1}$	650℃	750℃	850℃	900℃	950℃
0.001	111.270	76.968	44.351	35.430	29.204
0.01	123.880	91.448	54.526	43.951	37.287
0.1	142.390	110.880	69.242	56.861	49.468
1	178.440	131.180	93.921	76.049	67.448
10	179.680	151.800	110.630	99.961	89.682

表 5-11　不同形变条件下 Cu-0.8Cr-0.3Zr-0.1Ag 合金的峰值应力

单位：MPa

$\dot{\varepsilon}/s^{-1}$	650℃	750℃	850℃	900℃	950℃
0.001	101.040	68.940	40.694	33.705	27.198
0.01	125.110	83.082	52.255	42.516	35.388
0.1	147.730	102.180	67.697	54.471	46.081
1	170.960	126.340	92.354	78.587	68.072
10	185.950	143.030	113.23	101.100	91.410

表 5-12   不同形变条件下 Cu-0.8Cr-0.3Zr-0.05Nd 合金的峰值应力

单位：MPa

$\dot{\varepsilon}/s^{-1}$	650℃	750℃	850℃	900℃	950℃
0.01	102.040	64.039	41.984	32.029	26.553
0.01	131.330	84.355	54.841	50.260	34.228
0.1	143.690	103.180	67.018	52.271	42.511
1	175.950	127.510	85.726	64.702	53.282
5	191.180	142.300	107.120	102.420	66.143

小，如 Cu-0.8Cr-0.3Zr 合金在 $1s^{-1}$ 时，峰值应力值由 178.44MPa、131.18MPa 降低到 67.448MPa。这说明温度和应变速率在很大程度上影响了合金的流变应力峰值。另外，上述结果也表明，微量合金元素 Ag 和稀土元素 Nd 的加入，使得低温的峰值应力升高，高温的峰值应力降低。

5.2.2.2   真应力-真应变曲线

图 5-22～图 5-24 分别为 Cu-0.8Cr-0.3Zr、Cu-0.8Cr-0.3Zr-0.1Ag 和 Cu-0.8Cr-0.3Zr-0.05Nd 合金在不同温度下各个应变速率的真应力-真应变曲线。从图中可以看出：变形温度和应变速率均对合金的流变应力有着比较明显的影响。在应变速率一定的情况下，如图 5-22(a) 所示，变形温度越高合金所对应的曲线反而越靠下，也就是应力越小；变形温度一定时，如图 5-22(a)～图 5-22(e) 的 750℃所对应的曲线，应变速率越高合金的流变应力越大。说明 Cu-0.8Cr-0.3Zr、Cu-0.8Cr-0.3Zr-0.05Nd 和 Cu-0.8Cr-0.3Zr-0.1Ag 合金都是对温度和应变速率敏感的合金。

图 5-22～图 5-24 中曲线的变化规律还可以看出，这三种合金的流变应力随变形量的变化都与变形过程中的应变速率和变形温度有关。当合金的形变量和应变速率一定时，三种合金的流变应力和应力峰值均随温度的增高在逐渐变小，说明它们都是热敏感型的合金；当变形量和变形温度一定时，变形速率逐渐增大，流变应力和应力峰值均会增加，说明它们是正的应变速率敏感型合金。

图 5-22～图 5-24 中的真应力-真应变曲线的变化规律大致可分为三类：第一类是真应力-真应变曲线中应力先上升到一定值后，在加工硬化和动态回复相互作用下曲线基本上保持着一个稳定值，没有剧烈的软化态势，表现为动态回复特征，如图 5-22 和图 5-23 中 750℃所对应的曲线；第二类是明显可以看出其加工硬化部分的曲线，曲线的特征是流变应力先随形变量的增加出现先快速后缓慢的增加，当应力增加至某一值后不再变大，随后，随着变形量的加大流变应力反而缓慢下降，降低到某一范围后流变应力不再变化而基本上趋于稳定，在这个过程

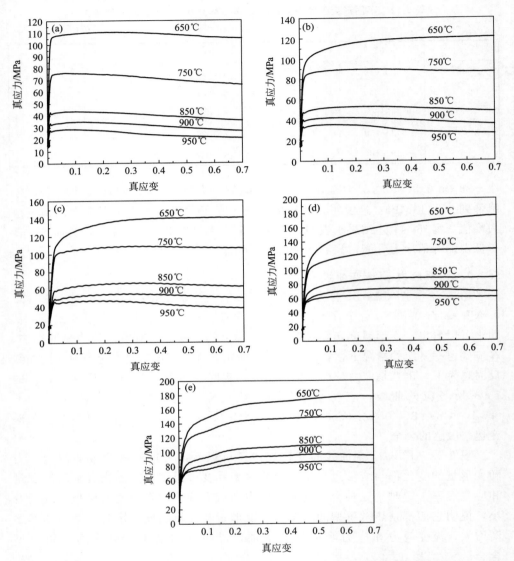

图 5-22　不同温度下 Cu-0.8Cr-0.3Zr 合金各个应变速率的真应力-真应变曲线

(a) $\dot{\varepsilon}=0.001s^{-1}$；(b) $\dot{\varepsilon}=0.01s^{-1}$；(c) $\dot{\varepsilon}=0.1s^{-1}$；(d) $\dot{\varepsilon}=1s^{-1}$；(e) $\dot{\varepsilon}=10s^{-1}$

中，流变应力随形变量的增大发生了先增大后减小并趋于稳定的变化，如图 5-24(c) 和图 5-24(d) 中 900℃和 950℃所对应的曲线，这是明显的动态再结晶特征的表现；第三类是在较低温度变形时才会出现的曲线，一般发生在较大应变的情况下，曲线的特征是在变形的最后，应力仍然随变形量的增加在缓慢上升，动态回复发生后加工硬化仍占据着主导地位，如图 5-22(d) 和图 5-23(d) 中 650℃

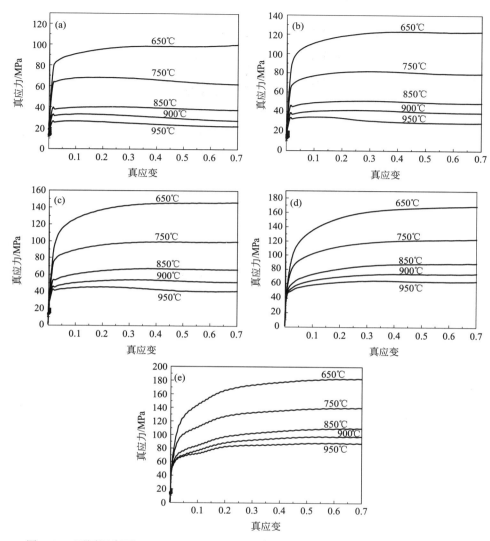

图 5-23　不同温度下 Cu-0.8Cr-0.3Zr-0.1Ag 合金各个应变速率的真应力-真应变曲线

(a) $\dot{\varepsilon}=0.001\text{s}^{-1}$；(b) $\dot{\varepsilon}=0.01\text{s}^{-1}$；(c) $\dot{\varepsilon}=0.1\text{s}^{-1}$；(d) $\dot{\varepsilon}=1\text{s}^{-1}$；(e) $\dot{\varepsilon}=10\text{s}^{-1}$

所对应的曲线。

5.2.3　本构方程

表 5-13 为 Cu-0.8Cr-0.3Zr 合金的热变形激活能和本构方程。三种合金中 Cr、Zr 的含量相同，所不同的是一个加入了含量为 0.1％的 Ag，另一个加入了含量为 0.05％的稀土元素 Nd，从试验得出的数据可知微量 Ag 元素的加入有效

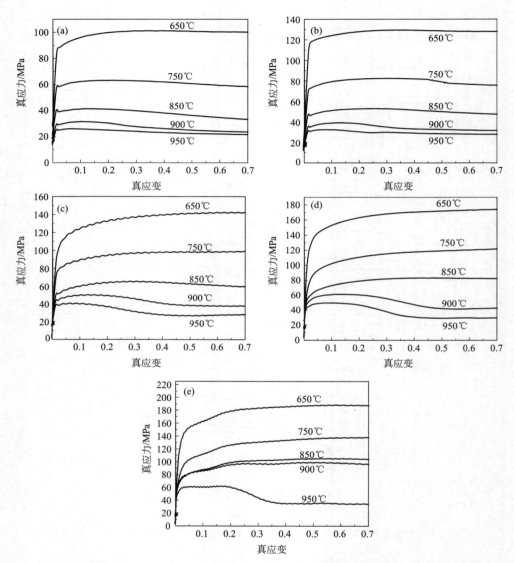

图 5-24　不同温度下 Cu-0.8Cr-0.3Zr-0.05Nd 合金各个应变速率的真应力-真应变曲线
（a）$\dot{\varepsilon}=0.001\mathrm{s}^{-1}$；（b）$\dot{\varepsilon}=0.01\mathrm{s}^{-1}$；（c）$\dot{\varepsilon}=0.1\mathrm{s}^{-1}$；（d）$\dot{\varepsilon}=1\mathrm{s}^{-1}$；（e）$\dot{\varepsilon}=10\mathrm{s}^{-1}$

地降低了 Cu-Cr-Zr 合金的热变形激活能，而 Nd 元素的加入仅使合金的热变形激活能有了小幅升高，这是因为微量合金元素 Ag 的加入在一定程度上细化了 Cu-Cr-Zr 合金的晶粒，而稀土元素 Nd 在这里对 Cu-Cr-Zr 合金显微组织的细化作用不明显。

表 5-13　Cu-0.8Cr-0.3Zr 合金的热变形激活能和本构方程

合金	$Q/(\mathrm{kJ/mol})$	本构方程
Cu-0.8Cr-0.3Zr	400.8	$\dot{\varepsilon}=\mathrm{e}^{42.2}[\sinh(0.010\sigma)]^{9.11}\exp\left(-\dfrac{400800}{8.314T}\right)$
Cu-0.8Cr-0.3Zr-0.1Ag	343.23	$\dot{\varepsilon}=\mathrm{e}^{35.82}[\sinh(0.011\sigma)]^{7.72}\exp\left(-\dfrac{343230}{8.314T}\right)$
Cu-0.80Cr-0.30Zr-0.05Nd	404.84	$\dot{\varepsilon}=\mathrm{e}^{40.28}[\sinh(0.014\sigma)]^{7.19}\exp\left(-\dfrac{404840}{8.314T}\right)$

5.2.4　热加工图

图 5-25～图 5-27 分别为 Cu-0.8Cr-0.3Zr、Cu-0.8Cr-0.3Zr-0.1Ag 和 Cu-0.8Cr-0.3Zr-0.05Nd 合金不同变形量的热加工图。其中白色区域代表的是加工的安全区，阴影区域表示的是加工的失稳区，等值线表示的是能量耗散效率 η (%)。从图中可以直观地看出合金加工的安全区和失稳区及能量耗散率，依据这些可以为合金的热加工工艺的确定提供理论指导。

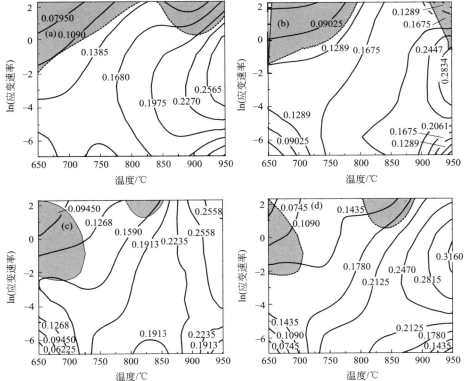

图 5-25　Cu-0.8Cr-0.3Zr 合金不同变形量下的热加工图

(a) $\varepsilon=0.3$；(b) $\varepsilon=0.4$；(c) $\varepsilon=0.5$；(d) $\varepsilon=0.6$

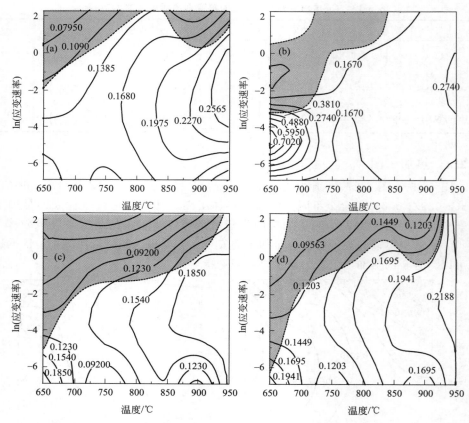

图 5-26　不同应变量的 Cu-0.8Cr-0.3Zr-0.1Ag 合金热加工图
(a) $\varepsilon=0.3$；(b) $\varepsilon=0.4$；(c) $\varepsilon=0.5$；(d) $\varepsilon=0.6$

　　根据材料动态理论模型，高的耗散效率意味着材料的显微组织在变形过程中发生了转变[23~25]。高温变形机制实际上与功率耗散率的变化是相对应的。结合材料的显微组织可以对合金的热加工图进行更加精确的解释。图 5-28～图 5-30 分别是三种合金的典型显微组织图。

　　结合图 5-25 和图 5-28 可以看出：合金 Cu-0.8Cr-0.3Zr 的失稳区主要集中在两个区域。在变形量较小时，如是 0.3 和 0.4 时，应变速率为 $0.27\sim10s^{-1}$，温度为 $650\sim710℃$ 和应变速率为 $1\sim10s^{-1}$，温度 $920\sim950℃$；在变形较大时，如是 0.5 和 0.6 时，应变速率为 $0.12\sim10s^{-1}$，温度为 $650\sim700℃$ 和应变速率为 $3.3\sim10s^{-1}$，温度为 $800\sim850℃$。这两个失稳的区域对应的应变速率都较高，这主要是因为应变速率较高时，不能够及时地释放界面滑移所产生的应力集中，很容易在材料内产生微裂纹，不同的是第一个失稳区内温度较低，在大速率变形下材料主要产生机械孪生，组织为大小不一的拉长的扁平状晶粒，如图 5-28(a)

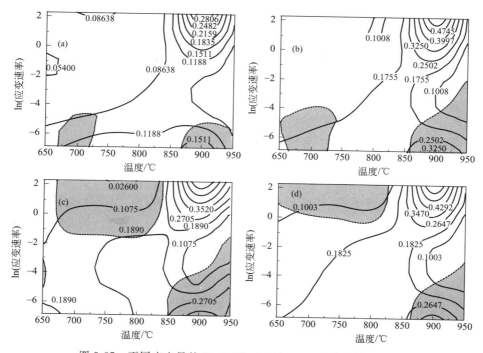

图 5-27　不同应变量的 Cu-0.8Cr-0.3Zr-0.05Nd 合金热加工图
(a) ε=0.3；(b) ε=0.4；(c) ε=0.5；(d) ε=0.6

所示，易引起局部塑性流动，导致变形不均匀，形成开裂；第二个失稳区的温度较高，在压缩过程中材料的晶界和相界处更易发生滑动，但由于应变速率较大，热压缩过程中产生的热量来不及完全扩散而积聚在晶界上，使得晶界处的温度过高，促使动态再结晶在晶界处率先发生，使得合金在部分变形母晶粒的晶界周围出现了细小的等轴晶，如图 5-28(b) 所示，这种混晶组织使得合金内部应力分布不均匀，应力在界面处集中分布，最终会导致开裂。

　　结合图 5-26 和图 5-29 可以看出：当变形量为 0.3 时，Cu-0.8Cr-0.3Zr-0.1Ag 有着两个失稳区，分别为温度 650～770℃，应变速率为 0.3～10s^{-1} 和温度 850～950℃，应变速率 1～10s^{-1}。随着变形量的继续增大，Cu-Cr-Zr-Ag 合金的流变失稳区也在逐步扩大，最后把两个失稳区连在了一起，几乎占据了高应变速率（≥0.1s^{-1}）从 650～950℃ 之间的所有区域，说明随着应变量的加大，Cu-Cr-Zr-Ag 合金的热加工性能也在逐渐变差。从图 5-29(a) 中可以看出，合金因发生变形，其显微组织被压缩成纤维状，在这种变形条件下合金的状态是不稳定的，这与热加工图 5-26(a) 中温度 650～770℃，应变速率 0.3～10s^{-1} 的非稳定区域相对应。该区域处于低温高应变速率的区域，在该区域进行热加工，合金会因局部塑性变形而发生局部温度升高，同时应变速率较高，温度来不及向低温

图 5-28　不同状态下的 Cu-0.8Cr-0.3Zr 合金高温变形组织

(a) 650℃，1s^{-1}；(b) 750℃，10s^{-1}；(c) 950℃，10s^{-1}；(d) 950℃，1s^{-1}

区域传导，使得该区域的强度较低，在加工中容易出现开裂现象，此时功率耗散效率较低。在实际的热加工过程中应极力避免在该区域进行加工。图 5-29(b) 是与图 5-26(a) 中的非稳定区域相对应的。从图 5-29(c) 和图 5-29(d) 中可以看出，两图都有着分布均匀的细小等轴晶，说明在这个状态下合金发生了完全的动态再结晶。

　　结合图 5-27 和图 5-30 可以看出：合金 Cu-0.8Cr-0.3Zr-0.05Nd 的失稳区也主要集中在两个区域。当变形量是 0.3 和 0.4 时，变形速率 0.001～0.008s^{-1}，变形温度 670～720℃和应变速率 0.001～0.004s^{-1}，变形温度 870～940℃；当变形量为 0.5 和 0.6 时，变形速率 0.82～10s^{-1}，变形温度 670～810℃和应变速率 0.001～0.045s^{-1}，变形温度 870～940℃。图 5-30(a)、图 5-30(b) 和图 5-30 (c) 与加工图 5-27(b) 中的两个非稳定区域是相对应的。此时，合金的显微组织均为混晶组织，且其中晶粒尺寸差异非常大，由刚产生的细小动态再结晶晶粒和变形的大晶粒组成。出现该现象的主要原因是，在原始晶界处具有较高的畸变能，再加上大角度界面和高密度缺陷两个动态再结晶形核条件，新的再结晶晶粒

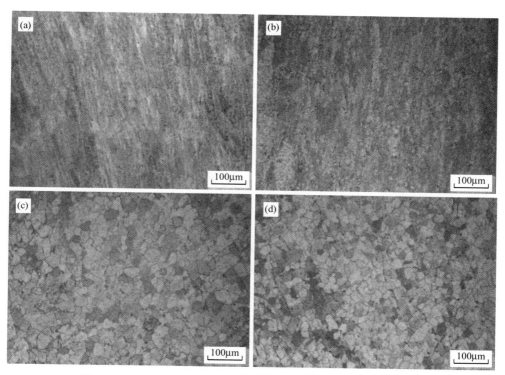

图5-29　不同状态下的 Cu-0.8Cr-0.3Zr-0.1Ag 合金高温变形组织
(a) 650℃, 1s⁻¹; (b) 850℃, 1s⁻¹; (c) 950℃, 0.001s⁻¹; (d) 950℃, 0.1s⁻¹

极易在此处形核。但是由于此处所在的变形温度较低，原子扩散及晶界迁移能力较低，不利于动态再结晶的发生和晶粒长大，从而会有大量的混晶组织出现。图5-30(d) 中合金发生了完全的动态再结晶，图中有分布均匀的等轴晶。

　　比较这些加工图的失稳区可以看出，加工失稳区域都是出现在低变形温度和高应变速率的条件下。有研究指出：在低温高应变速率区域出现加工失稳，主要与基体空洞的形成有关[23]。即在高应变速率条件下变形时，在溶质原子的周围很容易形成高密度的位错区，在界面处晶格也会因发生比较大的畸变而产生应力集中，而且由于变形时间短，界面和溶质原子周围的位错来不及通过运动来进行相互抵消，很容易产生晶间裂纹，造成断裂。由于应力集中，在加工图的失稳区域功率耗散效率会出现急剧下降，因此在制备合金的加工工艺时应尽量避免该区域。

　　另外，功率耗散效率在动态再结晶区内一般都比较高，所以，大功率耗散区域是最适合进行热加工的区域[23~26]，在制定热加工工艺时一般优先选择大功率耗散的区域。

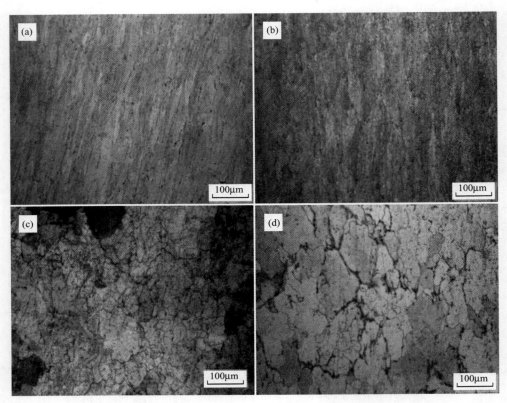

图 5-30　不同状态下的 Cu-0.8Cr-0.3Zr-0.05Nd 合金的高温变形组织

(a) 650℃，$1s^{-1}$；(b) 750℃，$10s^{-1}$；(c) 900℃，$0.01s^{-1}$；(d) 950℃，$0.01s^{-1}$

从图 5-25 中合金 Cu-Cr-Zr 的热加工图可以看出其能量耗散效率的峰值 $\eta=31.6\%$ 出现在变形温度 920～950℃、应变速率 0.12～$0.82s^{-1}$ 的区域；同样从图 5-26 Cu-Cr-Zr-Ag 合金的热加工图，可知在变形温度 920～950℃、应变速率 0.02～$1.11s^{-1}$ 的区域，合金的能量耗散效率最大；而 Cu-Cr-Zr-Nd 合金的热加工图显示，在变形温度 880～920℃、应变速率 6.05～$10s^{-1}$ 的区域，合金的能量耗散效率最大。

图 5-28(d)、图 5-29(d) 和图 5-30(d) 组织中出现细小的等轴晶代表合金发生了动态再结晶，在变形时这些细小的等轴晶可以很好地相互协调，使应力均匀分散开来，从而使合金的热加工性能得到大大地改善。因此，Cu-0.8Cr-0.3Zr 合金的最优热加工参数为变形温度 920～950℃、应变速率 0.12～$0.82s^{-1}$，Cu-0.8Cr-0.3Zr-0.1Ag 合金则为变形温度 920～950℃、应变速率 0.02～$1.11s^{-1}$，而 Cu-0.8Cr-0.3Zr-0.05Nd 合金则为变形温度 880～920℃、应变速率 6.05～$10s^{-1}$。

5.2.5 热变形组织演变

根据前面合金真应力-真应变曲线的分析可知，合金在发生热变形时的温度和应变速率均对其流变应力的变化有着决定性的影响，但这些变化最根本的原因

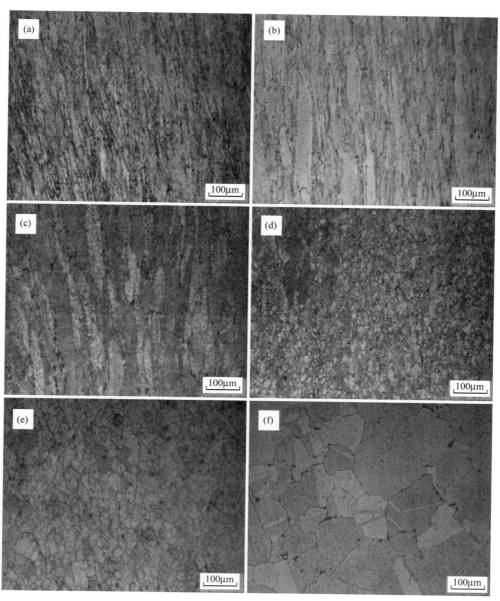

图 5-31 不同状态下的 Cu-0.8Cr-0.3Zr 合金高温热变形组织（$\dot{\varepsilon} = 10s^{-1}$）

(a) 650℃；(b) 750℃；(c) 850℃；(d) 900℃；(e) 950℃；(f) 固溶后

是在热变形的过程中合金的显微组织发生了转变。

图 5-31 为 Cu-0.8Cr-0.3Zr 合金在应变速率 $\dot{\varepsilon}=10s^{-1}$ 时，不同温度下进行热压缩时的金相显微组织，热压缩温度分别为 650℃、750℃、850℃、900℃、950℃。图 5-32 为 Cu-0.8Cr-0.3Zr-0.1Ag 合金在不同温度和不同应变速率下的典型显微组织。图 5-33 为 Cu-0.8Cr-0.3Zr-0.05Nd 合金在不同温度和不同应变速率下的典型显微组织。图 5-31(f)、图 5-32(f)、图 5-33(f) 为三种合金固溶后

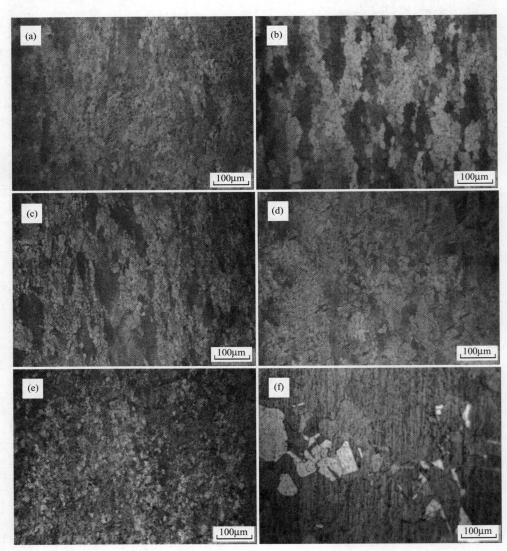

图 5-32　不同状态下的 Cu-0.8Cr-0.3Zr-0.1Ag 合金高温变形组织（$T=900℃$）

(a) $0.001s^{-1}$；(b) $0.01s^{-1}$；(c) $0.1s^{-1}$；(d) $1s^{-1}$；(e) $10s^{-1}$；(f) 固溶后

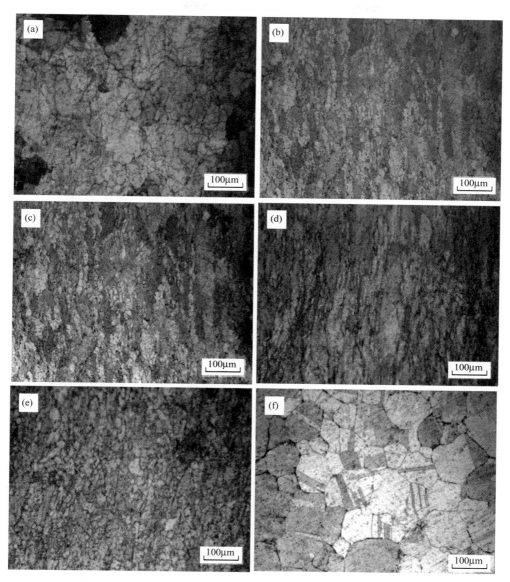

图 5-33　不同状态下的 Cu-0.8Cr-0.3Zr-0.05Nd 合金高温变形组织
（a）$T = 950℃$，$0.001s^{-1}$；（b）$T = 850℃$，$0.01s^{-1}$；（c）$T = 850℃$，$1s^{-1}$；
（d）$T = 750℃$，$0.01s^{-1}$；（e）$T = 850℃$，$10s^{-1}$；（f）固溶后

的显微组织。

从图 5-31 中可以看出，合金在热变形过程中组织转变对温度具有很强的敏感性。在较低温度时，如 650℃，垂直于压缩方向的晶粒被拉长，原先的等轴晶

发生畸变，组织主要是大变形的晶粒，晶粒表现为纤维条纹状，如图 5-31（a）所示，图中没有动态再结晶晶粒的出现。当温度升高达到 750℃时，在变形晶粒的晶界处出现了不少细小的再结晶晶粒，如图 5-31（b）所示，此时动态再结晶开始形核。但在该温度下仍有大量的变形晶粒。随着温度的继续升高，达到 850℃时，发生变形的晶粒会逐渐被新的再结晶晶粒所取代，如图 5-31（c）所示，晶界变得不明显。当温度升高到 900℃时，变形晶粒几乎已经完全被新生成的细小且等轴的晶粒所取代，如图 5-31（d）所示，此时已经发生了完全的动态再结晶。当温度达到 950℃时，如图 5-31（e）所示，动态再结晶晶粒已明显长大，可以看到组织是均匀分布的等轴的动态再结晶的晶粒。结合图 5-22 中的真应力-真应变曲线，可以看到材料在热压缩过程中的显微组织转变和合金的真应力-真应变曲线的变化规律一一对应。

从图 5-32 中可以看出，在热压缩过程中，应变速率对合金的组织转变有着比较明显的影响。在温度一定的情况下，变形速率增大时，动态再结晶晶粒反而变得更小，这是因为在大变形速率变形时，由于变形速度太快导致位错来不及消失，致使材料内部缺陷增加，再结晶的核心增多，形核的数量增多，所以动态再结晶晶粒越来越细小，如图 5-32（b）和图 5-32（d）所示。当应变速率比较小时，从图中可以看出，动态再结晶晶粒会比在大应变速率变形时先长大。这是由于大的变形速率使得原子的扩散受到阻碍，而动态再结晶晶粒的形核及长大需要一定的孕育期，孕育期又与原子的扩散速率有着重要关系。从图 5-32（a）的变形条件可以看出，变形温度为 900℃，已经处在一个较高的变形温度，从图 5-32（e）可知，在该温度下进行热压缩，合金的动态再结晶已经完全发生。同时 $0.001s^{-1}$ 的应变速率处在较小应变速率范围内，应变速率越小，合金越有充分的时间进行动态再结晶形核并迅速长大，从图 5-32（a）～图 5-32（c）可以看出合金在该温度下进行热压缩，都有发生完全的动态再结晶，同时也出现了动态再结晶晶粒长大的现象，且应变速率越小再结晶长大的现象越明显。

从图 5-31～图 5-33 还可以看出，在温度相同的情况下，变形时的应变速率越小，合金的再结晶现象越明显；在应变速率相同的情况下，变形时的温度越高，合金的再结晶现象也越明显。

动态再结晶的过程是一个热激活的过程，是通过新晶粒的形核和长大来完成的，所以要想顺利进行再结晶，必须要有足够高的变形温度来激活原子进行迁移。图 5-31（a）中未观察到动态再结晶行为发生，就是因为相对较低的变形温度不利于原子的扩散和晶界的移动以及位错的迁移。当温度比较高，如达到 900℃时，高温促使了合金热激活作用增强，同时原子的扩散以及位错的运动和晶界的迁移能力也都得到了增强，尽管在这个过程中合金的动态回复作用也增强了，但高温依然促进了再结晶的形核和长大，如图 5-31（d）和图 5-31（e）所示。

在热压缩的过程中，动态再结晶的发生需要有提供驱动力的较高畸变能，当热变形的应变速率比较大时，由于变形时间短，材料很快地积聚了足够的畸变能，动态再结晶就比较容易发生。对比图5-33（c）和图5-33（e）发现，应变速率较大的图5-33（e）中的晶粒更加细小。当应变速率较小时，有比较长的变形时间，原子有充分的时间来完成扩散，如图5-32（b）所示；当应变速率较大时，形变时间过短，尽管拥有比较大的畸变能，但原子仍不能得到充分扩散，再结晶晶粒的长大受到了阻碍，如图5-33（e）所示。因此，在一定程度上提高合金变形时的应变速率，合金的晶粒会得到细化。

5.3 Cu-（0.2~1.0）Zr-（RE）合金

5.3.1 材料的制备、组织与性能

5.3.1.1 Cu-0.2Zr-（RE）合金设计与制备

高强高导铜合金因其强度较高、导电性能优异而得名，其优良的机械性能和物理性能决定了高强高导铜合金在许多行业举足轻重，不可替代的地位。随着科技进步、设备不断更新完善以及新兴工业的日益兴起，对铜合金高强高导性能的研究和开发引起了广泛的关注，并且发展迅速[27]，其强度和导电性能得到持续提高，由于铜合金强度和导电性的不可兼得性，所以，人们对铜合金的研究热点一直集中在如何在保证合金较高导电性不变的情况下，尽可能地使合金强度得到提高。

锆青铜是以纯铜为基体，加入金属元素锆熔炼得到的一种功能材料[28]。Cu-Zr合金不仅导电能力优异，而且塑性好，有较强的抗氧化能力和良好的耐磨性[29]；并且，锆的加入提高了合金的再结晶温度，所以合金的软化温度高，抗蠕变能力很强[30~32]；更重要的是，合金的强度和硬度也因为锆细化晶粒而得到提升[33]；因此，此类合金在较高温度下具有良好的适应性，目前，在电子、军事、国防、交通等各方面均有应用[34,35]。

图5-34为Cu-Zr系相图。由图5-34可知，锆元素在铜中的固溶度极低，即使是在共晶温度966℃，锆元素在铜中的固溶度也只有0.15%（质量分数），并且，温度的微降也会使其固溶度急剧减少，在稍低的温度下，溶解度几乎为零[T=500℃时，固溶度=0.01%（质量分数）]，所以，铜锆合金可以通过时效的方式来进行强化，将其归类为时效强化型合金。

目前，对于提高锆青铜综合性能方面的研究主要有以下三个：（1）适量提高合金中锆元素的含量[36]。（2）对合金进行适度变形以提高合金强度[37]。（3）加入第三种乃至多种合金元素增强Cu-Zr合金[38~41]。

Cu-Zr合金在时效过程中的析出相种类是目前研究的焦点。目前，有文献证明的析出相有Cu_4Zr、Cu_5Zr、$Cu_{10}Zr_7$、Cu_3Zr、$Cu_{51}Zr_{14}$[42~44]。

作者在合金成分的设计过程中，加入了微量的稀土元素（Y、Ce、Nd）。由

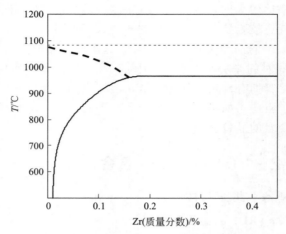

图 5-34　Cu-Zr 系相图富铜侧部分

于化学性活泼的特性，稀土可以除杂、净化合金基体，能显著提高合金的机械性能和化学性能，因此，稀土在冶金工业生产中被誉为金属材料的"维生素"。并且，稀土与铜基体几乎不固溶的特点，使得加入稀土后合金的导电性能不受影响；大量研究表明，微量稀土的加入可以细化晶粒、促进动态再结晶、影响析出相的形核和长大[45]。因此，在制备铜合金过程中，大量的研究者会考虑加入少量或者微量的稀土，以期提高合金的物理和力学性能，这种方法已成为目前研究提高铜合金性能的热点之一。

　　试验用原材料主要有：纯电解铜（99.99％ Cu）、块状锆（99.95％ Zr）、稀土钇、钕（99.95％ Y、Nd）和 Cu-20％Ce 中间合金。最终四种合金的设计成分和实际成分含量分别如表 5-14 和表 5-15 所示。

表 5-14　四种合金的设计成分（质量分数）　　　　　单位：％

合金	Zr	Y	Ce	Nd	Cu
Cu-Zr	0.2	0	0	0	余量
Cu-Zr-Y	0.2	0.15	0	0	余量
Cu-Zr-Ce	0.2	0	0.15	0	余量
Cu-Zr-Nd	0.2	0	0	0.15	余量

表 5-15　四种合金的实际化学成分（质量分数）　　　　　单位：％

合金	Zr	Y	Ce	Nd	Cu
Cu-Zr	0.147	0	0	0	余量
Cu-Zr-Y	0.192	0.138	0	0	余量
Cu-Zr-Ce	0.183	0	0.068	0	余量
Cu-Zr-Nd	0.144	0	0	0.102	余量

试验用四种合金：Cu-0.2%Zr、Cu-0.2%Zr-0.15%Y、Cu-0.2%Zr-0.15%Ce 和 Cu-0.2%Zr-0.15%Nd 均是在 ZG-0.01 真空中频炉中熔炼而成，整个熔炼过程用氩气作为保护气体，防止合金氧化。试验的浇铸温度设为 1200～1250℃，之后对所得合金进行水冷-脱模处理。整个过程用流程图表示为图 5-35。

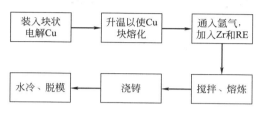

图 5-35　Cu-Zr(-RE) 合金熔铸工艺流程图

5.3.1.2 Cu-0.2Zr 合金形变与时效后的组织与性能

图 5-36 所示分别为 Cu-Zr 合金在变形量为 20% ［图 5-36(a)］ 和 40% ［图 5-36(b)］ 时，时效 TEM 微观结构，相比图 5-36(a)，在图 5-36(b) 中位错密度明显增加。

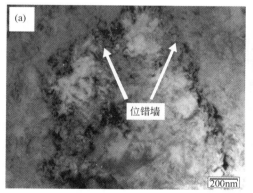

图 5-36　Cu-0.2%Zr 合金经过 20% ［(a)］ 和 40% ［(b)］ 变形后的透射组织

图 5-37 为 Cu-0.2%Zr 合金不同应变量（0%、20%、40%、60%、80%），温度为 500℃时，硬度 ［图 5-37(a)］ 和电导率 ［图 5-37(b)］ 随时效时间的变化曲线。在图 5-37(a) 中我们可以看出，整体上，时效后的硬度较时效前有所增加，其变化趋势为：时效初期，硬度值迅速增加至峰值，之后开始降低，在最后阶段趋于平稳。例如，在变形量为 60% 时，时效 1h，合金硬度由时效前的 115HV 上升到 136HV，增加了 21.7%，而从 1～2h 合金硬度下降到 127HV，之后从 2～6h，时效对合金硬度基本没什么影响，但是，相对而言，始终保持相对稳定的状态。这是因为，在时效初期，析出相快速大量析出，钉扎位错，强化合金，时效时间越长，析出速度越慢，达到峰值后，较长的时效时间导致析出相

的长大，过时效现象产生，所以，硬度开始下降。比较图 5-37（a）中不同应变量下的硬度曲线情况可知，硬度随着应变量的增加，呈现增加的现象，例如，在 20％和 40％下，其硬度最大值分别为 130HV 和 135HV。这是因为，较大的变形量，使得位错增多，畸变能大量增加，析出相的析出就相对较快。

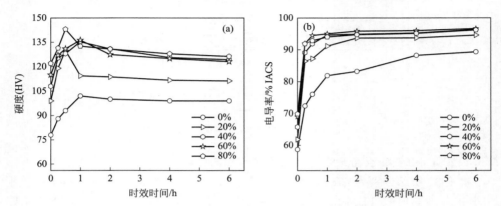

图 5-37　温度为 500℃时，不同程度的冷变形对 Cu-0.2％Zr
合金硬度（a）与电导率（b）的影响

图 5-37（b）为合金时效电导率的变化曲线，随着时效进行，电导率呈现出先快速增大，最后趋于平缓的趋势。这是因为，时效前期，固溶的 Zr 快速析出，基体内部越来越纯净，电导率受到的散射程度减少，电导率自然升高；若继续时效，则基体内部几乎没有可以析出的物质，所以，其纯净度基本不变，电导率也就不会再有大的波动，而是呈现平缓的趋势。比较图中五种变形量下的曲线走向，可以看出，变形量越大，初期析出速率越大，测得电导率对应的峰值也最大，例如，未变形的合金，经过 4h 的时效，曲线基本趋于稳定，此时，电导率为 88.2％ IACS；而在变形量为 60％的时候，时效 1h，合金电导率就达到 94.7％ IACS，相比未变形的合金，电导率增加了 7.4％，而且用时较短。这是因为，变形量越大，合金中的空位和位错越多，畸变储能越高，析出相通过这些渠道析出越多。所以，时效刚开始时固溶物的析出速度快，电导率增加相对明显，但也并不是变形量越大，越有利于电导率的提升，例如在变形量分别为 60％和 80％时，都经过 2h 时效，前者却具有较高的电导率，这是由于，过大的变形量，使得合金有大量的空位、位错等缺陷，这些都是合金电阻升高的原因，它们对合金电导率的影响相对较小的应变量来说比较大，所以，其电导率就会有所降低。

图 5-38 为 Cu-0.2％Zr 合金经 40％变形后，不同温度下（400℃、450℃、500℃、550℃），硬度［图 5-38（a）］和电导率［图 5-38（b）］在时效过程中的变化曲线。在图 5-38（a）和图 5-38（b）中，我们可以看出，其曲线的变化趋势和

图 5-37（a）和图 5-37（b）基本一致。

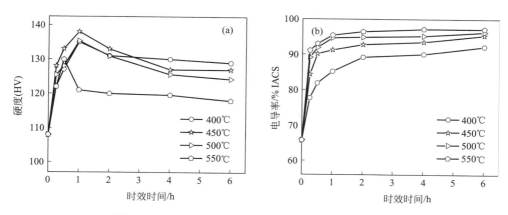

图 5-38 Cu-0.2％Zr 合金经 40％变形，不同温度下，
硬度（a）和电导率（b）在时效过程中的变化

在图 5-38(a) 中可以看出，与低温时效相比，温度较高时，时效前期的硬度曲线上升更快，这是因为，温度越高，析出相的析出速度越快，析出相带来的强化作用就越明显，硬度就会越高，达到最大值所用时间也就越短，但是，并不是温度越高，其硬度值越大，例如在温度为 450℃ 和 500℃ 时，它们的峰值为 138HV 和 135HV，达到最大值所用时间均为 1h，并且，在后续的时效过程中，450℃ 的时效合金硬度均比 500℃ 的时效合金硬度要高，这是因为，过高的温度促进合金析出相的析出长大，发生过时效。图 5-39 为合金在 450℃ 和 500℃ 经过 40％变形后，分别时效 1h 的透射（TEM）图片，在图 5-39(b) 中，析出相数量进一步增加。

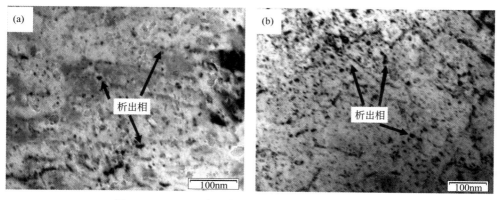

图 5-39 Cu-0.2％Zr 合金经 40％变形，在 450℃（a）
和 500℃（b）时效 1h 的 TEM 微观结构

Cu-0.2%Zr 合金电导率的变化曲线如图 5-38(b) 所示，在不同温度下，温度越高，初期电导率曲线斜率越大，这是因为，较高的温度促进析出相的析出，相应的基体净化速度快，固溶物对电子的散射程度被削弱，所以，电导率急剧上升。时效温度为 400℃ 时，其电导率处于一直上升的趋势，其原因是，温度较低，析出相的析出比较慢，基体净化速度也比较慢，所以，电导率会缓慢上升。

综上所述，合金经过 60% 变形，在温度为 500℃，时效 1h 后，Cu-0.2%Zr 合金的性能达到最好，电导率为 95.03% IACS，硬度为 136HV。

5.3.1.3 Cu-0.4Zr-(RE) 合金制备

为了改善合金性能，在合金原有成分的基础上添加一部分微量元素，改变其组织。高强高导铜合金提高强度主要依赖于析出强化，强度与电导率能够同时保持较高水平。因而，在设计成分时，应考虑以下几个条件：（1）为达到固溶强化，添加元素必须能够在基体中固溶，并且在室温条件下，固溶度要足够低，温度高时，引入元素要能极大限度固溶于基体中，同时室温下，其在铜基体中的固溶度要极低，最好是接近于零。（2）在时效时，细小的强化第二相能充分析出、分布于基体里，弥散且均匀，此外，析出相要不含基体元素，还要具有复杂强化特性，同时要稳定、不易被分解、在软化条件下不易结晶长大。为使合金的脱溶强化效果较好，析出相要能与基体保持一定的共格关系。（3）为使合金有较好的耐热性，添加元素必须能够使再结晶温度提高且晶粒得到细化，并对材料的导电和导热性方面的副作用要小。（4）添加元素的化合价应尽可能和铜相等或接近，微量固溶且对铜基体电导率的影响较小。（5）明显的冷加工硬化作用使合金的加工硬化效果显著。（6）昂贵元素和对环境有害的元素应被禁止加入。（7）合金具有良好的加工成形性。

表 5-16 是常见合金元素在铜基体中的最大固溶度和常温溶解度。参照上述

表 5-16 普通合金元素在 Cu 基体中的最大固溶度和常温溶解度

元素	共晶温度/℃	极限固溶度（质量分数）/%	常温溶解度（质量分数）/%
银	779	8	0.1
铝	1035	7.4	9.4
钛	896	4.7	0.7
硅	852	5.4	3.7
钴	1110	5.0	0.5
铁	1094	4.0	0.3
镉	549	3.72	0.5
镁	722	2.8	1
铍	871	2.75	<0.2
磷	714	1.75	<0.6
锆	965	0.15	0.01
铬	1076	6.5	<0.03

的合金设计思路，由表 5-16 可明显看出能有效提高析出强化效果的合金元素主要有：Ag、Ti、Co、Fe、Cd、Mg、Be、P 和 Cr。

根据上述分析，结合表 5-16，可选择 Cr 或 Zr 作为添加元素。1076℃ 时 Cr 在 Cu 中的最大固溶度为 6.5%，而室温下仅为 0.03%。同样，Zr 在其共晶温度下的最大固溶度为 0.15%，而在室温条件下的平衡溶解度不足 0.01%[46]。可见，Zr 与 Cr 相比来说，对基体电阻率的影响更小。因此，从电导率的角度出发，Cu-Zr 系合金要比 Cu-Cr 系合金更具潜力。

据相关研究，以 Cu 为基体的合金，Cr 和 Zr 的添加量都不应超过 1%，否则会导致基体导电性能的大幅降低[46]。仅靠单一的添加元素和析出相来强化的铜合金材料，电导率虽高，却普遍存在强度偏低或高温脆性、易开裂和过时效等问题[3,47]。我国是稀土资源丰富的大国，稀土在钢铁、铝镁合金等领域的研究和应用较多，也比较成熟。在铜合金中，微量的稀土元素在净化合金的基体和晶界上效果显著，使得合金的电导率、软化温度和强度也有所改善[48,49]。

所以，本书以铜为基体，选择质量分数为 0.4% Zr、0.15%Ce、0.15% Y 作为添加元素，以期为具有理想性能的铜合金的设计和加工提供新思路。

试验材料：纯度为 99.9%（质量分数）的标准阴极铜、中间合金 Cu-30% Zr、Cu-20% Y 和 Cu-20%Ce。考虑到微合金化元素的影响，经过计算，确定了微合金化元素 Zr 的添加量为 0.4%（质量分数），稀土元素 Y 和 Ce 的添加量为 0.15%（质量分数）。

试验所用三种合金 Cu-0.4Zr、Cu-0.4Zr-0.15Ce 和 Cu-0.4Zr-0.15Y 均是在 ZG-0.01 型真空中频熔炼炉中熔炼而成，熔炼温度 1450℃，浇铸前先在锭模内表面涂上一层均匀的氧化铝粉利于脱模，且还能提高铸锭表面质量，然后将锭模预热。浇铸温度为 1200～1250℃，水淬、脱模。

Zr、Y 和 Ce 合金元素的加入采用中间合金的形式，来进行铜合金的熔炼，其优点如下：（1）合金的熔炼温度、合金元素的烧损、熔炼时间均得到优化；（2）有助于提升金属成分中的高熔点部分在合金中的均匀性及稳定性。试验所用合金的成分见表 5-17。

表 5-17   试验所用合金的成分

合金	Ce	Y	Zr	Cu
Cu-0.4Zr	—	—	0.4	余量
Cu-0.4Zr-0.15Y	—	0.15	0.4	余量
Cu-0.4Zr-0.15Ce	0.15	—	0.4	余量

熔铸工艺流程如图 5-40 所示。

5.3.1.4   Cu-0.4Zr-（RE）合金形变与时效后的组织与性能

Cu-Zr-（RE）合金经 80% 的冷变形后，在 500℃ 温度下时效 0.25h 和 2h 后

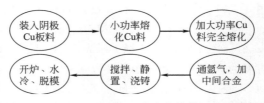

图 5-40   Cu-0.4Zr-(RE) 合金的熔铸工艺流程图

的微观组织，如图 5-41～图 5-43 所示。可以看出，Cu-Zr-(RE) 合金固溶时效后，其显微组织呈现出不很明显的晶界组织，且有更多的弥散分布于基体之上的点状第二相析出，且析出的第二相尺寸比固溶态时更细小；在形变过程中，材料强度明显提高是由于位错大量增殖，位错间严重交割和缠结。

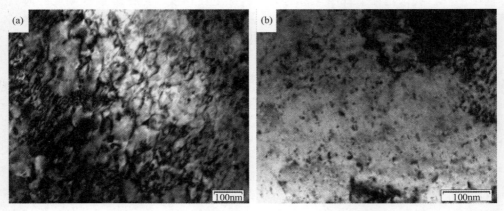

图 5-41   500℃时不同时效时间的 Cu-0.4Zr 合金微观组织

(a) 0.25h；(b) 2h

从图 5-41(a) 中看出，时效 0.25h，大量的位错缠结出现在组织内部，较少的析出强化相颗粒弥散分布于组织内，位错运动困难是位错和析出相的交互作用导致的，从而促进了合金的强化。从图 5-41(b) 可看到，时效 2h 后，位错有所减少，析出相逐渐增多且有所长大。

从图 5-42 中看出，随着时效时间的延长，第二相在位错四周大量析出，并与位错形成强烈的交互作用，从而提升了合金的显微硬度。对比图 5-41(b) 和图 5-42(b)，可知，Cu-0.4Zr-0.15Y 合金的析出相被细化，这是由于添加的稀土元素 Y 所致。

从图 5-43 中可看出，析出相显著增多。对比图 5-42(a) 和图 5-43(a)，可以看到，时效相同时间（0.25h），Cu-0.4Zr-0.15Ce 合金的析出相明显增多，这说明添加的稀土元素 Ce 可以促进固溶物析出。

图 5-44～图 5-46 分别是三种 Cu-Zr-(RE) 合金经 20％和 60％的冷变形、时

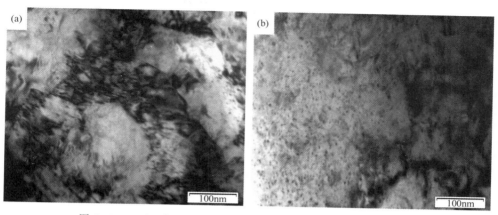

图 5-42　500℃时不同时效时间的 Cu-0.4Zr-0.15Y 合金微观组织
（a）0.25h；（b）2h

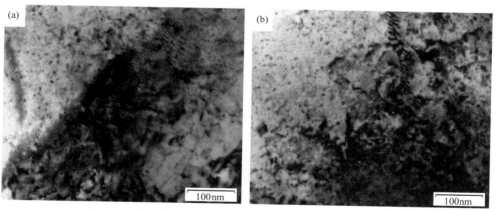

图 5-43　500℃时不同时效时间的 Cu-0.4Zr-0.15Ce 合金微观组织
（a）0.25h；（b）2h

效 6h 的电导率变化曲线。

从图 5-44～图 5-46 中可以看出，三种合金有相同的变化趋势，以 Cu-0.4Zr-0.15Ce 为例，从图 5-46（a）看出，在时效早期，基体内溶质原子快速析出，使电导率在这一阶段迅速升高，电导率增幅随着时效温度的升高越来越大，时效后的电导率就更高。电导率一直保持着上升的趋势，主要是基体内部溶质原子不断析出造成的。随着时效时间的延长，可以看出，电导率的升高速度逐渐减缓并不再升高。这是因为基体内固溶原子在逐步贫化，减少的主要因素就是时效时间和温度使第二相析出的速度明显减慢。结合图 5-46（b）可知，时效前的冷变形程度越大，时效后电导率越大，且能较快到达峰值点。

同样采用变形程度为 20% 和 60% 的 Cu-0.4Zr、Cu-0.4Zr-0.15Y、Cu-0.4Zr-

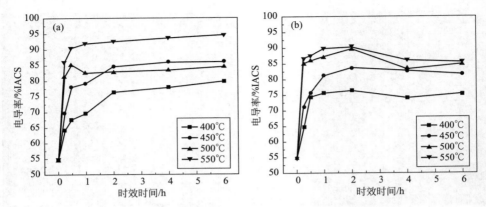

图 5-44　不同变形程度的 Cu-0.4Zr 合金电导率的变化曲线

（a）20％；（b）60％

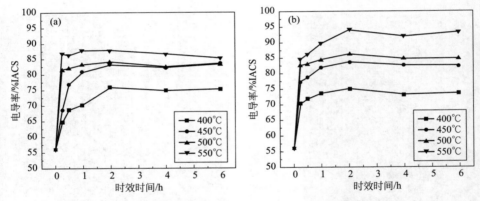

图 5-45　不同变形程度的 Cu-0.4Zr-0.15Y 合金电导率的变化曲线

（a）20％；（b）60％

0.15Ce 合金条状试样，经过 6h 的时效，测定其显微硬度，将其随时间的变化规律，示于图 5-47～图 5-49。

　　从图 5-47～图 5-49 中可知，三种合金有相同的变化趋势。仍以 Cu-0.4Zr-0.15Ce 为例，从图 5-49 可以看出，温度的起伏变化对溶质原子扩散快慢和第二相析出的难易程度有着显著影响。时效刚开始时，显微硬度升高较快，且温度越高，增速越快。在时效初期第二相的析出动力大，这是由于刚开始合金过饱和度较大，第二相以较快的速度析出，使合金的显微硬度在此时迅速增加，如在图 5-49(a) 中，Cu-0.4Zr-0.15Ce 合金在 550℃时效 0.25h 时，显微硬度升至 104HV，而在 400℃时效相同时间时显微硬度为 100HV。随着时效的继续，显微硬度呈现峰值后缓慢降低，这是由于固溶原子贫化以及析出的第二相在时效过

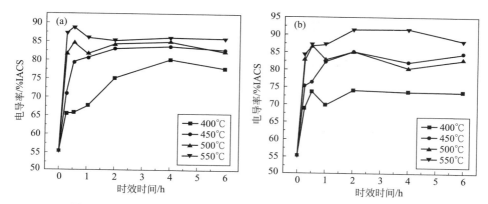

图 5-46　不同变形程度的 Cu-0.4Zr-0.15Ce 合金电导率的变化曲线

（a）20％；（b）60％

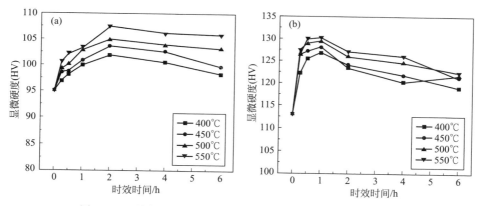

图 5-47　不同变形程度的 Cu-0.4Zr 合金显微硬度的变化曲线

（a）20％；（b）60％

程中长大，与基体间的共格关系丧失了。结合图 5-49（b）可知，时效前的冷变形程度越大，时效后显微硬度越大，且能较快到达峰值点。

综上可知，三种 Cu-Zr-（RE）合金在 500℃ 时效 2h 时能够获得较好的综合性能，Cu-0.4Zr 显微硬度和电导率分别达到 127HV 和 90.3％IACS；Cu-0.4Zr-0.15Y 显微硬度和电导率分别达到 129HV 和 94％IACS；Cu-0.4Zr-0.15Ce 显微硬度和电导率分别达到 130HV 和 91.4％IACS。

5.3.1.5　Cu-1.0Zr-（RE）合金组织与性能

根据 Cu-Zr 二元相图[48]，Cu-Zr 合金在 966℃ 时发生共晶反应，Zr 在 Cu 中的最大固溶度为 0.15％，降低其温度，Zr 在 Cu 中的固溶度迅速下降，在常温下不足 0.01％。因此，在 Cu 中添加 Zr 具有良好的固溶强化效应。

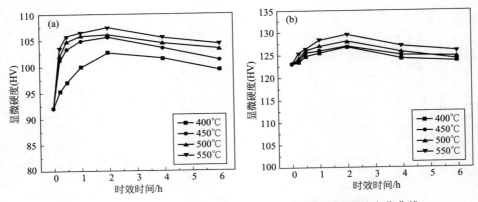

图 5-48 不同变形程度的 Cu-0.4Zr-0.15Y 合金显微硬度的变化曲线

(a) 20%；(b) 60%

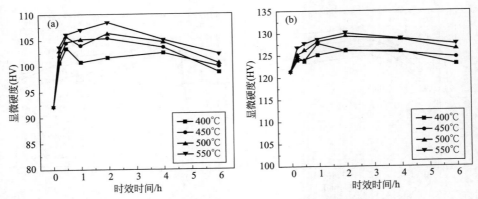

图 5-49 不同变形程度的 Cu-0.4Zr-0.15Ce 合金显微硬度的变化曲线

(a) 20%；(b) 60%

Cu-Zr 系合金的传导性能、塑性和抗蠕变性非常好，主要进行以下三个方向的研究：

(1) 低 Zr 含量的 Cu-Zr 合金进行大塑性变形以提高其强度　Kuzel R 等[50] 通过等径角挤压（ECAP）纯铜和 Cu-0.1Zr 合金，经 8 道次挤压后，Cu-0.1Zr 合金强度可升高至 506MPa，而纯铜强度只有 371MPa，强度增加的主要原因是 Cu-0.1Zr 合金中存在大量细小的 Cu_9Zr_2 析出相。细小的析出相阻碍了位错的运动，8 道次后 Cu-0.1Zr 合金内部产生的高角度晶界比纯铜内部产生的大角度晶界少。Muramatsu N 等[51] 将 Cu-0.5at%Zr、Cu-1.0at%Zr、Cu-2.0at%Zr 合金从 12mm 冷拔至 0.031mm，合金的抗拉强度为 690～1010MPa，电导率为 61%～83%IACS。合金的强度主要由其内部所含有的共晶相决定，铸态共晶相在剪切力来回切割下，沿冷拔方向形成纤维状结构。Jittraporn W N 等[52,53] 用高压扭转（HPT）和等径角挤压（ECAP）相结合的方式细化 Cu-0.1Zr 合金晶粒，晶粒尺寸细化到 280nm，合金强度显著提高。总体来说，利用大塑性变形可以使 Cu-Zr 合金强度显著提高。

（2）加入一些其他元素提高 Cu-Zr 合金的综合性能   Ye Y X 等[54]在 Cu-0.5Zr 中加入 0.065B。B 能够抑制晶粒的生长，阻滞合金的回复和再结晶的发生，从而提高合金的强度和电导率，其强度可以达到 575MPa，电导率可以达到 79.4％IACS。董志力等[55]在 Cu-Zr 合金中加入少量的 Si，析出相细化，提高了合金的抗软化能力。Wang T M 等[56]在 Cu-0.2Zr 中加入 La，La 可以优先与杂质元素（如 O、H、S、Pb、Te 和 Bi）反应，生成不易分解的高熔点金属间化合物，这些难熔化合物容易在浇铸过程中被清除出去，因此可以净化基体。同时，La 可以细化晶粒。最终电导率可以达到 96.9％ IACS，显微硬度为 94.4HV。

（3）提高 Zr 的含量。Kim K H 等[57]将 Zr 含量提高到 7.7at％以上且在 18at％以下，Cu-Zr 合金产生了一种既有 Cu_5Zr 基超点阵相又有 Cu 相的结构，其开发的 $Cu_{91.5}Zr_{8.5}$ 合金压缩屈服强度可以达到 1.51GPa，且压缩量为 32％。

试验所用的材料为纯度 99.95％（质量分数，下同）标准阴极铜 Cu-CATH-2，纯度为 99.5％的块状纯 Zr，纯度为 99.5％的块状纯 Y，Ce 含量为 20％的 Cu-Ce 中间合金。利用化学方法测量其成分，精度为 10^{-4}。表 5-18 为合金设计成分，表 5-19 为合金实测成分，合金名义成分与熔炼后合金实际成分相差不大，符合试验要求。

表 5-18   Cu-1.0Zr-(RE)设计成分（质量分数）   单位：％

编号	合金	Zr	Y	Ce	Cu
I	Cu-1.0Zr	1.0	—	—	余量
II	Cu-1.0Zr-0.15Y	1.0	0.15	—	余量
III	Cu-1.0Zr-0.15Ce	1.0	—	0.15	余量

表 5-19   Cu-1.0Zr-(RE) 实测成分（质量分数）   单位：％

编号	合金	Zr	Y	Ce	Cu
I	Cu-1.0Zr	0.885	—	—	余量
II	Cu-1.0Zr-0.15Y	0.870	0.114	—	余量
III	Cu-1.0Zr-0.15Ce	1.200	—	0.183	余量

图 5-50 为 Cu-1.0Zr 合金经过 60％冷变形在 450℃时效 6h 时的 TEM 照片。基体中存在弥散分布的析出相，通过衍射花样标定，确定析出相为 $Cu_{10}Zr_7$，如图 5-50（b）所示。通过高分辨透射电镜照片，可以看到有明暗相见的莫尔条纹，析出相使晶格错配而产生弹性应力场，可以提高合金的强度。

图 5-51（a）为 Cu-1.0Zr 合金经 60％冷变形后电导率与时效时间的变化曲

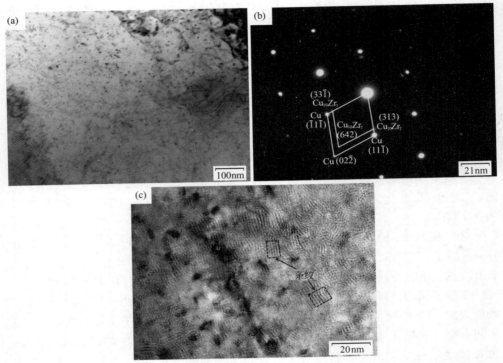

图 5-50　经过 60％冷变形的 Cu-1.0Zr 合金在 450℃时效 6h 的 TEM 结构和选区衍射图

线。铜基体中固溶原子对电子的散射作用，是影响 Cu-1.0Zr 合金电导率变化的重要因素[58]。总体上 400℃、450℃、500℃和 550℃的电导率变化趋势基本一致，时效初期（0～1h），合金的电导率快速升高，随着时效时间的延长（1～6h），电导率基本不变或缓慢增加。在固溶态时，Cu-1.0Zr 合金电导率为 57.2％ IACS，随着时效时间延长（0～1h），合金电导率迅速增加，经 1h 时效后，400℃、450℃、500℃和 550℃的电导率分别达到 70.1％ IACS、73.3％ IACS、80.2％ IACS 和 84.4％ IACS，比固溶态分别增加了 22.6％、28.1％、40.2％和 47.6％。随着时效时间的延长（1～6h），400℃、450℃和 500℃从时效 1h 到时效 6h，电导率分别缓慢增加了 5.4％（70.1％ ～ 73.9％ IACS）、9.8％（73.3％～80.5％IACS）和 3.2％（80.2％～82.8％IACS），而 550℃从时效 1h 到时效 6h 的电导率基本保持不变，最大幅度分别为 0.8％（84.5％～85.2％ IACS）。这是因为在时效初期（0～1h），基体具有较高的过饱和度，有足够的动力析出第二相，第二相快速析出，因此合金电导率迅速升高。随着时效时间的延长（1～6h），固溶在基体中的溶质元素减少，析出动力不足，第二相析出缓慢，合金的电导率基本不变或缓慢增加。时效温度升高，有利于原子扩散，电导率升高较快。如在 450℃时效 30min 时，电导率达到 71.4％IACS，而在 500℃时效

30min 时，可以达到 79.5%IACS。

图 5-51(b) 为 Cu-1.0Zr 合金经 60% 冷变形后显微硬度与时效时间的变化曲线。在时效初始阶段，温度的升高为第二相析出提供了驱动力，而且合金在冷变形过程中产生的晶体缺陷有利于溶质元素的扩散，因此合金的显微硬度迅速升高[59]。在 400℃ 时，由于时效温度比较低，不利于原子的扩散，第二相析出缓慢且相对稳定，所以合金的显微硬度一直保持缓慢升高的趋势。随着时效温度的升高，原子运动剧烈，扩散加快，有利于第二相的析出，显微硬度在 450℃、500℃ 和 550℃ 分别出现峰值，达到峰值所用的时间分别为 2h、1h、0.5h，其对应的峰值硬度分别为 159.1HV、155.6HV、143.1HV。随着时效的继续进行，出现过时效现象，显微硬度达到峰值后慢慢降低。温度越高，出现峰值所用的时间越短，其对应的峰值硬度越小。综上所述，在 500℃ 下时效 1h，Cu-1.0Zr 合金可得到最佳综合性能，其电导率可以达到 80.2%IACS，显微硬度可以达到 155.6HV。

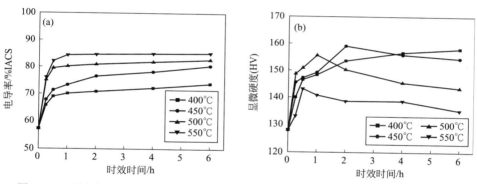

图 5-51　不同时效温度条件下 Cu-1.0Zr 合金电导率和显微硬度随时效时间变化曲线

5.3.2　真应力-真应变曲线

5.3.2.1　Cu-0.2Zr-(RE) 合金

（1）真应力-真应变曲线

图 5-52 为 Cu-0.2%Zr 基体合金在各个试验条件下根据所得试验数据而绘制的应力-应变曲线以及各个条件下的峰值应力随试验温度和压缩速率变化的三维图。在图 5-52 中可以看出，曲线走向同样存在三种变化趋势。大量研究表明，热压缩过程中，合金的应力曲线走势是由加工硬化机制和动态软化机制共同控制的[60]。由图 5-52(d) 和图 5-52(e) 可知，在高应变速率和低温条件（$1s^{-1}$，550℃ 和 $10s^{-1}$，550℃）下随着应变的进行，曲线一直处于上升的状态，符合加工硬化曲线的特点，这是因为在热压缩变形过程中，较低的温度使得动态软化不容易发生，并且因为压缩速度快，合金内部产生大量的位错，并产生很强的交互作用力，位错运动更加困难，就表现为较大的流变应力；温度升高，合金中原子的活性得到提高，运动速度加快，热激活能升高，促进动态软化发生，例如在

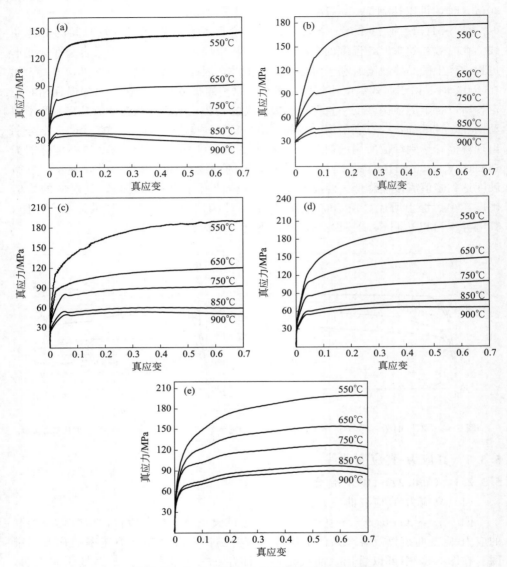

图 5-52　Cu-0.2%Zr 合金热压缩流变应力曲线

(a) 0.001s⁻¹；(b) 0.01s⁻¹；(c) 0.1s⁻¹；(d) 1s⁻¹；(e) 10s⁻¹

0.1s⁻¹，650℃ [图 5-52(c)] 和 1s⁻¹，650℃ [图 5-52(d)] 时，曲线急速上升后最终趋于平缓，符合动态软化的特征，这是因为，随着变形的进行，较高的温度使得动态软化和加工硬化对合金内部位错的泯灭和增殖作用达到了平衡，合金应力不再上升；温度继续升高，应变速率继续降低（0.001s⁻¹，850℃ 和 1s⁻¹，900℃），这时，曲线就会先达到峰值后再下降，最后再趋于平衡，这些特点符合动态再结晶的特征。这是因为，在应变初期形成了较大的变形储能，为再结晶的发生提供了强大的驱动力，并且，高温使原子和位错同时具有较大的动能，所以，达到峰值后，动态软化作用强于加工硬化作用，使合金的应力-应变曲线开始下降。Cu-0.2％Zr-0.15％Y；Cu-0.2％Zr-0.15％Ce、Cu-0.2Zr-0.15Nd 合金热压缩流变应力曲线见图 5-53～图 5-55。

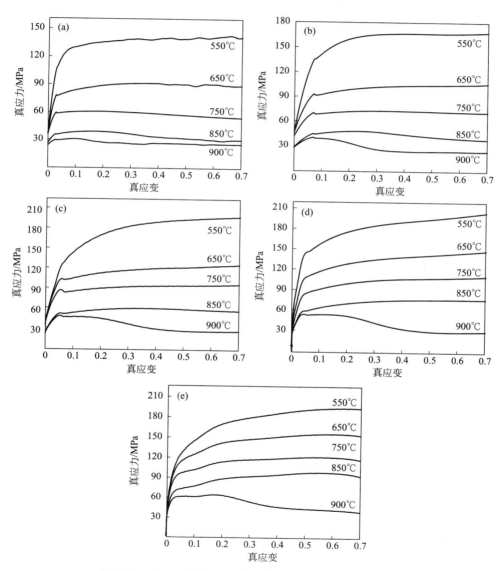

图 5-53　Cu-0.2％Zr-0.15％Y 合金热压缩流变应力曲线

（a）0.001s⁻¹；（b）0.01s⁻¹；（c）0.1s⁻¹；（d）1s⁻¹；（e）10s⁻¹

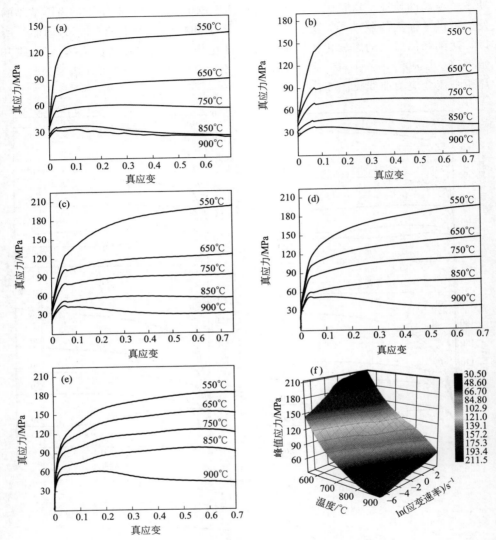

图 5-54　Cu-0.2％Zr-0.15％Ce 合金热压缩流变应力曲线

(a) 0.001s⁻¹；(b) 0.01s⁻¹；(c) 0.1s⁻¹；(d) 1s⁻¹；(e) 10s⁻¹；(f) 峰值应力-温度-应变速率

（2）变形条件对合金峰值应力的影响

不同条件下的 Cu-0.2Zr-（RE）合金峰值应力如表 5-20 所示，图 5-56(a) 为 Cu-0.2Zr 合金的峰值应力随温度和应变速率变化的三维图。通过观察，可以很明显地看出，温度降低或者应变速率升高，都会使合金的流变应力值有所升高，例如在 $0.01s^{-1}$，850℃热变形时，合金流变应力峰值为 48.8MPa，当温度降到 550℃后，峰值为 178.0MPa；升高应变速率到 $1s^{-1}$，温度为 550℃时，峰值上

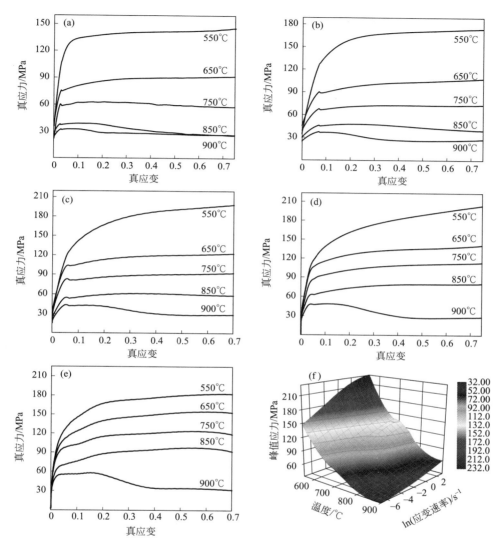

图 5-55   Cu-0.2Zr-0.15Nd 合金热压缩流变应力曲线
(a) 0.001s^{-1}；(b) 0.01s^{-1}；(c) 0.1s^{-1}；(d) 1s^{-1}；
(e) 10s^{-1}；(f) 峰值应力-温度-应变速率

升为 212.7MPa。这是因为，温度低，不利于合金动态再结晶的形核和长大，并且位错的动能较小，不易移动，导致硬化机制强于软化机制，温度越低，这种现象越明显，应力越高；而较高的应变速率，使合金内部的位错迅速增多，变形时间短，软化作用来不及使位错消失，造成材料内部位错的缠结，不易移动，合金应力升高。

表 5-20　不同条件下的 Cu-0.2Zr-(RE)合金峰值应力　　单位：MPa

合金	$\dot{\varepsilon}/s^{-1}$	550℃	650℃	750℃	850℃	900℃
Cu-0.2Zr	0.001	150.69	91.77347	62.335	38.37301	35.41017
	0.01	178.0389	107.0895	74.56993	48.79775	42.38087
	0.1	194.76	122.52	94.04573	60.33629	53.59049
	1	212.6728	151.612	111.8751	79.38117	66.98376
	10	200.3583	153.697	126.5989	97.08562	89.37496
Cu-0.2Zr-0.15Y	0.001	145.017	91.4093	60.6443	39.0541	30.7538
	0.01	169.175	107.096	72.9618	48.0488	40.2638
	0.1	198.936	127.235	97.6661	59.4153	47.5105
	1	208.289	151.597	112.266	77.1478	53.2718
	10	211.425	156.561	122.153	98.9908	64.3878
Cu-0.2Zr-0.15Ce	0.001	152.9475	90.67586	60.57674	37.34629	33.4485
	0.01	174.2983	107.3778	74.8962	48.89459	38.23171
	0.1	191.2286	125.8349	93.75195	59.71625	45.39069
	1	193.084	148.3998	114.2454	79.82095	52.54085
	10	196.2047	153.7634	125.81	97.34455	61.26269
Cu-0.2Zr-0.15Nd	0.001	147.13659	91.9516	62.905	39.0229	32.6666
	0.01	173.56574	107.62	73.0865	47.6656	37.4997
	0.1	200.70931	124.802	94.0463	61.2164	43.7319
	1	205.72179	142.39	114.272	81.1468	48.6372
	10	187.21577	154.639	123.6	97.4777	57.8072

　　其他三种合金 Cu-0.2Zr-0.15Y、Cu-0.2Zr-0.15Ce 和 Cu-0.2Zr-0.15Nd 的峰值应力随温度和应变速率变化情况的三维图分别如图 5-56(b)～图 5-56(d) 所示。和图 5-56(a) 对比发现，其曲线变化以及峰值应力变化特点和规律与 Cu-0.2Zr 合金一样，都具有三种变化趋势，并且，温度越低，应变速率越高，合金的流变应力值越大。

5.3.2.2　Cu-0.4Zr-(RE) 合金

（1）真应力-真应变曲线

　　根据热模拟试验所得数据，分别绘制三种 Cu-Zr-(RE) 合金的真应力-真应变曲线示于图 5-57～图 5-59。

　　从图 5-57～图 5-59 可以看出，三种合金有相同的变化趋势。以 Cu-0.4Zr-0.15Ce 为例，由图 5-59 可见，在给定热压缩试验条件下，当应变速率一定时，变形温度升高，所对应的流变应力越低 [图 5-59(c)]；变形温度一定时，流变应力随应变速率的升高而增大 [图 5-59(f)]；在较低温度 [图 5-59(c) 中 550～750℃] 和较高应变速率 [图 5-59(f) 中 0.1～10s^{-1}] 条件下，曲线先快速上升后趋于平缓，且无突出的流变应力，没有出现剧烈的软化态势，呈现出典型的动态回复特征；随着温度的升高 [图 5-59(c) 中 850～900℃] 和应变速率的降低 [图 5-59(f) 中 0.01～0.001s^{-1}]，真应力-真应变曲线在整个变化中先上升到一

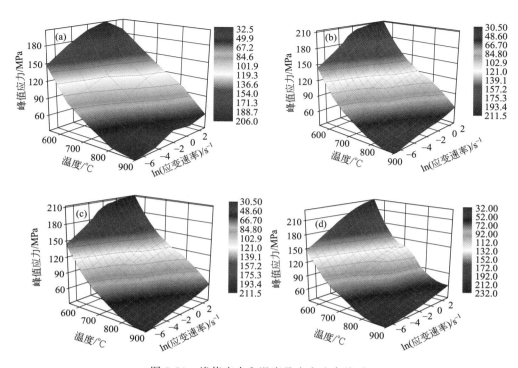

图 5-56　峰值应力和温度及应变速率关系
（a）Cu-0.2Zr 合金；（b）Cu-0.2Zr-0.15Y 合金；（c）Cu-0.2Zr-0.15Ce 合金；
（d）Cu-0.2Zr-0.15Nd 合金

个峰值后开始下降，最终趋于平稳，说明在此条件下合金发生了动态再结晶。

从图 5-59 中还可以看出，在变形开始阶段，存在明显的加工硬化，应力随着应变的增加迅速增大[61,62]。其影响因素有两个：其一是加工硬化，这是由位错增殖及自身的相互作用形成的；其二是动态软化，在热激活和外加应力作用下，动态软化是由位错合并、重组引起的；两者同时进行、相互竞争[61]。在较低温度和较高应变速率 [图 5-59（c）中 550～750℃和图 5-59（f）中 0.1～10s^{-1}]条件下，合金能量缓慢攀升，以致不稳定，合金软化效果次于加工硬化的，流变应力升高变缓，合金发生了动态回复；而在高温与低应变速率 [图 5-59（c）中850～900℃和图 5-59（f）中 0.01～0.001s^{-1}]条件下，在到达峰值应力之后，随着应变的增大，应力在峰值保持短暂的时间后，逐渐降低，合金发生了动态再结晶，这是由于动态再结晶的软化效应高于加工硬化的效应，导致这一阶段在总体上表现出应变软化。随着应变进一步增加，流变应力基本不随应变的增加而发生变化或者略有下降，该阶段就是稳态流变阶段。二者处于动态平衡状态时，软化是由动态再结晶引起的，此时就产生了稳态流变应力。其他条件相同时，变形

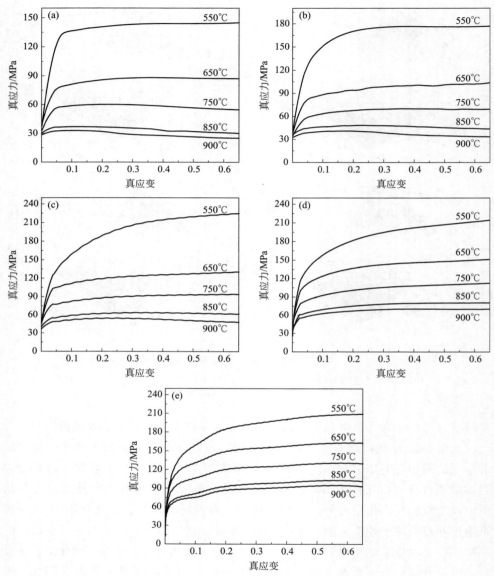

图 5-57　Cu-0.4Zr 合金的真应力-真应变曲线

（a）$\dot{\varepsilon}=0.001s^{-1}$；（b）$\dot{\varepsilon}=0.01s^{-1}$；（c）$\dot{\varepsilon}=0.1s^{-1}$；（d）$\dot{\varepsilon}=1s^{-1}$；（e）$\dot{\varepsilon}=10s^{-1}$

温度的降低可使得加工硬化加剧，而应变速率的增大同样也能促进加工硬化，峰值应力也随着硬化的升高而升高，并且动态再结晶的临界值增大，即在较低温度、较高应变速率条件下，动态再结晶发生很慢；与之相反，在高温低应变速率条件下，动态再结晶发生很快。

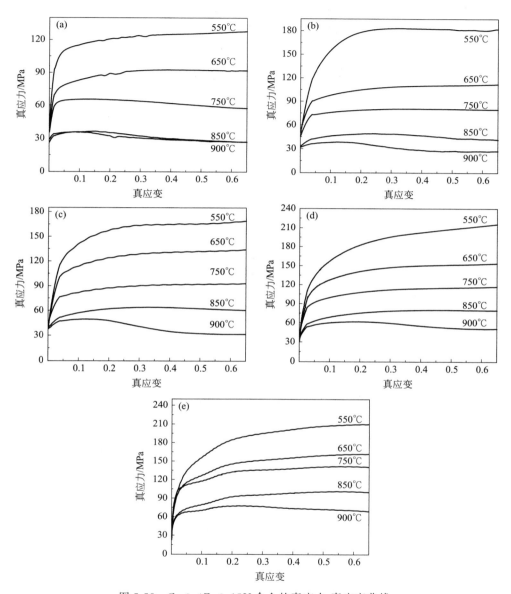

图 5-58 Cu-0.4Zr-0.15Y 合金的真应力-真应变曲线

（a）$\dot{\varepsilon}=0.001s^{-1}$；（b）$\dot{\varepsilon}=0.01s^{-1}$；（c）$\dot{\varepsilon}=0.1s^{-1}$；（d）$\dot{\varepsilon}=1s^{-1}$；（e）$\dot{\varepsilon}=10s^{-1}$

（2）变形条件对合金峰值应力的影响

Cu-0.4Zr-(RE) 合金在试验工艺条件下的峰值应力汇总于表 5-21，变形温度和应变速率对 Cu-Zr-(RE) 合金的峰值应力的影响曲线，见图 5-60。

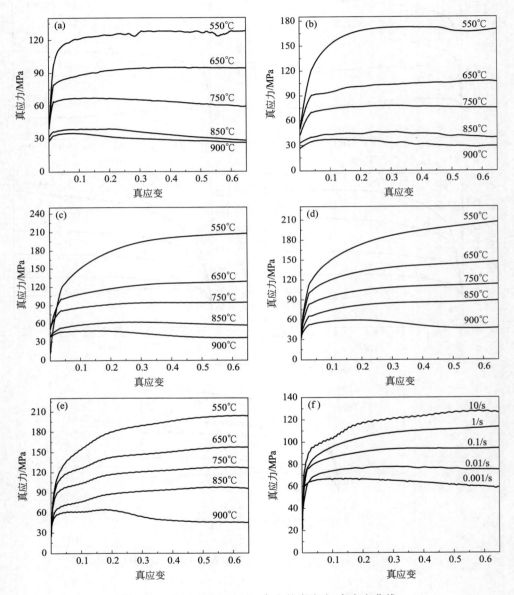

图 5-59 Cu-0.4Zr-0.15Ce 合金的真应力-真应变曲线

（a）$\dot{\varepsilon}=0.001s^{-1}$；（b）$\dot{\varepsilon}=0.01s^{-1}$；（c）$\dot{\varepsilon}=0.1s^{-1}$；（d）$\dot{\varepsilon}=1s^{-1}$；（e）$\dot{\varepsilon}=10s^{-1}$；（f）$T=750℃$

表 5-21　不同条件下的 Cu-0.4Zr-(RE) 合金峰值应力　单位：MPa

合金	$\dot{\varepsilon}/s^{-1}$	550℃	650℃	750℃	850℃	900℃
Cu-0.4Zr	0.001	147.84	89.16	60.83	37.89	33.86
	0.01	180.35	108.61	71.59	50.18	42.41
	0.1	201.33	136.16	98.45	65.96	56.19
	1	222.99	157.34	117.48	83.51	73.48
	10	231.41	166.14	133.96	105.95	97.98
Cu-0.4Zr-0.15Y	0.001	131.45	93.18	66.01	43.36	37.19
	0.01	184.26	115.24	81.49	51.08	39.99
	0.1	209.07	137.86	95.25	64.62	50.17
	1	223.29	158.35	121.11	82.27	65.05
	10	234.77	164.74	144.86	104.48	81.93
Cu-0.4Zr-0.15Ce	0.001	163.49	96.11	68.84	52.97	44.47
	0.01	173.76	110.73	79.57	59.99	49.84
	0.1	191.77	132.56	97.11	64.27	55.91
	1	215.25	152.76	117.43	93.16	62.84
	10	231.44	160.39	130.86	101.12	68.53

结合表 5-21 及图 5-60 可以看出，三种合金有相同的变化趋势。以 Cu-0.4Zr 合金为例，当变形温度一定时，随着应变速率的增大，材料的峰值应力迅速升高，如 750℃时，应变速率由 0.001s⁻¹ 变化为 10s⁻¹ 时，峰值应力由 60.83MPa 迅速提升到 133.96MPa。同理，在应变速率一定时，合金的峰值应力随温度升高而急速减小。如在 10s⁻¹ 时，峰值应力值由 550℃时的 231.41MPa、降低到 900℃时的 97.98MPa。综合分析得出，变形温度和应变速率大大影响着合金的峰值应力。

5.3.2.3　Cu-1.0Zr-(RE) 合金

（1）真应力-真应变曲线

图 5-61～图 5-63 分别为 Cu-1.0Zr、Cu-1.0Zr-0.15Y 和 Cu-1.0Zr-0.15Ce 合金在不同变形温度和应变速率下的真应力-真应变关系曲线。这三种合金的真应力-真应变曲线有相似的变化趋势，在应变速率一定时，流变应力随温度的升高而降低；在变形温度一定时，流变应力随应变速率的升高而增大，说明变形温度和应变速率对合金的流变应力有显著影响。在高温热变形过程中，三种合金在 550～750℃之间具有典型的动态回复特征，在 850～900℃具有典型的动态再结晶特征。

在高温热变形初期，真应变逐渐增大，合金的流变应力急剧升高，真应变继续增大，流变应力的增速放缓，最终趋于某一应力值或呈缓慢增加或下降，表明合金具有比较复杂的热变形机制。在热变形过程中，晶粒受到挤压变形，从而导致晶格畸变，使晶粒内部位错密度急剧上升，位错相互发生堆积和切割，形成网络状的位错缠绕结构，产生加工硬化现象。在较低温度下，变形合金内部应力积

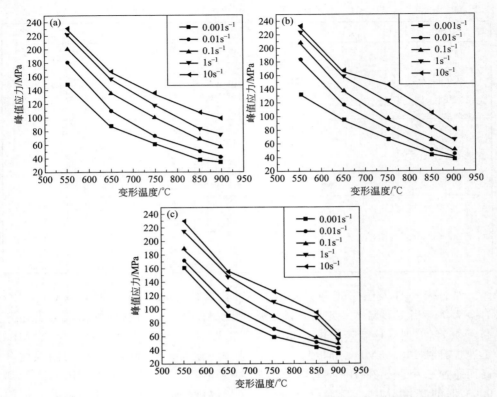

图 5-60　应变速率、变形温度对 Cu-Zr-(RE) 合金的峰值应力的影响曲线
(a) Cu-0.4Zr；(b) Cu-0.4Zr-0.15Y；(c) Cu-0.4Zr-0.15Ce

累到一定程度，会发生动态回复，使位错密度有所降低，在真应力-真应变曲线会出现缓慢地上升，如图 5-61(d) 中的 550℃。在变形温度较高或应变速率较低时，变形过程伴随动态再结晶晶核的形成和长大，合金软化速率大于形变硬化速率，在真应力-真应变曲线会出现缓慢的下降，如图 5-61(b) 中的 900℃；当形变硬化速率与动态回复和动态再结晶速率相当时，真应力-真应变曲线趋于稳态，如图 5-61(c) 中 650℃。造成上述不同规律的主要原因是热加工过程中动态硬化和动态软化同时发生且相互竞争。

(2) 变形条件对合金峰值应力的影响

提高合金的应变速率，会产生更多位错，位错密度升高，合金峰值应力增大。同时应变速率的升高，使变形时间减少，阻碍了再结晶晶粒的形核和长大，不利于动态再结晶的发生。通过对比 Cu-1.0Zr、Cu-1.0Zr-0.15Ce 合金的真应力-真应变曲线能够发现，加入稀土元素 Ce，在变形温度较低、应变速率较小时，可以提高 Cu-Zr 合金的峰值应力，如在应变速率为 0.01s⁻¹ 时的 650℃，其峰值

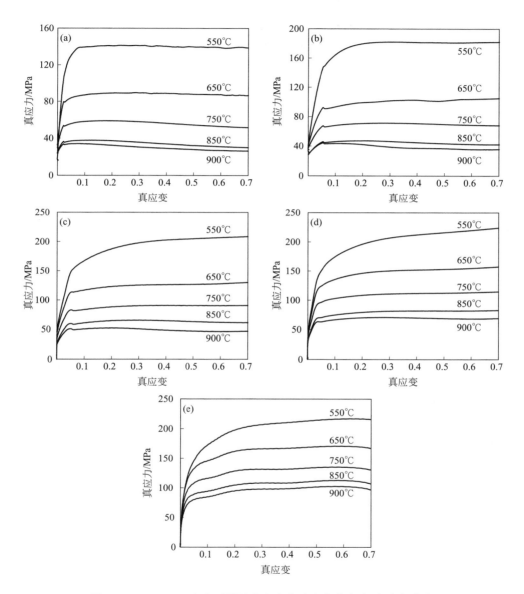

图 5-61 Cu-1.0Zr 合金不同温度和应变速率的真应力-真应变曲线

(a) $\dot{\varepsilon}=0.001s^{-1}$; (b) $\dot{\varepsilon}=0.01s^{-1}$; (c) $\dot{\varepsilon}=0.1s^{-1}$; (d) $\dot{\varepsilon}=1s^{-1}$; (e) $\dot{\varepsilon}=10s^{-1}$

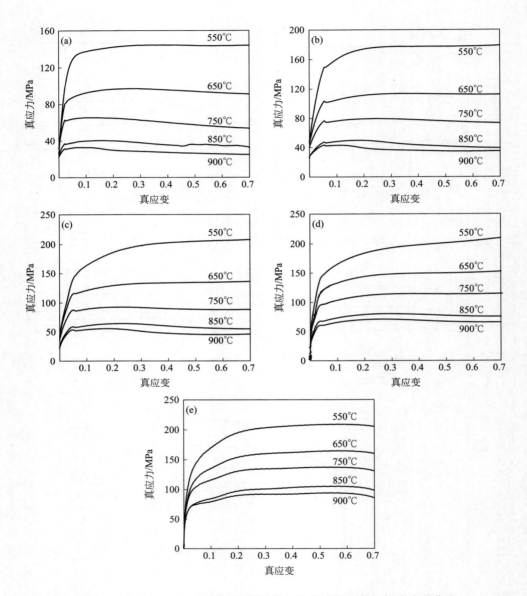

图 5-62　Cu-1.0Zr-0.15Y 合金不同温度和应变速率的真应力-真应变曲线

(a) $\dot{\varepsilon}=0.001\mathrm{s}^{-1}$；(b) $\dot{\varepsilon}=0.01\mathrm{s}^{-1}$；(c) $\dot{\varepsilon}=0.1\mathrm{s}^{-1}$；(d) $\dot{\varepsilon}=1\mathrm{s}^{-1}$；(e) $\dot{\varepsilon}=10\mathrm{s}^{-1}$

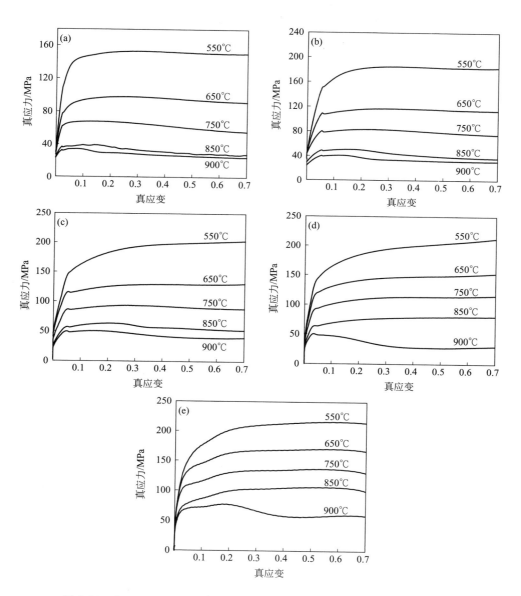

图 5-63　Cu-1.0Zr-0.15Ce 合金不同温度和应变速率的真应力-真应变曲线

(a) $\dot{\varepsilon}=0.001\mathrm{s}^{-1}$；(b) $\dot{\varepsilon}=0.01\mathrm{s}^{-1}$；(c) $\dot{\varepsilon}=0.1\mathrm{s}^{-1}$；(d) $\dot{\varepsilon}=1\mathrm{s}^{-1}$；(e) $\dot{\varepsilon}=10\mathrm{s}^{-1}$

应力提高了约 10%，这与稀土元素在 Cu-Zr 合金中的固溶强化与第二相弥散强化效应有关。表 5-22 为不同变形温度和应变速率下 Cu-1.0Zr-(RE) 合金的峰值应力。

表 5-22　不同变形温度和应变速率下 Cu-1.0Zr-(RE) 合金的峰值应力

单位：MPa

合金	应变速率/s^{-1}	550℃	650℃	750℃	850℃	900℃
Cu-1.0Zr	0.001	142.2	89.5	59.4	38.2	34.0
	0.01	188.2	106.4	71.3	47.2	44.4
	0.1	210.4	132.4	91.6	67.1	54.2
	1	229.0	160.1	116.2	85.1	73.7
	10	220.9	173.6	138.4	115.9	102.7
Cu-1.0Zr-0.15Y	0.001	145.2	97.5	66.3	40.1	32.6
	0.01	180.1	113.4	79.2	49.6	43.3
	0.1	208.9	137.9	92.6	64.2	55.4
	1	214.2	150.2	114.0	77.7	66.6
	10	209	164.7	137.4	105.3	94.2
Cu-1.0Zr-0.15Ce	0.001	153.2	98.0	68.0	39.4	34.4
	0.01	184.9	117.2	83.2	50.6	40.8
	0.1	206.0	132.9	94.1	63.6	50.7
	1	216.0	157.0	119.2	82.9	52.9
	10	218.0	170.9	137.7	107.2	77.3

5.3.3　本构方程

5.3.3.1　Cu-0.2Zr-(RE) 合金

表 5-23 是 Cu-0.2Zr-(RE) 合金的热变形激活能和本构方程。

表 5-23　Cu-0.2Zr-(RE) 合金的热变形激活能和本构方程

合金	$Q/(kJ/mol)$	本构方程
Cu-0.2Zr	387.942	$\dot{\varepsilon}=6.9\times10^{17}[\sinh(0.012\sigma)]^{8.65}\exp\left(\dfrac{-387942}{RT}\right)$
Cu-0.2Zr-0.15Y	519.248	$\dot{\varepsilon}=7.75\times10^{25}[\sinh(0.012\sigma)]^{9.12}\exp\left(\dfrac{-519248}{RT}\right)$
Cu-0.2Zr-0.15Ce	498.030	$\dot{\varepsilon}=7.9\times10^{23}[\sinh(0.013\sigma)]^{9.25}\exp\left(\dfrac{-498030}{RT}\right)$
Cu-0.2Zr-0.15Nd	529.448	$\dot{\varepsilon}=6.9\times10^{25}[\sinh(0.012\sigma)]^{9.72}\exp\left(\dfrac{-529448}{RT}\right)$

材料热变形过程中的激活能是一个重要的力学性能参数，也是评价合金材料热塑性难易程度的一个重要标准，激活能 Q 值越大，材料的变形越困难。

从表 5-23 可以看出，Cu-0.2Zr-(RE) 合金热激活能的大小，发现加入稀土后合金的热激活能较 Cu-0.2Zr 基体合金均有明显升高。相比 Cu-0.2Zr 合金，加入 Y、Ce、Nd 后，三种合金的激活能分别提高了 33.8%、28.4%、36.5%。这一现象说明，稀土的加入使得变形过程中原子运动跨越的"门槛值"较高，这是因为和铜原子相比，稀土原子半径比较大，加入稀土后，基体合金就会引起一定的晶格畸变，造成位错增多，产生缠结等现象，使得位错和晶界的移动难以进行，克服此障碍需要有更多的外界能量，从而引起了较高的热激活能。

5.3.3.2　Cu-0.4Zr-(RE) 合金

表 5-24 是 Cu-0.4Zr-(RE) 合金的热变形激活能及本构方程。

表 5-24　Cu-0.4Zr-(RE) 合金的热变形激活能及本构方程

合金	$Q/(kJ/mol)$	本构方程
Cu-0.4Zr	344.185	$\dot{\varepsilon}=e^{39.19}[\sinh(0.00866\sigma)]^{9.09347}\exp\left(-\dfrac{344185}{8.314T}\right)$
Cu-0.4Zr-0.15Y	371.258	$\dot{\varepsilon}=e^{41.00}[\sinh(0.00972\sigma)]^{9.1913}\exp\left(-\dfrac{371258}{8.314T}\right)$
Cu-0.4Zr-0.15Ce	486.284	$\dot{\varepsilon}=e^{55.68}[\sinh(0.00886\sigma)]^{13.3467}\exp\left(-\dfrac{486274}{8.314T}\right)$

从表 5-24 可以看出，与 Cu-0.4Zr 合金相比，Cu-0.4Zr-0.15Y 合金的热变形激活能增加了 27.073kJ/mol，升高了 7.9%；Cu-0.4Zr-0.15Ce 合金的热变形激活能增加了 142.099kJ/mol，升高了 41.3%。上述结果表明，稀土元素 Y 和 Ce 使合金的热变形激活能显著提高。在本试验条件下，稀土元素 Ce 对合金热变形激活能的影响远大于稀土元素 Y，热变形激活能是衡量材料变形程度难易的重要指标，热激活能代表原子跃迁所需要克服能垒的大小，热变形激活能越高说明变形需要的能量越大，材料越不易变形。从元素周期表中查出 Cu、Zr、Y 和 Ce 的原子半径分别为 0.1278nm、0.159nm、0.18nm、0.1825nm，由此可知 Cu、Zr、Y 和 Ce 的原子半径差别较大，造成了一定程度的晶格畸变，对位错起到钉扎作用，增加了位错迁移需要的能量，所以材料中异质溶质原子越多，热变形激活能越高，合金的强硬度越高。

5.3.3.3　Cu-1.0Zr-(RE) 合金

表 5-25 是 Cu-1.0Zr-(RE) 合金的热变形激活能及本构方程。

表 5-25　Cu-1.0Zr-(RE) 合金的热变形激活能及本构方程

合金	$Q/(kJ/mol)$	本构方程
Cu-1.0Zr	322.18	$\dot{\varepsilon}=3.61\times10^{14}[\sinh(0.011\sigma)]^{7.50}\exp\left(-\dfrac{322.18\times10^3}{RT}\right)$
Cu-1.0Zr-0.15Y	379.16	$\dot{\varepsilon}=1.63\times10^{17}[\sinh(0.012\sigma)]^{8.70}\exp\left(-\dfrac{379.16\times10^3}{RT}\right)$
Cu-1.0Zr-0.15Ce	430.51	$\dot{\varepsilon}=1.22\times10^{20}[\sinh(0.011\sigma)]^{9.59}\exp\left(-\dfrac{430.51\times10^3}{RT}\right)$

表 5-26 为添加 Zr 元素对纯铜热变形激活能的影响。纯铜的热变形激活能为 209.45kJ/mol[48]，Cu-1.0Zr 合金的热变形激活能为 322.18kJ/mol。与纯铜的热压缩变形相比，Cu-1.0Zr 合金热压缩变形过程中的热变形激活能增加了 54%。这是因为在热压缩变形过程中，一方面所添加的 Zr 元素起到了比较好的固溶强化作用，Zr 元素与晶界发生交互作用，使 Zr 元素容易在晶界处聚集，阻碍位错的运动和晶界的迁移；另一方面 Cu-1.0Zr 合金中存在较多的细小析出相和过剩相，对位错有一定的钉扎作用，因此所需的热激活能显著增加。

表 5-26   Zr 元素对纯铜热变形激活能的影响

项目	纯铜	Cu-1.0Zr 合金	添加 Zr 的影响
热变形激活能	209.45kJ/mol[48]	322.18kJ/mol	增加 54%

表 5-27、表 5-28 分别为稀土 Y 和稀土 Ce 对 Cu-1.0Zr 合金的热变形激活能的影响。Cu-1.0Zr 合金的热变形激活能为 322.18kJ/mol，Cu-1.0Zr-0.15Y 合金的热变形激活能为 379.16kJ/mol，Cu-1.0Zr-0.15Ce 合金的热变形激活能为 430.15kJ/mol，添加稀土 Y 和 Ce 使 Cu-1.0Zr 合金的热变形激活能分别增加了 18% 和 34%。一方面，稀土元素 Y 和 Ce 加入在 Cu 中起到了固溶强化效应。Cu 的原子半径为 0.128nm，Y 的原子半径为 0.180nm，Ce 的原子半径为 0.182nm，Y 的原子半径与 Cu 的原子半径之差达 41%，Ce 的原子半径与 Cu 的原子半径之差达 42.8%，原子半径相差都非常大，因此稀土 Y 和 Ce 在 Cu 中的固溶度极小，固溶强化效应比较明显。而且 Cu 的层错能比较低[49]，扩展位错的宽度较大，难以通过交滑移和刃型位错的攀移与异号位错抵消，同号的不全位错形成束集，使位错移动时所需的能量增加，因此在高温热变形过程中，所需的热变形激活能增大。另一方面，稀土 Y 和 Ce 还具有净化基体、脱氧、除杂的作用，大部分 Y 和 Ce 以氧化物 YO_2、CeO_2 的形式存在，因此表现出一定的弥散强化效应。上述因素综合作用，使稀土 Y、Ce 微合金化的 Cu-1.0Zr-0.15Y、Cu-1.0Zr-0.15Ce 合金的热变形激活能升高。Ce 为轻稀土，原子序数和质量较小，Y 为重稀土，原子序数和质量较大，Ce 与 O 形成氧化物的体积分数比 Y 与 O 形成氧化物的体积分数高，因此添加 Ce 对热变形激活能的影响更加显著。

表 5-27   稀土 Y 对 Cu-1.0Zr 合金热变形激活能的影响

项目	Cu-1.0Zr 合金	Cu-1.0Zr-0.15Y 合金	添加 Y 的影响
热变形激活能	322.18kJ/mol	379.16kJ/mol	增加 18%

表 5-28   稀土 Ce 对 Cu-1.0Zr 合金热变形激活能的影响

项目	Cu-1.0Zr 合金	Cu-1.0Zr-0.15Ce 合金	添加 Ce 的影响
热变形激活能	322.18kJ/mol	430.51kJ/mol	增加 34%

5.3.4 热加工图

5.3.4.1 Cu-0.2Zr-（RE）合金

图 5-64（a）中，合金的热加工图中画斜线部分为"不安全区域"，其他部分是"安全区域"，图中线上的数值是功率耗散值（η），该值的大小，表示组织演变消耗能量的多少，所以，在选定合金最佳加工条件时，一定要选择图中没有加斜线并且耗散值大的区域，例如在该图中，Cu-0.2Zr 合金的最佳加工条件为：$750 \sim 900℃$，$0.001 \sim 0.05s^{-1}$。

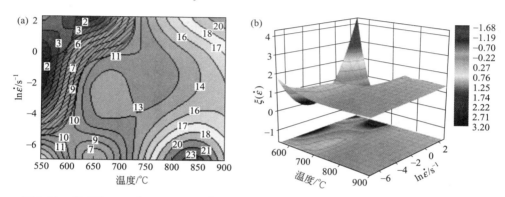

图 5-64 应变为 0.2 时，Cu-0.2Zr 合金的热加工图（a）和对应的 $\xi(\dot{\varepsilon})$ 值三维图（b）

同样的方法，Cu-0.2Zr 合金在其他应变条件下以及其他三种合金（Cu-0.2Zr-0.15Y、Cu-0.2Zr-0.15Ce 和 Cu-0.2Zr-0.15Nd）在应变为 0.4 时，对应的热加工图和耗散因子三维图分别如图 5-65～图 5-68 所示。

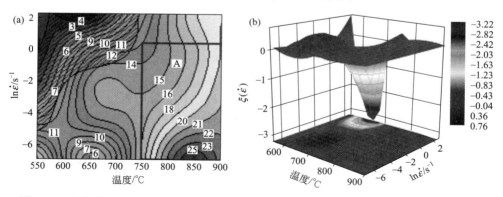

图 5-65 应变为 0.4 时，Cu-0.2Zr 合金的热加工图（a）和对应的 $\xi(\dot{\varepsilon})$ 值三维图（b）

在以上图中可知，高应变速率容易导致合金流变失稳，而在低变形速率，温度高的地方会得到较高的耗散值，所以，结合高耗散值和安全区"共存"的原则，可以找到图中最佳的加工范围（见图中用字母 A 标志的部分）。

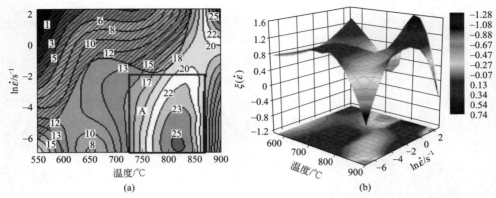

图 5-66　应变为 0.4 时，Cu-0.2Zr-0.15Y 合金的热加工图（a）
和对应的 ξ（ε̇）值三维图（b）

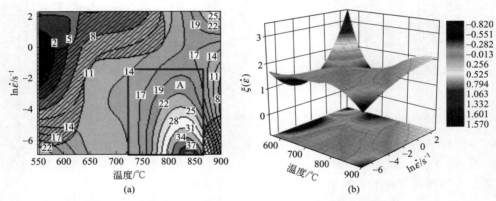

图 5-67　应变为 0.4 时，Cu-0.2Zr-0.15Ce 合金的热加工图（a）
和对应的 ξ（ε̇）值三维图（b）

　　图 5-69 为 Cu-0.2Zr-0.1Y 合金的部分显微组织图。在图 5-69（a）中可以看到，由于压缩，所以晶粒都呈现扁长形，因为具有低温（650℃）高应变速率（$10s^{-1}$），所以，在图中找不到其他形状的晶粒，在此区域进行热加工易导致位错集中，使应力过大，以致产生裂纹而断裂，是不稳定的；降低应变速率到 $0.001s^{-1}$，因为在晶界处容易形核，所以，在图 5-69（b）中可以看到在晶界的周围有细小晶粒的出现，这种类型的晶粒也被称为"项链组织"，此区域进行热加工，由于晶粒大小不一，性能不稳定，产生缺陷，要避免在此范围加工；图 5-69（c）是处于较高试验温度（850℃）和较低压缩速率（$0.1s^{-1}$）的显微组织，图中整个视野范围布满了大小均匀的等轴晶，这就意味着在此条件下发生了动态再结晶，因为晶粒大小均匀、细小，所以，在这个范围内进行合金的热加工是最佳选择；在图 5-69（d）中，因温度较高，所以再结晶较 850℃时更容易发生，并且，完成整个再结晶过程也会用时较短，因为热压缩速率一样，所以有多余的时

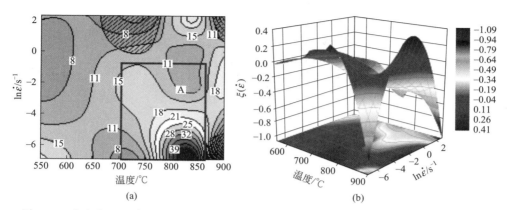

图 5-68　应变为 0.4 时，Cu-0.2Zr-0.15Nd 合金的热加工图（a）和对应的值三维图（b）

间使再结晶晶粒长大，长大的晶粒在压缩过程中没有细小的晶粒稳定，所以，此区域也是热加工时尽量回避的区域。

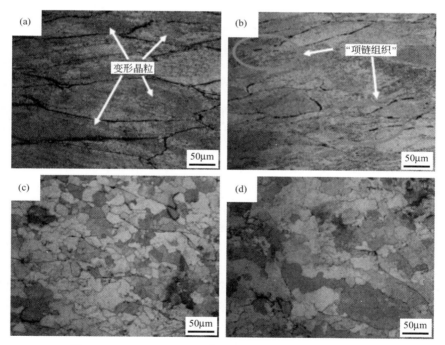

图 5-69　Cu-0.2Zr-0.15Y 合金在不同条件下的显微组织图

（a）650℃，10s⁻¹；（b）650℃，0.001s⁻¹；（c）850℃，0.1s⁻¹；（d）900℃，0.1s⁻¹

对于 Cu-0.2Zr-0.15Y 合金，热加工的最佳范围是：720～870℃，0.001～0.13s⁻¹，对应的耗散值为 17%～25%。对于 Cu-0.2%Zr 合金，热加工的最佳

范围是：750～900℃，0.001～1s^{-1}，对应的耗散值为15％～25％。对于Cu-0.2Zr-0.15Ce合金，热加工的最佳范围是：720～870℃，0.001～0.1s^{-1}，对应的耗散值为17％～37％。对于Cu-0.2％Zr-0.15％Nd合金，热加工的最佳范围是：750～855℃，0.001～0.1s^{-1}，对应的耗散值为15％～39％。综合分析，Cu-0.2Zr-(0.15RE)合金热加工工艺的最佳参数范围均在770～870℃、0.001～0.07s^{-1}。

5.3.4.2　Cu-0.4Zr-(RE) 合金

图5-70～图5-72所示分别为三种Cu-0.4Zr-(RE)合金的热加工图。

从图5-70～图5-72中可以看出，三种合金有相同的变化趋势。以Cu-0.4Zr-0.15Ce合金在应变为0.3和0.5的热加工图为例，即图5-72(c)和图5-72(e)，图中的等高线表示相同的功率耗散效率，线条上的数值指的是Cu-0.4Zr-0.15Ce合金在对应变形条件下的功率耗散效率的η数值的高低，其值越高，合金的热加工性能越好；灰色地带表示失稳区域。

由图5-72可以看出，随着变形温度的升高及应变速率的减小，能量耗散效率逐步增大；且随变形量增大，失稳区面积随之扩大。在应变为0.3的热加工图中有两个失稳区：温度为550～625℃，较高应变速率0.1～10s^{-1}的区域和较高变形温度750～900℃以及较高应变速率0.1～10s^{-1}的区域。应变为0.5的热加工图中有一个失稳区：温度为550～900℃，较高应变速率0.1～10s^{-1}的区域。

在低温高应变区，材料的局部塑性流动造成流变失稳，即机械孪生引起的局部流变[67]；而在高温高应变区材料的晶界和相界更易发生滑动，且界面滑移产生应力集中，最终可能导致开裂。

在失稳的灰色区内，η数值随变形速率的升高逐渐减小，加工性能随着应变速率的增大逐渐变差。主要是由于应变速率较高，在短暂的时间内发生大量的形变，形变储存能还没来得及消耗掉，而主要消耗方式为动态再结晶或者动态回复，因此产生的热量不能及时向四周传递，变形就逐渐向一个区域集中，从而形成热塑性失稳或出现了流变失稳[62~64]。因而制定加工工艺时，应避开这类区域。

在安全的白色加工区域里，η数值越大，材料的加工性能随η数值的增大而进一步优化，功率耗散因子随变形速率的减小逐渐升高，随变形温度的降低逐渐减小。在此区域内，在热加工过程中，由于材料发生了动态再结晶，导致了基体内部产生的大量缺陷发生对消，内应力获得释放，材料发生了软化，从而使材料具有良好的热加工性能。此外，动态再结晶还改善了材料的微观组织，促进了材料综合性能的提升[65]。所以，制定热加工工艺时，应优先选择动态再结晶区[66,67]。

从图5-72中可以看出，处于动态再结晶区较大的能量耗散效率η数值，主

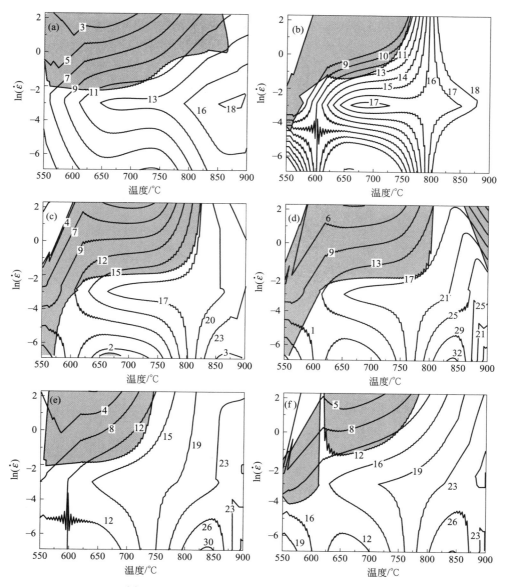

图 5-70　不同应变下 Cu-0.4Zr 合金的热加工图

(a) ε=0.1；(b) ε=0.2；(c) ε=0.3；(d) ε=0.4；(e) ε=0.5；(f) ε=0.6

要分布在应变速率为 0.001~0.12s^{-1}，温度为 550~900℃的范围内，该区域为较理想的热加工工艺参数范围。

由图 5-70 和图 5-71 可知，Cu-0.4Zr 合金应选择在变形温度为 618~900℃、应变速率范围为 0.001~0.13s^{-1} 的区域加工，Cu-0.4Zr-0.15Y 合金应选择在变

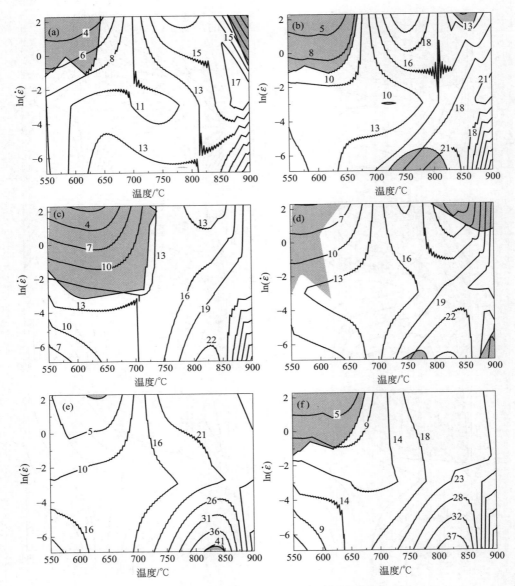

图 5-71　不同应变下 Cu-0.4Zr-0.15Y 合金的热加工图

（a）ε=0.1；（b）ε=0.2；（c）ε=0.3；（d）ε=0.4；（e）ε=0.5；（f）ε=0.6

形温度为 625～900℃、应变速率范围为 0.001～0.038s⁻¹ 的区域加工。

　　结合显微组织分析，可以为热加工工艺参数的制定提供更有效的判据。选取 Cu-0.4Zr-0.15Ce 合金应变为 0.5 的热加工图，对不同区域相应热变形工艺的微观组织进行了分析，如图 5-73 所示。合金经 900℃×1h 固溶，之后水淬的微观

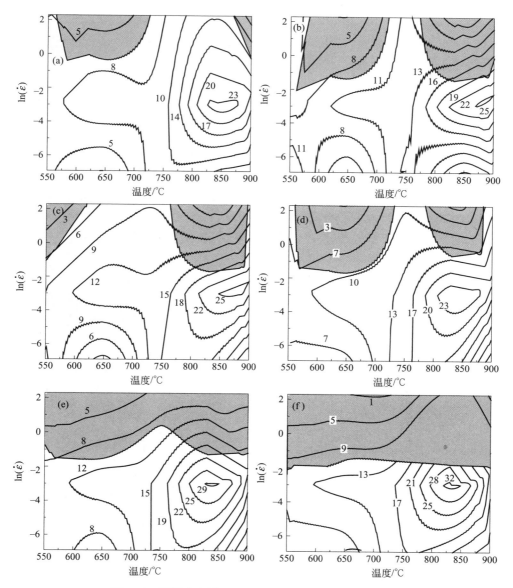

图 5-72　不同应变下 Cu-0.4Zr-0.15Ce 合金的热加工图

(a) ε＝0.1；(b) ε＝0.2；(c) ε＝0.3；(d) ε＝0.4；(e) ε＝0.5；(f) ε＝0.6

组织如图 5-73(a) 所示，可以看出，组织内部存在大量的等轴晶和孪晶。

合金在应变速率为 $1s^{-1}$、变形温度为 650℃ 条件下的微观组织如图 5-73(b) 所示，为被拉长的纤维状不稳定晶粒，对应图 5-72(e) 中温度为 550～750℃、应变速率为 $1～10s^{-1}$ 的非稳定灰色区域。在低温高应变速率下，高密度位错区

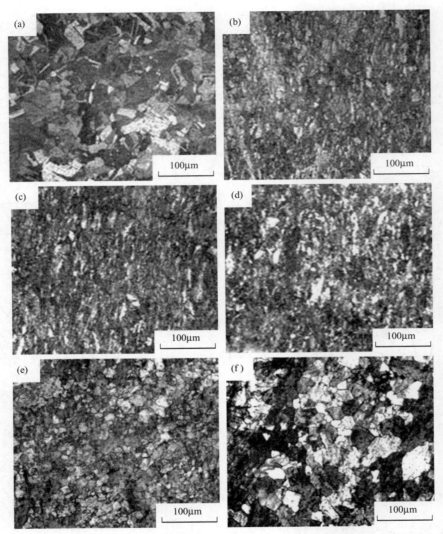

图 5-73　不同热变形条件下 Cu-0.4Zr-0.15Ce 合金的微观组织

（a）原始组织；（b）$T=650℃$，$\dot{\varepsilon}=1s^{-1}$；（c）$T=750℃$，$\dot{\varepsilon}=1s^{-1}$；（d）$T=850℃$，$\dot{\varepsilon}=1s^{-1}$；

（e）$T=850℃$，$\dot{\varepsilon}=0.001s^{-1}$；（f）$T=900℃$，$\dot{\varepsilon}=0.1s^{-1}$

易在溶质原子四周形成，导致材料失稳，附近界面处的晶格产生畸变造成了应力集中，当应力值超过合金强度时，产生晶间裂纹，造成断裂；而且在较短时间内，动态回复和动态再结晶不能充分进行，软化效应无法与加工硬化的效应相抗衡[71]。

合金在应变速率为 $1s^{-1}$，变形温度为 750℃和 850℃条件下的微观组织分别如图 5-73(c) 和图 5-73(d) 所示，此时合金晶粒为混晶组织，细小的动态再结晶晶粒和拉长的原始晶粒构成了混晶组织，发生了部分动态再结晶，对应图 5-72 (e) 中温度为 750～900℃、应变速率为 1～10s^{-1} 的非稳定灰色区域。形成部分动态再结晶的原因在于热加工过程中，动态回复不能完全对抗加工硬化效应，并随着变形量增大，大量第二相粒子造成局部位错塞积，位错密度不断增大。当变形量积累到一定程度后，由金属位错应力场造成的畸变能积累达到动态再结晶所必需的能量，新的还未变形的再结晶核心就在原始晶界处形成了，开始了部分动态再结晶。当热加工在部分再结晶区域进行时，很容易产生缺陷甚至形成裂纹，这是微观组织不稳定造成的，在热加工过程中应重点避开该区域[72]。

合金在应变速率为 0.001s^{-1}、变形温度 850℃ 和应变速率为 0.1s^{-1}、变形温度 900℃ 的微观组织分别如图 5-73(e) 和图 5-73(f) 所示，合金发生了完全的动态再结晶，均出现了动态再结晶形成的分布均匀的细小等轴晶粒，对应图5-73 (e) 中温度为 800～900℃、应变速率为 0.001～0.1s^{-1} 的"白色安全区"，加工性好。可见，合金的微观组织演变规律较好地说明了图 5-72 所确定的热加工工艺参数是合适的。

综合上述分析可知，在本试验条件下，三种 Cu-0.4Zr-(RE) 合金最佳热加工工艺参数范围：Cu-0.4Zr 合金，变形温度 618～900℃、应变速率 0.001～0.13s^{-1}；Cu-0.4Zr-0.15Y 合金，变形温度 625～900℃、应变速率 0.001～0.038s^{-1}；Cu-0.4Zr-0.15Ce 合金，变形温度 550～900℃、应变速率 0.001～0.12s^{-1}。

5.3.4.3　Cu-1.0Zr-(RE) 合金

图 5-74 为 Cu-1.0Zr 合金在应变量为 0.4 和 0.6 时的热加工图。图 5-74(a) 中失稳区在温度为 550～800℃、应变速率为 0.004～10s^{-1}，合金热加工应远离失稳区，适合加工区域为温度 770～900℃、应变速率为 0.001～0.1s^{-1}，功率耗

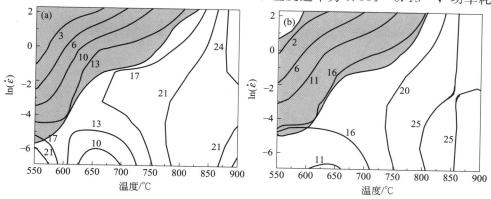

图 5-74　Cu-1.0Zr 合金在不同应变量下的热加工图
(a) ε＝0.4；(b) ε＝0.6

散值为 21%～24%。图 5-74（b）中失稳区主要集中在温度为 550～800℃、应变速率为 $0.01～10s^{-1}$，适合加工区域为温度 770～900℃、应变速率 $0.001～0.1s^{-1}$，功率耗散值为 20%～25%。总体上看，Cu-1.0Zr 合金在应变量为 0.4 和 0.6 时的热加工图差别不是特别大。因此 Cu-1.0Zr 合金适宜加工区域为温度 770～900℃、应变速率为 $0.001～0.1s^{-1}$。

5.3.5　热变形组织演变

5.3.5.1　Cu-0.2Zr-（RE）合金

以 Cu-0.2Zr-0.15Y 合金在不同速率下压缩后的显微组织为例。图 5-75 为在应变 $0.01s^{-1}$ 时，合金分别在 650℃、750℃和 850℃时的热变形显微组织。由图 5-75 可知，当温度较低时（如 650℃），晶粒在垂直于试样被压缩的方向上被拉长，并且部分大角度晶界视野变得模糊不清［图 5-75（a）］；若温度继续升高，就会在局部观察到动态再结晶形核，而且其再结晶形核的区域随着温度的升高而增多，当温度达到 750℃时，动态再结晶基本完成［图 5-75（b）］；继续升高温度（如 850℃），动态再结晶晶粒继续长大形成均匀的等轴晶，并且低温时形成的被拉长晶粒也被完全取代［图 5-75（c）］。由图 5-75（a）还可知，在试样中心部位是动态再结晶形核优先发生的区域，并逐渐向边沿区域延伸扩展。这是因为：在热压缩过程中，试样的中心部位是最大应变区，随压缩的进行，合金的晶粒尺寸随之不断减小，相对于边沿区域，位于中心部位的塑性变形量较大，因此位错密度也相对较高，因此，在中间部位，动态再结晶更为剧烈[68]。

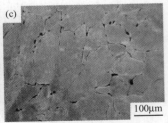

图 5-75　$\dot{\varepsilon}=0.01s^{-1}$ 时 Cu-0.2Zr-0.15Y 合金在不同速率下压缩后的显微组织
(a) $T=650℃$；(b) $T=750℃$；(c) $T=850℃$

图 5-76 为变形温度 $T=850℃$，应变速率分别为 $0.1s^{-1}$、$1s^{-1}$ 时合金热压缩变形的显微组织。由图 5-76 可知，若温度不变，合金动态再结晶更易在较低应变速率下发生。这是因为在热压缩试验过程中，只有形变量足够大时，畸变能带来的驱动力方可促进动态再结晶的进行，应变速率越大，变形时间逐渐缩短，形成的位错来不及消失，合金材料单位时间内积聚的畸变能越多，动态再结晶就越容易进行，经过图 5-75（c）、图 5-76（a）和图 5-76（b）的对比发现，图 5-76（b）中的晶粒尺寸破碎细小，所以此条件更有利于动态再结晶的发生。

图 5-76　$T=850℃$ 时 Cu-0.2Zr-0.15Y 合金在不同速率下压缩后的显微组织

(a) $\dot{\varepsilon}=0.1\mathrm{s}^{-1}$；(b) $\dot{\varepsilon}=1\mathrm{s}^{-1}$

5.3.5.2　Cu-0.4Zr-(RE) 合金

图 5-77 为 Cu-0.4Zr 合金在变形温度为 900℃ 时，不同应变速率下热变形后的显微组织。

从图 5-77 中可以看出，经 900℃ 等温压缩后，在 5 个应变速率下 Cu-0.4Zr 合金都发生了动态再结晶，并出现了大量动态再结晶晶粒。

当应变速率较低时（$\dot{\varepsilon}=0.001\mathrm{s}^{-1}$），因为变形时间相对较长，新生成的动态再结晶晶粒有相当多的时间来吞噬晶界长大，因此晶粒尺寸较大，如图 5-77(a) 所示；而在图 5-77(b)～图 5-77(d) 中，动态再结晶晶粒部分长大，长大晶粒和新晶粒共同存在，由于应变速率升高，变形时间相对变少，使再结晶晶粒的形核和生长受到了抑制[66,69]；在较高的变形速率时（$\dot{\varepsilon}=10\mathrm{s}^{-1}$），如图 5-77(e) 所示，组织内均是未长大的小晶粒，由于变形速率较快，变形时间就会相应地缩短，位错来不及消失以致缺陷增多，再结晶核心就会增多导致形核的数量增多，并且再结晶晶粒择优于原始晶界处形核，同时原子的不充分扩散阻碍其长大，所以动态再结晶晶粒比较小[69]。由此可知合金显微组织变化明显受到应变速率的影响，即随着应变速率的升高，其晶粒的长大趋势逐渐减慢。

为了进一步分析 Cu-Zr-(RE) 合金的显微组织变化，选取 Cu-0.4Zr、Cu-0.4Zr-0.15Y 合金部分试样在透射电子显微镜下分析，其 TEM 衍射像见图 5-78～图 5-80，并对 Cu-0.4Zr-0.15Y 合金的析出相进行标定，确定了其为 Cu_5Zr。

从微观角度分析，从图 5-77(a) 中可看出，位错分布不均匀，位错间、位错与第二相颗粒之间相互交割、缠结，合金内部位错密度是逐步升高的，随着微应变的增加，位错的可动距离随微应变的增加逐渐被限制在一定的尺寸范围内，并形成胞状组织，如图 5-77(b) 所示，由于温度较高，应变速率较小，合金有发生动态再结晶的趋势，而且变形组织中大量的胞状组织及位错缠结有助于合金动

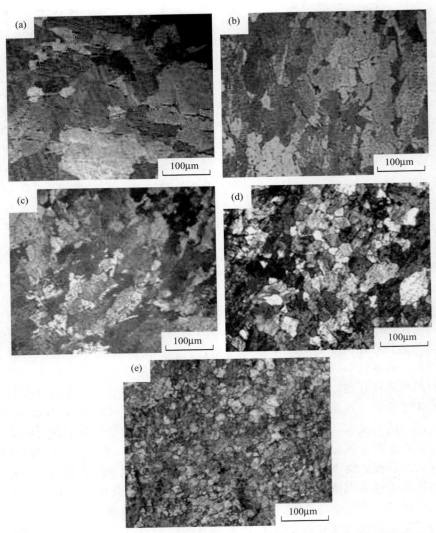

图 5-77　$T=900℃$ 时 Cu-0.4Zr 合金在不同应变速率下热变形后的显微组织

(a) $\dot{\varepsilon}=0.001s^{-1}$；(b) $\dot{\varepsilon}=0.01s^{-1}$；(c) $\dot{\varepsilon}=0.1s^{-1}$；(d) $\dot{\varepsilon}=1s^{-1}$；(e) $\dot{\varepsilon}=10s^{-1}$

态再结晶核心的形成，有利于发生动态再结晶。

　　根据再结晶形核机制，从图 5-79(a) 中可看出，由于温度较低，应变速率较大，大角度晶界的迁移较困难，晶粒的形状仍保持着拉长的晶粒，在拉长的晶界一侧出现大量被析出相钉扎的位错，在晶界处比较集中。对析出相进行标定，确定了其为 Cu_5Zr 析出相，见图 5-79(b)，弥散的晶粒 Cu_5Zr 质点密度很大，钉扎了位错的滑移和攀沿以及晶界的运动，从而阻碍了再结晶形核[70~73]。在再结晶

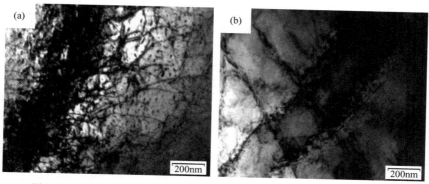

图 5-78 $T=900℃$ 时 Cu-0.4Zr 合金在 $\dot{\varepsilon}=0.01s^{-1}$ 的热压缩微观组织
（a）位错缠结；（b）胞状组织

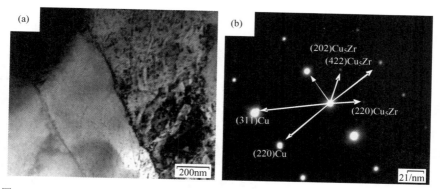

图 5-79 $T=750℃$ 时 Cu-0.4Zr-0.15Y 合金在应变速率为 $1s^{-1}$ 热压缩后的微观组织
（a）明场像；（b）选区衍射斑点及标定

形核后生长的过程中，Cu_5Zr 弥散相同样能起到阻碍作用。因为晶粒长大本身是一个晶界迁移的过程。在稍大的应变速率（$1s^{-1}$）条件下，变形时间比较短，较大的位错密度促进了弥散晶粒 Cu_5Zr 的动态析出，Cu-0.4Zr-0.15Y 合金处于动态回复阶段。

从图 5-80 可知，大角度晶界下面为未再结晶形变区，另一侧分布着再结晶晶粒。对图 5-79 中的析出相进行电子衍射标定，同样可确定其为 Cu_5Zr 析出相。结合图 5-79(a) 和图 5-80(a)，可以看出，在相同的温度下，图 5-79(a) 中的位错密度比图 5-80(a) 中的大，在同一变形温度下，应变速率越低，在相同的位错增殖条件下，有更多的时间进行动态回复，所以位错密度较小，在回复过程中，胞内的位错越来越少，胞壁的位错重新排列和对消，使胞壁减薄而逐渐变得锋锐，最后形成位错网络。

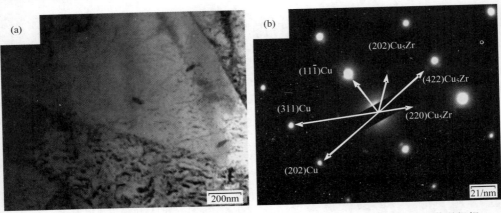

图 5-80　$T=750℃$ 时 Cu-0.4Zr-0.15Y 合金在应变速率为 $0.01s^{-1}$ 热压缩后的微观组织
（a）明场像；（b）选区衍射斑点及标定

5.3.5.3　Cu-1.0Zr-(RE) 合金

（1）变形温度对显微组织的影响

图 5-81 为 Cu-1.0Zr-0.15Y 合金应变速率为 $0.1s^{-1}$ 时，不同变形温度下的

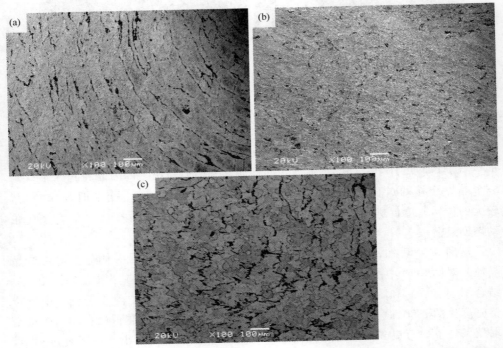

图 5-81　应变速率为 $0.1s^{-1}$ 时，Cu-1.0Zr-0.15Y 合金不同温度下热压缩后的显微组织
（a）550℃；（b）750℃；（c）900℃

显微组织。当温度为 550℃时，晶粒沿变形方向被拉长，这是因为在较低的变形温度下，合金仅发生动态回复。当变形温度升高到 750℃时，有一些细小的等轴状晶粒出现在晶界附近，表明合金中有一部分晶粒已经发生了动态再结晶。当变形温度升高至 900℃时，动态再结晶晶粒不断长大，合金的显微组织中主要是等轴晶。在变形温度升高的过程中，晶粒内部的变形晶粒逐渐被无畸变等轴晶粒取代，并且晶粒的尺寸有一定的长大。因此，当应变速率一定时，提高合金的变形温度有助于动态再结晶过程的发生。

（2）应变速率对显微组织的影响

图 5-82 为 Cu-1.0Zr-0.15Y 合金为 900℃时不同应变速率下的显微组织。从图 5-82 可以看出，当应变速率比较大（为 $10s^{-1}$）时，应变时间相对比较短，短时间的快速挤压使其畸变能迅速升高，但是原子没有足够的时间进行扩散，不利于再结晶晶粒的形核和长大，但也能够看到一些细小的动态再结晶晶粒在晶界附近出现，如图 5-82(a) 所示。随着应变速率的降低，当降至 $0.1s^{-1}$ 时，变形晶粒有较充足的时间进行再结晶晶粒形核和生长，动态再结晶晶粒有一定的长大，如图 5-82(b) 所示。随着应变速率的进一步降低，当降至 $0.001s^{-1}$ 时，变

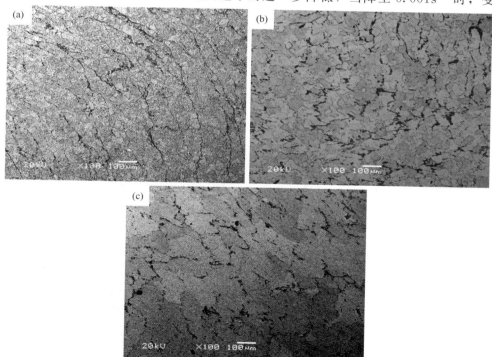

图 5-82　Cu-1.0Zr-0.15Y 合金在 900℃时不同应变速率的显微组织

(a) $10s^{-1}$；(b) $0.1s^{-1}$；(c) $0.001s^{-1}$

形晶粒有充足的时间进行再结晶晶粒形核和生长，变形合金发生完全的动态再结晶，并且再结晶晶粒进一步长大，如图 5-82(c) 所示。

（3）稀土元素对显微组织的影响

图 5-83 为 Cu-1.0Zr 和 Cu-1.0Zr-0.15Y 合金在不同热变形条件下的显微组织。当应变速率为 $0.1s^{-1}$，变形温度为 550℃时，这两种合金以拉长的大晶粒为主，此时并未出现再结晶现象，见图 5-83(a)、图 5-83(b)。通过图 5-84(a) 可以看出，当温度为 550℃时，由于未发生大角度晶界的迁移，晶粒的形状仍保持着拉长形变亚晶组成的晶粒，在拉长的亚晶粒晶界上出现大量的位错缠结，晶体中存在的第二相阻碍位错的运动。当温度达到 850℃时，第二相对位错的钉扎作用减弱，位错摆脱第二相向晶界处运动，晶界比较清晰，在表面张力作用下晶界突出成圆弧状，如图 5-84(b) 所示，晶界夹角将近 120°表明亚晶粒已经完成合并，形成大角度晶界，出现明显的动态再结晶特征。

通过对比图 5-83(c)、图 5-83(d) 可以看出，在同一变形温度和应变速率下，添加稀土元素 Y 的 Cu-1.0Zr-0.15Y 合金更容易发生动态再结晶。原始晶粒大小和第二相分布对动态再结晶有重要影响。稀土 Y 为表面活性元素，添加稀土 Y 可以降低固液表面张力，减少形核功，从而使临界形核半径变小，细化晶粒。晶粒细小产生的晶界较多，在晶界处形成的畸变区也较多，可以提供更

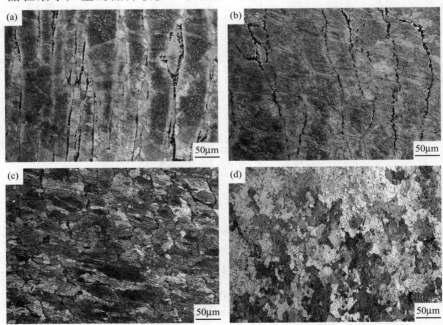

图 5-83　Cu-1.0Zr[（a）、（c）]和 Cu-1.0Zr-0.15Y[（b）、（d）]

合金在不同温度下热变形显微组织（$\dot{\varepsilon}=0.1s^{-1}$）

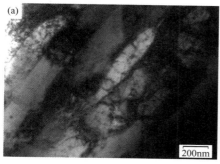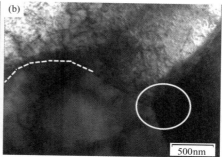

图 5-84　应变速率为 $0.1s^{-1}$ 时，Cu-1.0Zr 合金在不同温度下的 TEM 微观结构

多的形核位置，有利于再结晶的形核。另外，弥散分布的细小析出相，在基体形变时储存能量，可以为再结晶的形核提供更多的能量，促进动态再结晶的发生。

◆ 参考文献 ◆

[1]　刘平，赵冬梅，田保红．高性能铜合金及其加工技术［M］.北京：冶金工业出版社，2004：3-11.

[2]　张毅．微合金化高性能 Cu-Ni-Si 系引线框架材料的研究［D］.西安：西安理工大学，2009.

[3]　赵冬梅，董企铭，刘平，等．Cu-3.2Ni-0.7Si 合金时效早期相变规律及强化机理［J］.中国有色金属学报，2002，12（6）：1167-1171.

[4]　RDZAWSKI Z, S TOBRAWA J. Thermomechanica processinof Cu-Ni-Si-Cr-Mg alloy［J］. Materials Science and Engineering, 1993, 9（2）: 142-149.

[5]　程建奕，汪明朴．高强高导高耐热弥散强化铜合金的研究现状［J］.材料导报，2004，18（2）：38-41.

[6]　Liu R Q, Xie W B, Huang G J, et al. Study on Dynamics of Aging Precipitation of Cu-3.0Ni-0.75Si alloy［J］.Materials Science and Technology, 2015, 23（3）: 124-128.

[7]　Zhang Y, Volinsky A A, Xu Q Q, et al. Deformation Behavior and Microstructure Evolution of the Cu-2Ni-0.5Si-0.15Ag Alloy During Hot Compression［J］.Metallurgical and Materials Transactions A, 2015, 46（12）: 5871-5876.

[8]　田荣璋，王祝堂．铜合金及其加工手册［M］.长沙：中南大学出版社，2002，4.

[9]　范莉，刘平，贾淑果，等．集成电路用 Cu-Ni-Si-Cr 合金流变应力行为研究［J］.特种铸造及有色合金，2009，29（3）：283-285.

[10]　张婉．形变热处理对 Cu-Cr-Zr-Ni-Si 合金组织与性能的影响［D］.长沙：中南大学，2012.

[11]　Sellars C M, McTegart W J. On the Mechanism of Hot Deformation［J］.Acta Metallurgica, 1966, 14（9）: 1136-1138.

[12]　胡赓祥，蔡珣，戎咏华．材料科学基础［M］.上海：上海交通大学出版社，2009：210-215.

[13]　敖学文．高强高导 Cu-Cr-Zr-Mg-Si 合金时效特性研究［D］.南昌：南昌大学，2010.

[14]　Khereddine A Y, Larbi F H, Azzeddine H, et al. Microstructures and Textures of a Cu-Ni-Si Alloy Processed by High-pressure Torsion［J］.Journal of Alloys and Compounds, 2013, 574: 361-367.

［15］ Prasad Y V R K, Sasidhara S. Hot Working Guide: A Compendium of Processing Maps［M］. Materials Park: ASM International, 1997: 12-19.

［16］ Raj R. Development of a Processing Map for Use in Warm-forming and Hot-forming Processes ［J］.Metallurgical Transactions A, 1981, 12（6）: 1089-1097.

［17］ Khereddine A Y, Larbi F H, Azzeddine H, et al. Microstructures and Textures of a Cu-Ni-Si Alloy Processed by High-pressure Torsion［J］.Journal of Alloys and Compounds, 2013, 574: 361-367.

［18］ 贾淑果, 刘平, 宋克兴, 等. Cu-Cr-Zr 原位复合材料的组织与性能［J］.中国有色金属学报, 2010, 20（7）: 1334-1338.

［19］ 慕思国, 汤玉琼, 郭富安, 等. Cu-Cr-Zr 系合金非真空熔炼过程的热力学分析［J］.中国有色金属学报, 2007, 17（8）: 1330-1335.

［20］ Garofalo F. An empirical relation refining the stress dependence of minimum creep rate in metals［J］.Trans Metall Soc AIME, 1963, 227（2）: 351-355.

［21］ Zener C, Hollomon J H. Effect of strain rate upon the plastic flow of Steel［J］.Journal of Applied Physics, 1944, 15（1）: 22-27.

［22］ 欧阳德来, 鲁世强, 黄旭, 等. TA15钛合金 β 区变形动态再结晶的临界条件［J］.中国有色金属学报, 2010, 20（8）: 1539-1544.

［23］ 黄有林, 王建波, 凌学士, 等. 热加工图理论的研究进展［J］.材料导报, 2008, 12（22）: 173-177.

［24］ 周义刚, 曾卫东, 俞汉清, 等. 热加工图研究进展与应用［J］.稀有金属材料与工程, 2005, 10（34）: 715-719.

［25］ 王笑天. 金属材料学［M］.北京: 机械工业出版社, 1987: 267-274.

［26］ 贾淑果, 刘平, 郑茂盛, 等. 微量 Zr 对 Cu-Ag 合金力学性能的影响［J］.功能材料, 2007, 38（Z）: 494-496.

［27］ Tu J P, Qi W X, Yang Y Z. Effect of Aging Treatment on the Electrical Sliding Wear Behavior of Cu-Cr-Zr Alloy［J］.Wear, 2002, 249（10-11）: 1021-1027.

［28］ Goto M, Han S Z, Lim S H, et al. Role of Microstructure on Initiation and Propagation of Fatigue Cracks in Precipitate Strengthened Cu-Ni-Si Alloy［J］.International Journal of Fatigue, 2016, 87: 15-21.

［29］ 王宏光, 余新泉, 陈锋, 等. Cu-Zr 和 Cu-Ag-Zr 合金时效与形变强化行为研究［J］.现代冶金, 2010, 38（2）: 5-9.

［30］ Xia C, Zhang W, Kang Z, et al. High Strength and High Electrical Conductivity Cu-Cr system Alloys Manufactured by Hot Rolling-quenching Process and Thermomechanical Treatments ［J］.Materials Science & Engineering A, 2012, 538: 295-301.

［31］ 孙慧丽, 张毅, 柴哲, 等. Cu-Zr-Nd 合金的时效强化和析出动力学研究［J］.材料热处理学报, 2016, 37（9）: 92-97.

［32］ Zhan Y Z, Wang Y, Yu Z W, et al. Electrical Sliding Wear Property of AlOparticle Reinforced Cu-Cr-Zr Matrix Composite［J］.Materials Science and Technology, 2007, 23（7）: 767-770.

［33］ Ge L, Hui X, Chen G, et al. Prediction of the Glass-Forming Ability of Cu-Zr Binary Alloys ［J］.Acta Physico-Chimica Sinica, 2007, 23（6）: 895-899.

［34］ Fan X M, Wen H Y, Hu S Y. Microstructure of Cu-0. 35Zr Alloy after Heat Treatment［J］.Heat Treatment of Metals, 2009, 34（4）: 10-12.

［35］ Ye L, Diwu C, Yan Z, et al. Determination of Trace and Rare-earth Elements in Chinese Soil and Clay Reference Materials by ICP-MS [J].Acta Geochimica, 2014, 33（1）: 95-102.

[36] 张强, 余新泉, 陈君, 等. 稀土钇含量对 B10 铜合金组织和性能的影响 [J].机械工程材料, 2015, 39（1）: 14-19.

[37] Shukla A K, Murty S V S N, Kumar R S, et al. Densification Behavior and Mechanical Properties of Cu-Cr-Nb alloy Powders [J].Materials Science and Engineering A, 2012, 551: 241-248.

[38] Okamoto H. Cu-Zr（Copper-Zirconium）[J].Journal of Phase Equilibria and Diffusion, 2012: 1-2.

[39] Wang N, Li C, Du Z, et al. The Thermodynamic Re-assessment of the Cu-Zr System [J]. Calphad-computer Coupling of Phase Diagrams & Thermochemistry, 2006, 30（4）: 461-469.

[40] Ge L, Hui X, Chen G, et al. Prediction of the Glass-Forming Ability of Cu-Zr Binary Alloys [J].Acta Physico-Chimica Sinica, 2007, 23（6）: 895-899.

[41] Ye L, Diwu C, Yan Z, et al. Determination of Trace and Rare-earth Elements in Chinese Soil and Clay Reference Materials by ICP-MS [J].Acta Geochimica, 2014, 33（1）: 95-102.

[42] 罗沛兰, 毕秋, 郭峰, 等. 高强高导铜合金成分设计及其定向凝固和形变处理的研究进展 [J].江西科学, 2008, 26（2）: 341-344.

[43] 李春龙, 智建国, 姜茂发, 等. 稀土对 BNbRE 钢轨综合性能的影响 [J].中国稀土学报, 2003, 21（4）: 468-473.

[44] 上官倩芡, 程先华. 稀土对 38CrMoAl 钢软氮化层抗冲蚀磨损性能的影响 [J].中国稀土学报, 2004, 22（1）: 138-141.

[45] 王晓秋, 丁伟中, 王新国, 等. 混合稀土对 ZL108 铝合金组织与性能的影响 [J].中国稀土学报, 2004, 22（2）: 243-246.

[46] 张生龙, 尹志民. 高强高导铜合金设计思路及其应用 [J].材料导报, 2003, 17（11）: 26-28.

[47] 刘勇, 刘平, 田保红, 等. 微量 RE 对接触线用铜合金时效析出特性和软化温度的影响 [J].中国稀土学报, 2005, 23（4）: 482-485.

[48] 张毅, 许倩倩, 李瑞卿, 等. 铈对 Cu-Cr-Zr 合金热变形行为的影响 [J].中国稀土学报, 2013, 31（6）: 710-715.

[49] 马飞龙. Cu-Cr-Zr 合金相图的热力学计算及实验研究 [D].沈阳: 东北大学, 2011: 25-33.

[50] Kuzel R, Janecek M, Matej Z, et al. Microstructure of Equal-Channel Angular Pressed Cu and Cu-Zr Samples Studied by Different Methods [J].Metallurgical and Materials Transactions A, 2010, 41（5）: 1174-1190.

[51] Muramatsu N, Kimura H, Lnoue A. Microstructures and Mechanical Properties of Highly Electrically Conductive Cu-0. 5, Cu-1 and Cu-2 at% Zr alloy Wires [J].Materials Transactions, 2013, 54（2）: 176-183.

[52] Jittraporn W N, Megumi K, Terence G L. Achieving Homogeneity in a Cu-Zr alloy Processed by High-pressure Torsion [J].Journal of Materials Science, 2012, 47（22）: 7782-7788.

[53] Jittraporn W N, Haiming W, Terence G L. Microstructural Evolution in a Cu-Zr alloy Processed by a Combination of ECAP and HPT [J].Materials Science and Engineering A. 2013, 579（9）: 126-135.

[54] Ye Y X, Yang X Y, Wang J, et al. Enhanced Strength and Electrical Conductivity of Cu-Zr-B alloy by Double Deformation Aging Process [J].Journal of alloys and Compounds, 2014, 615（5）: 249-254.

[55] 董志力, 唐祥云, 堀茂德, 等. Cu-Zr 和 Cu-Zr-Si 的时效析出特性及冷变形对时效析出的影响 [J]. 金属学报, 1989, 6（25）: 462-465.

［56］ Wang T M, Li M Y, Kang H J, et al. Effects of Trace La Additions on the Microstructures and Properties of Nanoprecipitates Strengthened Cu-Zr alloys ［J］.Journal of Materials Research, 2015, 30（2）: 248-256.

［57］ Kim K H, Ahn J P, Lee J H, et al. High Strength Cu-Zr Binary alloy with an Ultrafine Eutectic Microstructure ［J］.Journal of Materials Research, 2011, 23（7）: 1987-1994.

Correia J B, Davies H A, Sellars C M. Strengthening in Rapidly Solidified Age Hardened Cu-Cr and Cu-Cr-Zr alloys ［J］.Acta Materialia, 1997, 45（1）: 177-190.

Liu R Q, Xie W B, Huang G J, et al. Study on Dynamics of Aging Precipitation of Cu-3. 0Ni-0. 75Si alloy ［J］.Materials Science and Technology, 2015, 23（3）: 124-128.

［58］ Gaganov A, Freudenberger J, Botcharova E, et al. Effect of Zr Additions on the Microstructure, and the Mechanical and Electrical Properties of Cu-7wt% Ag alloys ［J］.Materials Science and Engineering A, 2006, 437（2）: 313-322.

［59］ 冯江, 田保红, 张毅, 等. WC 含量对弥散铜-WC 复合材料热变形行为的影响 ［J］.材料热处理学报, 2014, 35（5）: 9-14.

［60］ 刘勇, 孙永伟, 田保红, 等. 钨含量对 W-Cu 复合材料高温变形行为的影响 ［J］.中国有色金属学报, 2012, 22（9）: 2553-2558.

［61］ Correia J B, Davies H A, Sellars C M. Strengthening in rapidly solidified age hardened CuCr and CuCrZr alloys ［J］.Acta Materialia, 1997, 45（1）: 177-190.

［62］ Garofalo F. An empirical relation refining the stress dependence of minimum creep rate in metals ［J］.Trans Metall Soc AIME, 1963, 227（2）: 351-355.

［63］ Momeni A, Dehghani K. Characterization of thermal deformation behavior of 410 martensitic stainless steel using constitutive equations and processing maps ［J］.Materials Science and Engineering A, 2010, 527（s21-22）: 5467-5473.

［64］ Huang F X, Ma J S. Analysis of phases in a Cu-Cr-Zr alloy ［J］.Scripta Materialia, 2003, 48（1）: 97-102.

［65］ 汪凌云, 范永革, 黄光杰, 等. 镁合金 AZ31B 的高温塑性变形及加工图 ［J］.中国有色金属学报, 2004, 14（7）: 1068-1072.

［66］ 柴哲, 张毅, 李瑞卿, 等. Cu-Cr-Zr-Y 合金热压缩力学行为及热加工图 ［J］.材料热处理学报, 2015, 36（6）: 228-232.

［67］ Bruni C, Forcellese A, Gabrielli F. Hot workability and models for flow stress of NIMONIC 115 Ni-base super alloy ［J］.Journal of Materials Processing Technology, 2002, 125: 242-244.

［68］ Momeni A, Dehghani K. Characterization of hot deformation behavior of 410 martensitic stainless steel using constitutive equations and processing maps ［J］.Materials Science and Engineering A, 2010, 527: 5467-5473.

［69］ 张毅, 李瑞卿, 许倩倩, 等. Cu-Cr-Zr 合金热变形行为及动态再结晶 ［J］.材料热处理学报, 2014, 35（5）: 74-78.

［70］ 李明茂, 杨斌, 王智祥. 高强高导 CuCrZr 合金熔炼技术研究 ［J］.特种铸造及有色合金, 2005, 25（4）: 252-253.

［71］ 朱胜利. Cu-Cr-Zr 合金组织性能及时效动力学 ［D］.大连: 大连理工大学, 2011: 7-9.

［72］ 杨志强, 刘勇, 田保红, 等. 真空热压烧结制备 10vol% TiC/Cu-Al2O3 复合材料及热变形行为研究 ［J］.功能材料, 2014, 45（2）: 02147-02152.

［73］ 余琨, 李松瑞, 黎文献, 等. 微量 Sc 和 Zr 对 2618 铝合金再结晶行为的影响 ［J］.中国有色金属学报, 1999, 9（4）: 709-713.

第6章

弥散铜基复合材料的热变形

6.1 弥散铜-钼复合材料

Mo-Cu 复合材料是由高强度、低的热膨胀系数的钼和高导电导热的铜组成的"假合金"。尽管 Mo/Cu 合金相对于 W/Cu 合金来说具有相对低的热导率和密度，但是 Mo 比 W 的熔点、硬度低，这使得钼铜复合材料更容易烧结和加工处理，因此，钼铜材料的应用更为广泛[1]。

Mo/Cu-Al₂O₃ 复合材料可以用作开关电触头材料，由于 Mo 具有优异的高温强度和抗电弧烧蚀性能，广泛应用于高电压大功率电器的开关断路器上。在现阶段条件下，国产的触头材料无论是国防还是民用，都难以很好满足高电压、超载荷及极端环境下的性能要求，因此 Mo/Cu-Al₂O₃ 复合材料作为一种新型的高性能电触头材料，拥有广泛的市场需求及应用前景。

6.1.1 材料制备、组织与性能

试验所用钼粉型号为 FMo-1，粒度为 $4.7\mu m$，纯度大于 99.99%。Cu-0.58%Al 粉由水雾法制得，粒度为 $67\mu m$。采用粒度为 $75\mu m$ 的 Cu_2O 粉末作氧源。Mo 的质量分数分别为 10%、20% 和 30%。把 Cu-0.58%Al 合金粉和 Mo 粉混合，以 Cu_2O 粉末作为供氧物质在真空条件下进行热压-内氧化烧结，而且在某一压力和温度下，Cu_2O 分解提供的活性 [O] 原子吸附并溶于 Cu-Al 合金颗粒表面；在内氧化反应中，活性 [O] 原子优先与 Al 发生氧化反应生成 Al_2O_3，从而弥散增强 Cu 基体，并与 Mo 组元紧密结合形成 Mo/Cu-Al₂O₃ 复合材料。其反应方程式可写为：

$$2Cu_2O \Longrightarrow 4Cu + O_2 \tag{6-1}$$

$$4Al + 3O_2 \Longrightarrow 2Al_2O_3 \tag{6-2}$$

由式(6-1) 和式(6-2) 得到：

$$3Cu_2O + 2Al \Longrightarrow Al_2O_3 + 6Cu \tag{6-3}$$

采用 Al 含量为 0.58% 的 Cu-Al 合金粉末，根据式(6-3) 的计算可得，将

0.58Al 完全氧化所需的 Cu_2O 质量约占 Cu-Al 合金质量的 4.64%。综合考虑各种因素，尤其是合金元素 Mo 的存在，并查阅相关文献[2]，最终采用氧源含量 5%Cu_2O 参与反应制备。

在试样制备过程中，由于混合粉末比较细小，混粉过程中易出现团聚现象，为了消除此缺陷，配料时在刚玉研钵里手工研磨 1h，然后装入混料瓶，在 QQM/B 轻型球磨机上混粉 10h。真空热压烧结的工艺为：手工和机械混粉→装炉→抽真空→升温→保温→加压→保温→加压→降温取样。真空热压烧结的主要参数为：真空度，$1.5×10^{-2}Pa$；烧结温度，950℃；保温时间，2h；保压时间，60min；压制压力，30MPa，烧结后试样尺寸 $\phi60mm×15mm$。烧结工艺曲线见图 6-1。

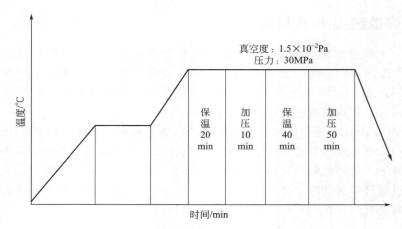

图 6-1　真空热压烧结工艺曲线

在内氧化过程中，温度是影响扩散过程的主要因素。温度越高，原子的热激活能就越大，活性原子的迁移率越高，反应就越容易进行。$2Al+3[O]\!\!=\!\!\!=\!\!Al_2O_3$ 的反应速率主要受温度的影响，因此，温度越高，反应速率越大，Al 向 Al_2O_3 的转变就越彻底[3~5]。但在实际内氧化反应中，并非温度越高越好。在选择内氧化烧结温度时，考虑到 Cu 的熔点为 1083℃，内氧化温度过高，反应产物倾向生成 α-Al_2O_3 及 γ-Al_2O_3 向 α-Al_2O_3 的转化；温度过低会导致内氧化进行得不彻底，析出物较少，弥散强化作用不明显。综合组元的熔点和化学反应等因素，最终将内氧化烧结温度定为 950℃。因而选择合适的烧结温度对制品的综合性能具有重要的意义。

图 6-2 为烧结后试样的原始显微组织。由图 6-2 可以看出，白色的 Mo 颗粒均匀地分布在灰色的弥散铜基体上，无明显的孔洞、缝隙，组织较为均匀、致密。对比图 6-2(a)～图 6-2(c) 可知，随着 Mo 含量的增加，在 Mo/Cu-Al_2O_3 复合材料的弥散铜基体上，白色 Mo 颗粒明显增加，无明显团聚现象。Mo 颗粒大

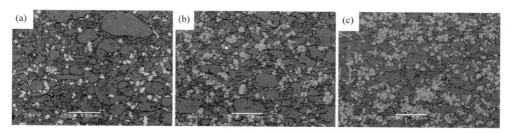

图 6-2　真空热压烧结复合材料后的原始显微组织
(a) 10％Mo/Cu-Al₂O₃ 复合材料；(b) 20％Mo/Cu-Al₂O₃
复合材料；(c) 30％Mo/Cu-Al₂O₃ 复合材料

体上分布在 Cu 的晶界上，钼铜界面较为清晰干净，无明显的过渡层，说明在试样制备过程中，钼铜界面没有发生较大程度的扩散。钼颗粒尺寸为 $4.7\mu m$，较铜颗粒 $67\mu m$ 小很多，但 Mo 颗粒表面的棱角及凸起部位明显，其表面能较大，且自身原子的自扩散系数较低，成形性差，因此，在 950℃的烧结温度下，钼的烧结性可以忽略不计。

　　图 6-3 为 Mo/Cu-Al₂O₃ 复合材料变形后的微观组织及选区衍射斑点的标定。从图 6-3(a) 中可以看出，基体中弥散分布着细小的 Al₂O₃ 颗粒，即内氧化生成了 Al₂O₃ 弥散铜基体，Al₂O₃ 颗粒大部分分布在晶粒内部，晶界处分布较少，从图中还可以进一步看出，晶粒内部的 Al₂O₃ 主要分布在亚晶界处，这是由于在内氧化反应过程中，活性 ［O］沿亚晶界的晶格扩散激活能高于短程扩散激活能，而且在铜基体中，铝原子容易通过短程扩散偏聚于亚晶界和晶界处；同时从图中还可以看到经过变形后的 Mo/Cu-Al₂O₃ 复合材料，其晶界有明显的弯曲现

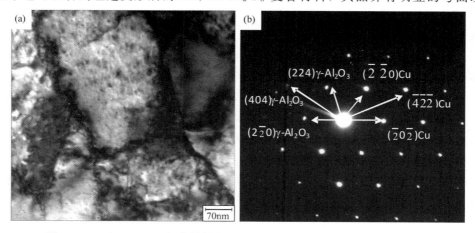

图 6-3　Mo/Cu-Al₂O₃ 复合材料变形后的微观组织及选区衍射斑点的标定
(a) TEM 微观组织结构；(b) 选区衍射斑点的标定

象，而且在晶界处有大量的位错缠结堆积，这对复合材料强度的提高具有重要的影响。

图 6-3(b) 为选区衍射斑点的标定。由电子衍射公式计算，通过尝试校核法标定可得，花样中较亮斑点为铜基体，较弱斑点为 γ-Al_2O_3 弥散相。通过计算可知，γ-Al_2O_3 颗粒弥散相的粒径约为 10～20nm，颗粒之间的距离约为 30～50nm，上述结果表明，弥散相颗粒 γ-Al_2O_3 无论是粒径还是间距，都具有纳米量级，因而在 Mo/Cu-Al_2O_3 复合材料发生变形时，这些纳米级颗粒能够作为位错源，进而增加位错密度，对基体中晶界运动及位错的滑移具有阻碍作用，可以增强复合材料整体的综合力学性能。

表 6-1 为不同 Mo 含量的 Mo/Cu-Al_2O_3 复合材料的致密度、电导率和硬度。真空热压-内氧化工艺制备的 Mo/Cu-Al_2O_3 复合材料的致密度都达到了 96% 以上，材料较为致密。对于不同钼含量的钼铜复合材料，随着钼含量的增加，致密度逐渐减小，这是由于钼铜之间的互不固溶及润湿性极差。

表 6-1 不同 Mo 含量的 Mo/Cu-Al_2O_3 复合材料的致密度、电导率和硬度

Mo 质量分数/%	致密度/%	电导率/%IACS	硬度(HV$_{0.2}$)
10	98.2	48.8	120
20	99.3	46.1	140
30	96.9	43.9	154

氧化原位所生成的 Al_2O_3 粒子的体积分数很低，大体保持了铜基体高导电性的特点。而 Mo/Cu-Al_2O_3 复合材料的电导率则是由于 Al_2O_3 增强体及 Mo 颗粒的增多，钼铜及陶瓷颗粒/基体两界面处的电子散射作用增强，且由于钼铜两组元不同的线胀系数，很容易在增强体颗粒与基体之间产生热应力，形成晶格畸变，晶格散射作用增强[6]。同时，弥散铜基体中残留的杂质等，都可以引起钼铜复合材料电导率的降低。

随着钼含量的增加，复合材料的硬度呈上升趋势。这是 Mo 颗粒弥散增强基体 Cu-Al_2O_3 的结果，在材料压制发生塑性变形时，基体中位错线无法直接切过 Mo 颗粒，此时位错线会发生切过或绕过机制，位错影响区的晶格畸变能增加，位错线运动的阻力增加，或者形成位错塞积，从而使得材料的强度和硬度提高。

6.1.2 Mo/Cu-Al_2O_3 复合材料真应力-真应变曲线

圆柱体单向压缩是目前测试材料变形抗力的最常用的试验方法，其他方法有拉伸法、平面应变压缩法、扭转法及轧制法等。本书采用圆柱体轴对称单道次压缩试验作为研究 Mo/Cu-Al_2O_3 复合材料高温热变形行为的基本方法。试验在 Gleeble-1500D 热模拟试验机上进行。将热压烧结制备的样品沿轴向线切割成若干个 φ8mm×12mm 的热模拟圆柱试样，如图 6-4 所示。压缩装置示意图见图 6-5。

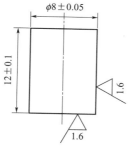

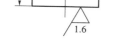

图 6-4　压缩试样示意图　　　　图 6-5　压缩试样装置示意图

将试样以 10℃/s 的升温速度加热至 750℃，并保温 5min，然后快速水淬到不同的变形温度，而后以不同工艺进行热压缩变形，其具体工艺参数如下：

变形温度：750℃、650℃、550℃、450℃、350℃。

应变速率：$0.01s^{-1}$、$0.1s^{-1}$、$1s^{-1}$、$5s^{-1}$。

真应变量：0.7。

详细工艺如图 6-6 所示。

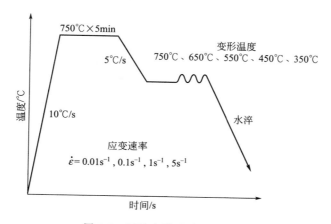

图 6-6　压缩变形试验工艺曲线

由图 6-7～图 6-9 可知，在三种复合材料的热变形过程中，其真应力-真应变曲线具有明显的异同。随着应变量的增加，其应力呈现出先增大，然后趋于平缓的趋势。且在同一应变速率下，应力随温度的降低而升高。由图 6-7、图 6-8 可知，在 350℃下，$10\%Mo/Cu-Al_2O_3$ 复合材料和 $20\%Mo/Cu-Al_2O_3$ 复合材料的真应力-真应变曲线呈现动态回复趋势，即应力随应变增加最终趋于平缓。而在 450～750℃下，三种 $Mo/Cu-Al_2O_3$ 复合材料的真应力-真应变曲线具有相同的趋势，即当应力随应变的增加而增加时，在某一时刻，应力会达到一定峰值，而后

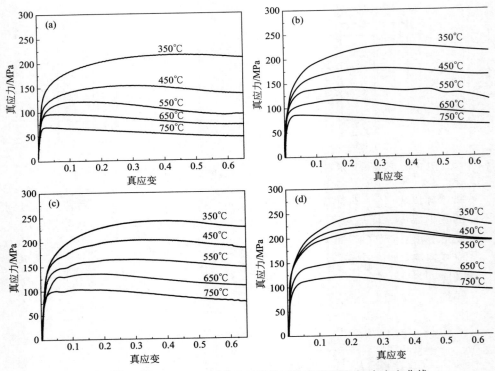

图6-7 10%Mo/Cu-Al₂O₃复合材料热压缩变形真应力-真应变曲线

(a) $0.01s^{-1}$；(b) $0.1s^{-1}$；(c) $1s^{-1}$；(d) $5s^{-1}$

会下降直至平缓，这是典型的动态再结晶特征。在所有热变形过程中，这种应力峰值的出现是加工硬化和再结晶软化共同作用的结果。

总之，在 Mo/Cu-Al₂O₃ 复合材料的热变形过程中，三种复合材料的真应力-真应变曲线主要以动态再结晶类型为主。这是由于在钼含量较少的钼铜复合材料中，高含量的基体铜具有典型的面心立方结构，而且其层错能较低。在材料学中，常以层错能的大小来判定金属材料发生动态回复和动态再结晶的难易程度。具有较高层错能的金属诸如铝、工业纯铁、镁及其合金等，在材料变形时位错容易发生交滑移和攀移，此类材料主要以动态回复过程为主；对于较低层错能的金属如铜、镍及合金等来说，位错难以进行交滑移，动态回复受到抑制，在热变形过程中会逐渐积累足够大的局部位错密度差，从而生成大角度晶界，进而发生动态再结晶。

6.1.3 Mo/Cu-Al₂O₃ 复合材料热变形的本构方程

金属的高温塑性变形存在热激活过程，流动应力取决于合金的不同变形温度、应变速率和变形程度，一般可以用以下三种形式来描述[7]：

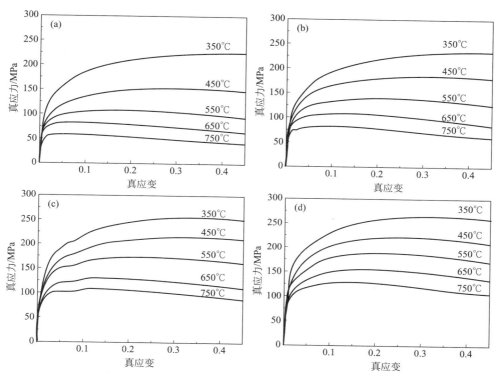

图6-8　20％Mo/Cu-Al$_2$O$_3$复合材料热压缩变形真应力-真应变曲线

(a) 0.01s^{-1}；(b) 0.1s^{-1}；(c) 1s^{-1}；(d) 5s^{-1}

$$\dot{\varepsilon}=A\sigma^n\exp(-Q/RT)\quad(\alpha\sigma<0.8) \tag{6-4}$$

$$\dot{\varepsilon}=A_1\exp(\beta\sigma)\exp(-Q/RT)\quad(\alpha\sigma>1.2) \tag{6-5}$$

$$\dot{\varepsilon}=A_2[\sinh(\alpha\sigma)]^{n'}\exp(-Q/RT)\quad(\text{所有应力状态}) \tag{6-6}$$

式(6-4)～式(6-6)中，A_1、A_2、A、α、n、n'、β都为材料常数，均与温度无关；由文献[8]可知，常数α、n'、β之间满足$\alpha=\beta/n'$；$\dot{\varepsilon}$、T、R分别为应变速率、变形温度、气体常数；Q为任何应力条件下材料的热变形激活能。Sellars C M等人研究结果表明[9～11]，式(6-6)能较好地反映常规的热塑性变形行为。1944年Zener和Hollomon[12]在研究中发现T和$\dot{\varepsilon}$满足：

$$\sigma=\sigma(Z,\dot{\varepsilon}) \tag{6-7}$$

Z参数的物理意义是温度修正的变形速率，它表征了变形储存能的大小，Z和σ之间服从如下关系式[13]：

$$Z=A[\sinh(\alpha\sigma)]^n \tag{6-8}$$

分别对式(6-4)、式(6-5)和式(6-8)两边取对数，可得：

$$\ln\dot{\varepsilon}=\ln A_1-\frac{Q}{RT}+n'\ln\sigma \tag{6-9}$$

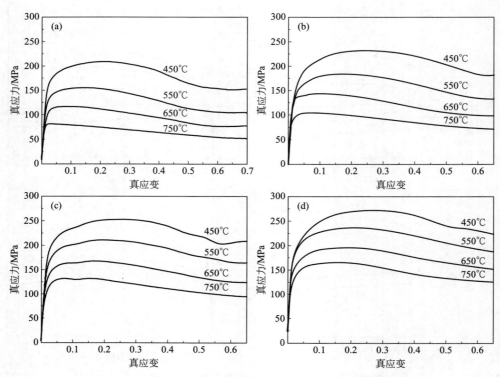

图 6-9   30％Mo/Cu-Al$_2$O$_3$ 复合材料热压缩变形真应力-真应变曲线

(a) 0.01s^{-1}；(b) 0.1s^{-1}；(c) 1s^{-1}；(d) 5s^{-1}

$$\ln\dot{\varepsilon} = \ln A_2 - \frac{Q}{RT} + \beta\sigma \qquad (6\text{-}10)$$

$$\ln Z = \ln A + n\ln[\sinh(\alpha\sigma)] \qquad (6\text{-}11)$$

图 6-10 所示为复合材料变形过程中，变形温度、应变速率及峰值应力之间的关系图。

在式(6-9)、式(6-10) 中，n' 为直线 $\ln\dot{\varepsilon}$-$\ln\sigma$ 的斜率，β 为直线 $\ln\dot{\varepsilon}$-σ 的斜率。利用最小二乘法线性回归，把 n' 定义为图 6-10(a)、图 6-11(a) 和图 6-12 (a) 中峰值应力最低的直线斜率值；把 β 定义为图 6-10(b)、图 6-11(b) 和图 6-12(b) 中峰值应力最高的直线斜率值。由经验公式式 $\alpha = \beta/n'$ 可得，10％ Mo/Cu-Al$_2$O$_3$、20％Mo/Cu-Al$_2$O$_3$、30％Mo/Cu-Al$_2$O$_3$ 复合材料的 α 值分别为 0.012965mm^2/N、0.009748mm^2/N 及 0.009728mm^2/N。

在应变温度和应变速率一定下，对式(6-6) 中的 $1/T$ 求偏导得：

$$Q = R \left. \frac{\partial \ln\dot{\varepsilon}}{\partial \ln[\sinh(\alpha\sigma)]} \right|_T \left. \frac{\partial \ln[\sinh(\alpha\sigma)]}{\partial (1/T)} \right|_{\dot{\varepsilon}} \qquad (6\text{-}12)$$

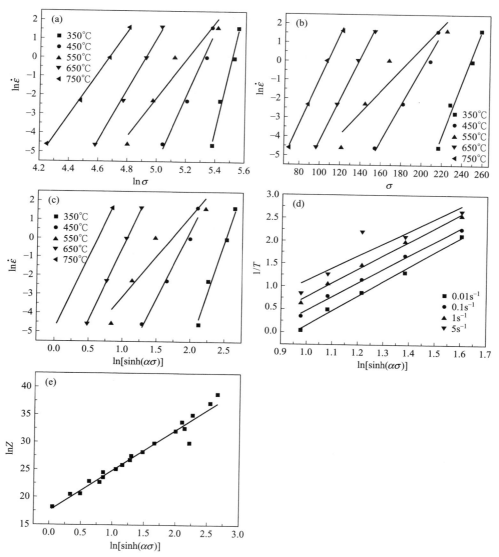

图 6-10　10% Mo/Cu-Al$_2$O$_3$ 复合材料的峰值应力 σ、变形
温度 T 和应变速率 $\dot{\varepsilon}$ 之间关系曲线

（a）$\ln\dot{\varepsilon}$-$\ln\sigma$；（b）$\ln\dot{\varepsilon}$-σ；

（c）$\ln\dot{\varepsilon}$-$\ln[\sinh(\alpha\sigma)]$；（d）$\ln[\sinh(\alpha\sigma)]$-$1/T$；（e）$\ln[\sinh(\alpha\sigma)]$-$\ln Z$

由相应的峰值应力和温度绘制对应的 $\ln\dot{\varepsilon}$-$\ln[\sinh(\alpha\sigma)]$ 和 $\ln[\sinh(\alpha\sigma)]$-$1/T$ 图，
如图 6-10、图 6-11、图 6-12(c) 和图 6-12(d) 所示，采用最小二乘法线性回归，
可得直线 $\ln[\sinh(\alpha\sigma)]$-$1/T$ 斜率的平均值与直线 $\ln\dot{\varepsilon}$-$\ln[\sinh(\alpha\sigma)]$ 斜率的平均值

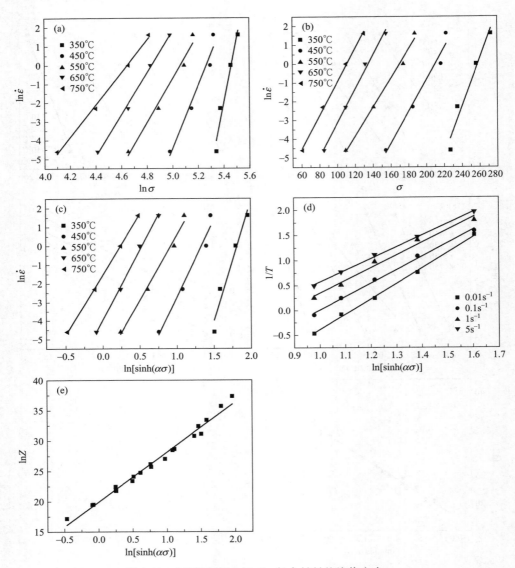

图 6-11　20％Mo/Cu-Al₂O₃ 复合材料的峰值应力 σ、

变形温度 T 和应变速率 $\dot{\varepsilon}$ 之间关系曲线

（a）$\ln\dot{\varepsilon}$-$\ln\sigma$；（b）$\ln\dot{\varepsilon}$-σ；（c）$\ln\dot{\varepsilon}$-$\ln[\sinh(\alpha\sigma)]$；（d）$\ln[\sinh(\alpha\sigma)]$-1/T；（e）$\ln[\sinh(\alpha\sigma)]$-$\ln Z$

分别为 s、n，则 $Q=Rsn$。由应变速率与变形温度，可算出相应的 $\ln Z$ 值，作关系图 $\ln[\sinh(\alpha\sigma)]$-$\ln Z$，如图 6-10、图 6-11 和图 6-12（e）所示，斜率为 $\ln A$。将以上所求得的参数值代入式（6-6），即为 10％ Mo/Cu-Al₂O₃、20％ Mo/Cu-Al₂O₃、30％Mo/Cu-Al₂O₃ 复合材料的高温热变形流变应力本构方程：

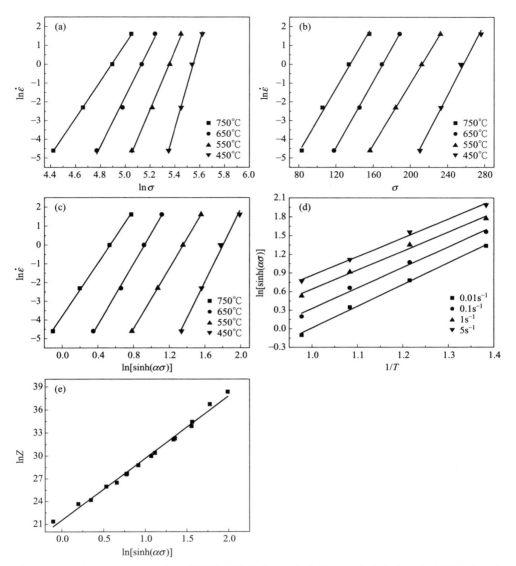

图 6-12　30％Mo/Cu-Al$_2$O$_3$ 复合材料的峰值应力 σ、变形温度 T 和应变速率 $\dot{\varepsilon}$ 之间关系曲线

（a）$\ln\dot{\varepsilon}$-$\ln\sigma$；（b）$\ln\dot{\varepsilon}$-σ；（c）$\ln\dot{\varepsilon}$-$\ln[\sinh(\alpha\sigma)]$；（d）$\ln[\sinh(\alpha\sigma)]$-$1/T$；（e）$\ln[\sinh(\alpha\sigma)]$-$\ln Z$

$$\dot{\varepsilon} = 3.758 \times 10^7 \left[\sinh(0.012965\sigma)\right]^{6.894} \cdot \exp\left(-\frac{171066}{RT}\right) \tag{6-13}$$

$$\dot{\varepsilon} = 4.449 \times 10^8 \left[\sinh(0.009748\sigma)\right]^{8.3958} \cdot \exp\left(-\frac{184979}{RT}\right) \tag{6-14}$$

$$\dot{\varepsilon} = 2.229 \times 10^9 \left[\sinh(0.009728\sigma)\right]^{8.2411} \cdot \exp\left(-\frac{220844}{RT}\right) \tag{6-15}$$

6.1.4　Mo/Cu-Al$_2$O$_3$ 复合材料热变形的 DMM 加工图及显微组织

Prasad 等人根据大塑性变形连续介质力学和不可逆热力学理论，建立了动态材料模型[14]，由该模型推导出的加工图已成功地应用到 200 多种合金中[15]。本书通过测定不同变形条件下材料的塑性变形参数，整理其功率耗散数值，从而可以较好地反映出材料在热变形时的组织演变与塑性变形参数之间的关系[16]。在应变、变形温度一定下，应变速率敏感指数 m 可以用耗散量（G）和耗散协量（J）的变化率来表示[17]：

$$\frac{\mathrm{d}J}{\mathrm{d}G}=\frac{\dot{\varepsilon}\,\mathrm{d}\sigma}{\sigma\,\mathrm{d}\dot{\varepsilon}}=\frac{\mathrm{dln}\sigma}{\mathrm{dln}\dot{\varepsilon}}=m \tag{6-16}$$

功率耗散图代表材料显微组织改变时功率的耗散，其变化率可用无量纲参数表示，功率耗散系数 η 可表示为：

$$\eta=J/J_{\max}=\frac{2m}{m+1}\times100\% \tag{6-17}$$

η 随应变速率和温度的变化构成了不同区域的功率耗散图，这些区域与特定的微观组织有直接的关系。在功率耗散图中，并不是耗散效率越大，材料的加工性就越好，这是因为在加工失稳区域的功率耗散率也可能会较高，因此判断出合金的加工失稳区是必要的。将不可逆热力学的极大值原理应用于大应变塑性流变中，按照动态材料模型原理，可得流变失稳的判据为[18]：

$$\xi(\dot{\varepsilon})=\frac{\partial\ln[m/(m+1)]}{\partial\ln\dot{\varepsilon}}+m<0 \tag{6-18}$$

流变失稳参数 $\xi(\dot{\varepsilon})$ 反映了材料失稳行为与变形温度及应变速率之间的关系，在关系图中，作出负值区域即流变失稳区域，此图即为材料变形的流变失稳图。流变失稳区域的微观现象一般会出现绝热剪切带、局部流变及孪晶、扭折。在应变速率和温度一定下，将功率耗散图和流变失稳图叠加起来就构成了基于动态材料模型的热加工图（DMM 加工图）。

三种 Mo/Cu-Al$_2$O$_3$ 复合材料的热加工图绘制过程简要叙述如下：

在变形温度与应变量不变下，流变应力与应变速率的关系[19]为：

$$\sigma=K\dot{\varepsilon}^{m} \tag{6-19}$$

分别对式(6-19) 两端取对数可得：

$$\ln\sigma=\ln K+m\ln\dot{\varepsilon} \tag{6-20}$$

利用三次样条插值法拟合可得应力与应变速率之间的关系：

$$\ln\sigma=a+b\ln\dot{\varepsilon}+c\,(\ln\dot{\varepsilon})^2+d\,(\ln\dot{\varepsilon})^3 \tag{6-21}$$

根据式(6-16) 可得 m 值为：

$$m=b+2c\ln\dot{\varepsilon}+3d\,(\ln\dot{\varepsilon})^2 \tag{6-22}$$

由式(6-17) 可求出在特定应变温度及应变量下三种复合材料的功率耗散系

数 η，进而作出它与温度、应变速率之间的关系图，即复合材料的功率耗散图。同时，由 m 及温度、应变速率之间的关系作出材料的流变失稳图，将以上两图叠加，得出 Mo/Cu-Al$_2$O$_3$ 复合材料的最终 DMM 加工图。

图 6-13 为 10％Mo/Cu-Al$_2$O$_3$ 复合材料不同应变量下的 DMM 加工图。图 6-13中分为空白区域与灰色区域，其中灰色区域为材料热变形过程中发生的流变失稳区域。由图 6-13 可知：

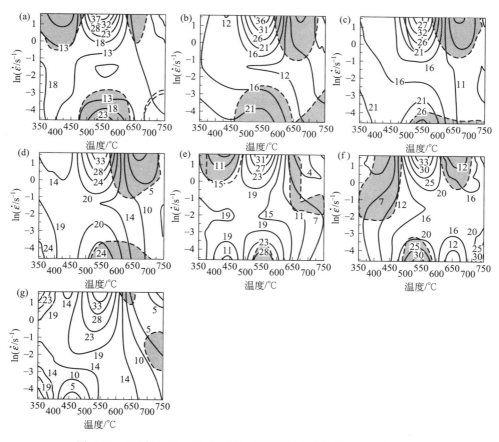

图 6-13　10％Mo/Cu-Al$_2$O$_3$ 复合材料不同应变量的 DMM 加工图
(a) 0.1；(b) 0.2；(c) 0.3；(d) 0.4；(e) 0.5；(f) 0.6；(g) 0.7

（1）材料热变形过程中产生的流变失稳过程主要集中在低温高应变或高温低应变状态下，且随应变量的变化而呈现规律性变化。

（2）10％Mo/Cu-Al$_2$O$_3$ 复合材料在热变形期间的功率耗散系数在应变量为 0.1 或 0.3 时，其最大值为 37％，其次为应变量 0.2 时的 36％。

（3）材料的功率耗散系数主要在 10％～37％范围内波动，一般在中温极高应变速率或极低应变速率下达到最大。

在基于动态材料模型理论中，材料热变形过程中，功率耗散系数高的区域一般会发生动态再结晶现象，材料出现软化，也即为材料热加工的安全区域。但并非功率耗散系数越高越好，当变形过程中出现局部流变或者绝热剪切带时，此时材料的功率耗散系数也会出现极大值，此现象在热加工过程中容易误导工艺的编制与操作。失稳区域也即热加工过程中的危险区域，容易出现材料变形中的断裂，因此，在材料热变形过程中，应结合热加工图及材料变形的显微组织，全面把握与分析，制定出最适合材料热加工的工艺路线。

由图 6-13 可知，在应变量为 0.6 和 0.7 时，$10\%Mo/Cu\text{-}Al_2O_3$ 复合材料的失稳区域主要集中在温度为 $650\sim750℃$、变形速率在 $1\sim5s^{-1}$ 范围内，这主要是因为在变形温度较高时，增强钼颗粒与 Al_2O_3 弥散铜基体会各自发生晶粒间的滑移，但其难易程度不同，从而导致晶界处产生应力集中，会发生材料内部开裂，此区域为热加工过程中的危险区域。当应变速率为 $0.01\sim0.1s^{-1}$ 时，由于应变速率较小，热变形过程中产生的残余应力可以得到充分释放，材料在此区域有利于热加工的进行。同时，在热加工图中，功率耗散系数较高的区域代表着材料会发生特殊的微观组织演变或局部流变失稳。

图 6-14 为 $10\%Mo/Cu\text{-}Al_2O_3$ 复合材料在不同变形温度、同一应变速率下热

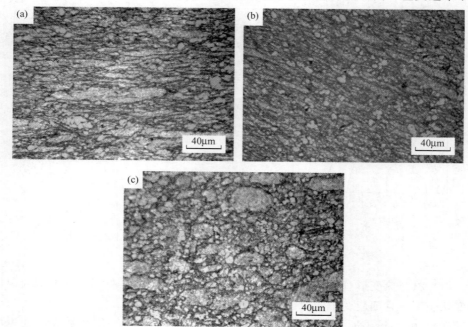

图 6-14 $10\%Mo/Cu\text{-}Al_2O_3$ 复合材料热压缩后的显微组织

(a) $T=350℃$，$\dot{\varepsilon}=0.01s^{-1}$；(b) $T=550℃$，$\dot{\varepsilon}=0.01s^{-1}$；(c) $T=750℃$，$\dot{\varepsilon}=0.01s^{-1}$

压缩后的显微组织。由材料的真应力-真应变曲线可知，在应变量达到0.6以后，曲线趋于平缓，材料达到稳态流变状态。

由图6-14可知，在温度为350℃、应变速率0.01s^{-1}下，10％Mo/Cu-Al$_2$O$_3$复合材料的微观形貌为大片的流线型组织（即变形痕迹），几乎看不到等轴状组织，与热加工图中小的功率耗散系数基本吻合；在温度为550℃、应变速率0.01s^{-1}下，流线型组织较少，等轴状组织增多；而在温度为750℃、应变速率0.01s^{-1}下，流线型组织基本消失，取而代之的是大量的等轴状再结晶组织，细小的钼颗粒分布在等轴晶周围。

综上所述，10％Mo/Cu-Al$_2$O$_3$复合材料的热加工安全区域为变形温度为650~750℃、应变速率为0.01~0.1s^{-1}范围内。

图6-15为20％Mo/Cu-Al$_2$O$_3$复合材料不同应变量下的热加工图。与10％Mo/Cu-Al$_2$O$_3$复合材料类似，研究大变量下的热变形非常重要。在应变量为0.4和0.5时，避开加工图中失稳区域，材料热变形的安全区域主要集中在高温低应变速率下，且在此区域，材料的功率耗散系数较高，达到27％，有利于动态再结晶的进行，因而更易于热加工的进行。

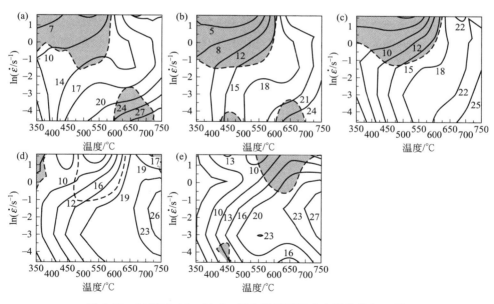

图6-15 20％Mo/Cu-Al$_2$O$_3$复合材料不同应变量的热加工图
(a) 0.1；(b) 0.2；(c) 0.3；(d) 0.4；(e) 0.5

图6-16为20％Mo/Cu-Al$_2$O$_3$复合材料在不同变形温度、同一应变速率下热压缩后的显微组织。图6-16(a)为热加工图中安全区域的显微组织照片，材料在热变形过程中，发生了动态再结晶，基体大部分为等轴状组织。由于钼相的加

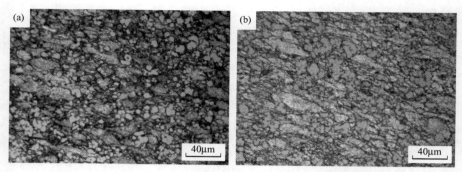

图 6-16　20％Mo/Cu-Al₂O₃ 复合材料热压缩后的显微组织

（a）$T=750℃$，$\dot{\varepsilon}=0.01s^{-1}$；（b）$T=750℃$，$\dot{\varepsilon}=5s^{-1}$

入，使得再结晶核心能在其表面产生，有利于动态再结晶的进行。图 6-16（b）为 20％Mo/Cu-Al₂O₃ 复合材料在变形温度为 750℃、应变速率为 $5s^{-1}$ 时的显微组织，流变组织特征明显，等轴状动态再结晶组织减少，这是由于在大的应变速率下，再结晶形核来不及长大，材料内部的应力集中，无法彻底释放，从而导致材料裂纹产生，产生局部失稳流变。20％Mo/Cu-Al₂O₃ 复合材料的热加工安全区域为变形温度为 700～750℃、应变速率为 0.01～$0.1s^{-1}$ 范围内。

图 6-17 为 30％Mo/Cu-Al₂O₃ 复合材料在不同应变量下的热加工图。由图 6-17 可知，在 450～650℃、应变速率大于 $0.1s^{-1}$ 时，30％Mo/Cu-Al₂O₃ 复合材料都会发生流变失稳，这是由于在此温度区间及变形速率条件下，钼颗粒与铜基体界面和铜基体晶界更易发生滑移，界面处应力集中严重，而且在高应变速率下，由界面滑移产生的应力集中，没有足够的时间通过扩散等途径释放，从而导致界面开裂。加工图中随着应变速率的减小，功率耗散效率逐渐升高，在变形温度为 700℃、应变速率 $0.01s^{-1}$ 时，出现功率耗散效率极值为 31％，这意味着出现了特殊的组织转变。

图 6-18 为 30％Mo/Cu-Al₂O₃ 复合材料热压缩后的显微组织。在加工图中功率耗散系数较高区域的变形机制为动态再结晶，由于铜基合金是典型的低层错能材料，在热塑性变形中动态回复过程受到抑制，而动态再结晶成为了热变形过程中最重要的组织演变形式和主要软化机制。图 6-18（a）中，可以从弥散铜基体中看出明显的变形痕迹，发生部分动态再结晶。图 6-18（b）所示为典型的"项链"组织，大晶粒周围被动态再结晶的小晶粒所包围，这是由于钼铜界面处能够同时具备大角度界面及高密度缺陷两个再结晶形核的基本条件，具有较高的变形能，因此是动态再结晶优先形核和长大的部位。此时，发生完全动态再结晶，热加工变形容易。通过分析热加工图和显微组织，可以确定 30％Mo/Cu-Al₂O₃ 复合材料的最佳热加工工艺参数为：变形温度 650～750℃、应变速率 0.01～$0.1s^{-1}$。

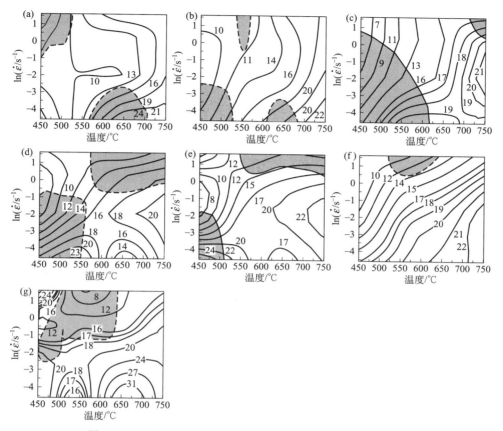

图 6-17　30％Mo/Cu-Al₂O₃ 复合材料不同应变量的热加工图

（a）0.1；（b）0.2；（c）0.3；（d）0.4；（e）0.5；（f）0.6；（g）0.7

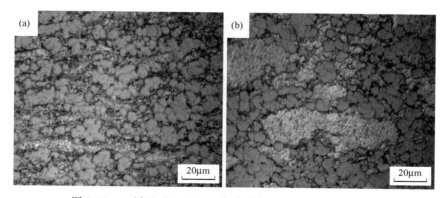

图 6-18　30％Mo/Cu-Al₂O₃ 复合材料热压缩后的显微组织

（a）$T=450℃$，$\dot{\varepsilon}=0.01s^{-1}$；（b）$T=750℃$，$\dot{\varepsilon}=0.01s^{-1}$

6.2 弥散铜-W 复合材料

W/Cu 复合材料结合了 W 和 Cu 的诸多优良性能，如 W 的高熔点、低线胀系数和高强度，Cu 的良好导电和导热性，使 W/Cu 复合材料具有良好的导热导电性、耐电弧侵蚀性、抗熔焊性和耐高温抗氧化等特点，而被广泛应用于高压真空断路器的触头材料。随着电力电子工业的发展及对 W/Cu 复合材料需求量的增大，原有的传统粉末冶金工艺制备的复合材料性能及技术都尚有可以改进的地方，如：通过硬质颗粒弥散在基体上，增加复合材料的硬度和强度，提高高温性能和耐磨性；在真空氛围或在惰性气体保护下进行烧结，可以减少材料杂质，进一步提高材料的致密度，提高材料的性能。对复合材料优化其成分，改善和创新材料制备工艺是材料研究的主要方向。本书在传统粉末冶金工艺的基础上，将真空热压烧结和内氧化工艺相结合，制备出致密度和性能都相对优异的 W/Cu-Al$_2$O$_3$ 复合材料。

6.2.1 材料制备、组织与性能

以 Cu$_2$O 粉末中的［O］作为氧源，与 Cu-Al 合金粉以及 W 粉充分混合，进行压制烧结-内氧化。在一定的温度和气氛条件下，Cu$_2$O 分解成的活性［O］原子吸附于 Cu-Al 合金粉的颗粒表面；活性［O］原子在基体中扩散并与其中 Al 发生择优氧化生成 Al$_2$O$_3$，得到 Al$_2$O$_3$ 弥散强化 Cu 基体，并和 W 组元形成了 W/Cu-Al$_2$O$_3$ 复合材料。

为了消除混合粉末的硬团聚现象，混粉首先采用手工研制，然后在球磨机上进行充分混合 3~5h。将称重干燥混合均匀后的 Cu-Al 合金粉末、Cu$_2$O 粉末和 W 粉放入石墨模具中压制成形，然后在真空中进行烧结。真空热压烧结的具体工艺为：混粉→装炉→抽真空→升温→保温（保温 20min）→加压（加压 10min 后卸压）→保温→加压（保温的最后 50min 开始到保温结束）→降温取样。烧结的主要工艺参数为：真空度为 $1×10^{-2}$ Pa，烧结温度为 950℃，保温时间为 2h，压制压力为 30MPa，保压总时间为 60min。

制备 W/Cu-Al$_2$O$_3$ 复合材料时，对原材料的金属粉末的颗粒度和纯度要求比较严格，若金属粉末中含有杂质，将严重影响复合材料的各方面性能，如 W 粉表面存在非金属夹杂物时，将使合金压制后出现松散，掉渣现象。金属粉末颗粒若太细，在混合的过程中产生硬团聚，将导致偏析和气孔等缺陷。粉末过细则容易吸收氧气，在烧结的过程中出现氧化现象，致使致密度和导电性能变差。研究表明：铜钨合金粉末在固相烧结时，烧结工艺参数对烧结态复合材料的性能有很大影响。若烧结温度过高，保温时间过长，合金粉末容易挥发，烧结态复合材料的晶粒粗大，性能恶化。而温度过低对致密化程度有影响，且内氧化进程缓慢[20,21]。

内氧化反应包含两个步骤：首选是 [O] 遵循扩散定律，通过吸附、溶入等扩散方式进入基体内部；然后进入基体内部的 [O] 和 Cu-Al 合金粉中的 Al 反应生成 Al_2O_3。本书提供氧源的原料为 Cu_2O 粉末，反应物为 Cu-Al 合金粉。将这两种合金粉末放入密闭的容器中，升温并降低氧的压力使 Cu_2O 分解释放出活性 [O]，与 Cu-Al 中的 Al 发生反应生成 Al_2O_3。若 [O] 分压匹配得当，就能够使 Cu_2O 粉最大限度地释放 [O] 含量，使内氧化进程时间缩短。此途径需容器密闭，本书工艺为真空烧结-内氧化状态，故能使内氧化达到一个最佳理想状态，并且真空氛围由于使模具腔内外压力不一致，能够使气体充分逸出。

图 6-19 为真空热压烧结制备的 W/Cu-Al_2O_3 复合材料的显微组织。其中图 6-19(a) 为 Cu-Al_2O_3 复合材料经腐蚀后的显微组织，弥散铜基体空隙稀少，组织均匀，致密度比较好。图 6-19(b) 和图 6-19(c) 分别为 W（25）/Cu-Al_2O_3 复合材料和 W（50）/Cu-Al_2O_3 复合材料。图中连续致密的灰色为基体 Cu 相，灰白色呈颗粒相分布的为 W 相，较均匀地分布在弥散铜基体上。铜基体比较致密，看不到明显的孔隙。

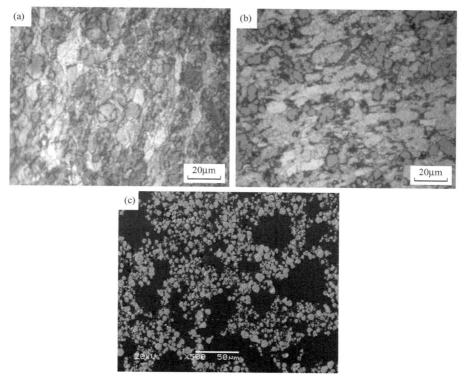

图 6-19 真空热压烧结 W/Cu-Al_2O_3 复合材料烧结态的显微组织

（a）Cu-Al_2O_3 复合材料；（b）W（25）/Cu-Al_2O_3 复合材料；（c）W（50）/Cu-Al_2O_3 复合材料

图 6-20 为 W/Cu-Al$_2$O$_3$ 复合材料的 TEM 像和选区衍射斑点标定照片，试样经减薄腐蚀后，表面出现了颗粒分散物和凹坑，表明 Al 元素在内氧化反应中，生成了 Al$_2$O$_3$ 颗粒，均匀地分布在 Cu 基体上。图 6-20(b) 为衍射标定斑点，将算出的 d 值与标准 PDF 卡片对比，标定结果显示亮斑点为 Cu 基体，弱斑点为弥散相 γ-Al$_2$O$_3$。经标定结果可知：Cu 和 γ-Al$_2$O$_3$ 的晶面（220）∥（440），晶向指数 $[\bar{1}12]_{Cu}$∥$[1\bar{1}\bar{2}]_{\gamma\text{-Al}_2O_3}$ 均相互平行，有 γ-Al$_2$O$_3$ 沿一定的晶面晶向析出。Al$_2$O$_3$ 颗粒间距约为 10～30nm，均匀分布的粒径约为 5～20nm，两者都达到了纳米量级，同时热稳定性高，硬度大的 Al$_2$O$_3$ 作为弥散相均匀分布于基体上。在塑性变形的过程中能够作为位错源，增加位错密度，对位错和晶界的运动起到阻碍作用，从而提高 W/Cu-Al$_2$O$_3$ 复合材料的强度、硬度及综合力学性能。

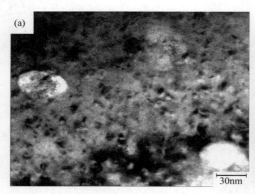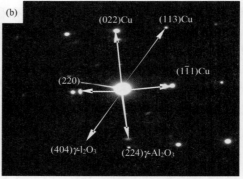

图 6-20　真空热压烧结 W/Cu-Al$_2$O$_3$ 复合材料的烧结态的微观组织和选区衍射斑点的标定
(a) 高分辨 TEM 显微结构；(b) 选区衍射斑点的标定

表 6-2 为不同成分的 W/Cu-Al$_2$O$_3$ 复合材料的综合性能。真空热压烧结制备 W/Cu-Al$_2$O$_3$ 复合材料的综合性能良好，随着 W 含量的增加，复合材料的强度和硬度都有所提高，致密度浮动不大，而电导率随着 W 含量的增加逐渐减小。复合材料所表现出来的综合力学性能主要与烧结过程中的致密度有密切关系。

表 6-2　W（25）/Cu-Al$_2$O$_3$ 和 W（50）/Cu-Al$_2$O$_3$ 复合材料性能

材料	致密度/%	硬度/(HV)	电导率/%IACS
W(25)/Cu-Al$_2$O$_3$	99.1	128	62.8
W(50)/Cu-Al$_2$O$_3$	99.8	135	46.0

在真空热压烧结过程中主要存在两种致密化机制：一种是扩散，包括外在压力作用下的扩散和颗粒表面能作用下的扩散。研究表明：坯体中细微气孔的排除主要就是通过扩散。另一种致密化的机制是颗粒间的塑性滑移，即在外力的作用下，由颗粒间发生滑移把气孔排除，从而迅速致密化。材料中较大气孔的排除，

主要是通过塑性滑移来实现的[22~24]。W/Cu-Al₂O₃复合材料的热压烧结致密化主要通过扩散和颗粒之间塑性滑移共同作用来实现，因而材料致密度较高。

6.2.2 W/Cu-Al₂O₃复合材料真应力-真应变曲线

近年来，国内外加强了对金属材料及金属基复合材料的高温变形过程中组织和性能变化规律的研究，其热加工技术已比较成熟。但相对于 W/Cu-Al₂O₃复合材料的热变形规律研究还比较少。Hiraoka[25]等人发现，在对 W（80）/Cu复合材料的压缩变形的过程中，内部晶粒随着变形量的增加，呈现纤维状组织。本书通过对真空热压烧结制备的 W/Cu-Al₂O₃复合材料热变形行为的考察，能够为这类复合材料的后续研发和实际生产提供理论支持和实验室工艺参考。

试验参数选择如下：

（1）变形温度：650℃，750℃，850℃，950℃。

（2）应变速率：$0.01s^{-1}$，$0.1s^{-1}$，$1s^{-1}$，$5s^{-1}$。

（3）总压缩真应变量为：0.7(最大变形程度50%)。

（4）保温时间：3min。

（5）升温速率：10℃/s。

图 6-21～图 6-23 分别为 Cu-Al₂O₃复合材料、W（25）/Cu-Al₂O₃复合材料、W（50）/Cu-Al₂O₃复合材料的真应力-真应变曲线。由图 6-21～图 6-23 可以看出，在该实验条件下，三种复合材料的真应力-真应变曲线均呈现流变特征：在形变刚开始时，流变应力随变形量的增大而迅速增大，当应变达到一定程度后迅速达到峰值应力，之后随着真应变的增大，应力开始缓慢下降，呈软化现象；随着应变量的继续增加，流变应力不随真应变的增大而发生明显变化，而是趋于相对稳定的状态，呈现稳态流变特征，并且应变速率越小，应力值下降越明显。随着变形温度和变形速率的变化，达到应力峰值所需的真应变不同。在同一应变速率下，随着温度的升高，出现峰值应力所需的应变量减少；因为复合材料在低温时有一个加工硬化的阶段，达到峰值应力的应变量随着温度的升高而逐渐减小，说明随着温度升高，流变应力对温度的敏感性降低。而在同一变形温度下，随着应变速率的增大，峰值应力出现所需的应变量增加。

在同一应变速率下，复合材料的流变应力随着温度的升高而明显下降，因为金属的高温变形是一个热激活过程，温度升高会使热激活过程增强，这时位错也具有足够的能量来克服金属变形对它的钉扎，活动能力增强。空位，间隙原子等点缺陷也更加活跃，从而出现动态软化降低流变应力。而在同一变形温度下，流变应力随着变形速率的增大而增大，说明该复合材料在实验条件下具有正的应变速率敏感性[26]。即温度越低，应变速率越大，材料变形抗力就越大，复合材料达到稳态变形就越困难。

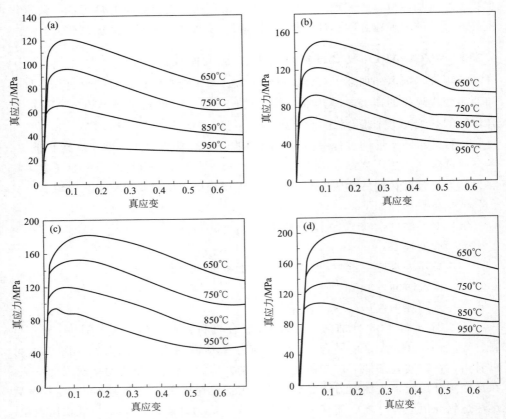

图 6-21 不同变形速率和变形温度下弥散铜 Cu-Al₂O₃ 复合材料的真应力-真应变曲线

(a) 0.01s⁻¹；(b) 0.1s⁻¹；(c) 1s⁻¹；(d) 5s⁻¹

6.2.3 W/Cu-Al₂O₃ 复合材料热变形的本构方程

对真应力-真应变曲线的分析可知：热变形过程中，流变应力主要受变形温度 T，变形速率 $\dot{\varepsilon}$ 为变量的热激活过程所支配。研究材料的热变形过程主要是通过建立稳态本构方程，来研究变形温度、变形速率与应变之间的关系。本构方程是制定和控制合金变形工艺的基础。稳态流变应力的本构方程模型有很多种，其中双曲线正弦模型的 Zener-hollomon 参数（简称 Z 参数）已广泛地应用于材料的热变形研究中。它综合了材料的热变形条件，可表示热变形过程中的流变应力、应变速率和变形温度之间的关系[27]，数学表达式如下：

$$\sigma = f(Z) \tag{6-23}$$

$$Z = \dot{\varepsilon}\exp(-Q/RT) \tag{6-24}$$

式中，Z 为温度补偿的应变速率因子；σ 为高温流变应力；$\dot{\varepsilon}$ 为应变速率；T 为绝对温度；R 为摩尔气体常数；Q 为热变形激活能，是材料热变形中的重

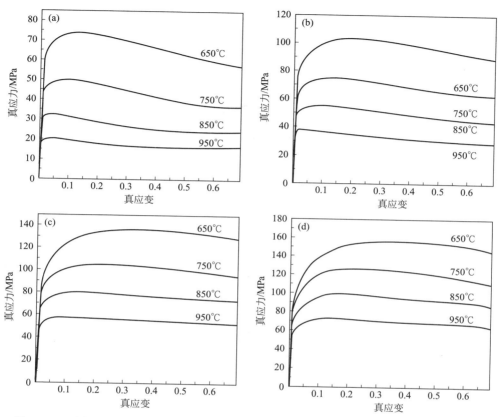

图 6-22　不同变形速率和变形温度下 W（25）/Cu-Al₂O₃ 复合材料的真应力-真应变曲线
(a) 0.01s⁻¹；(b) 0.1s⁻¹；(c) 1s⁻¹；(d) 5s⁻¹

要参数，它反映材料变形的难易程度。

　　Z 参数用以表示变形温度 T 和应变速率 $\dot\varepsilon$ 对变形过程的综合作用。将所求得的复合材料的参数和不同条件下的热变形激活能 Q 代入式(4-10)，可以得到不同的 Z 值。

$$\ln Z = \ln \dot\varepsilon + Q/RT \tag{6-25}$$

$$\ln Z = \ln A + n \ln[\sinh(\alpha\sigma)] \tag{6-26}$$

　　将复合材料的材料参数分别代入相应的式中，得到 Cu-Al₂O₃ 复合材料、W(25)Cu-Al₂O₃ 复合材料、W(50)Cu-Al₂O₃ 复合材料实验热压缩流变应力方程为：

$$\dot\varepsilon = 2.7526 \times 10^8 [\sinh(0.0131\sigma)]^{5.2196} \exp(-220.71 \times 10^3/RT) \tag{6-27}$$

$$\dot\varepsilon = 2.7155 \times 10^7 [\sinh(0.0140\sigma)]^{3.92} \exp(-185.3 \times 10^3/RT) \tag{6-28}$$

$$\dot\varepsilon = 7.1363 \times 10^6 [\sinh(0.0110\sigma)]^{4.7567} \exp(-176.05 \times 10^3/RT) \tag{6-29}$$

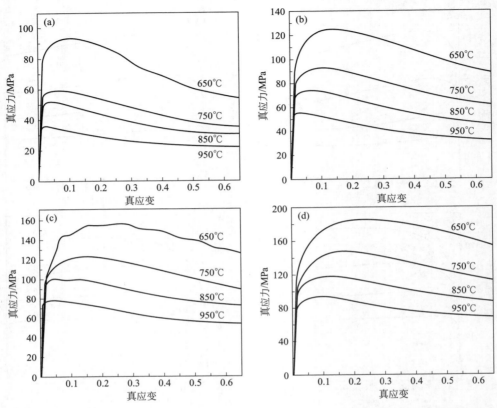

图 6-23 不同变形速率和变形温度下 W（50）/Cu-Al₂O₃ 复合材料的真应力-真应变曲线

（a）$0.01s^{-1}$；（b）$0.1s^{-1}$；（c）$1s^{-1}$；（d）$5s^{-1}$

6.2.4 W/Cu-Al₂O₃ 复合材料的热加工图

若要对热变形进行精确透彻的分析，不仅要确定最大功率耗散区，而且还要确定失稳区域。在失稳区域，加工功率消耗虽然很大，但不一定加工性能就好，裂纹等缺陷大都出现在这个区域。根据热力学原理，功率耗散最低的部分即为材料加工最为稳定的状态。如图 6-24 所示，分别为复合材料 Cu-Al₂O₃、W(25)/Cu-Al₂O₃、W（50）/Cu-Al₂O₃ 应变量为 0.6 时的热加工图。由图中可以看出，随着应变速率和变形温度的不同，合金的动态消耗行为明显不一样，同时作为流变失稳区域的阴影部分也在不断变化。其中复合材料 Cu-Al₂O₃、W(25)/Cu-Al₂O₃、W（50）/Cu-Al₂O₃ 的变形消耗功率效率值 η 的变化范围很大，大部分都在 5%～60% 之间。其中最大功率消耗效率值 η 出现在高温（850～950℃），速率为 0.01～0.1s⁻¹ 的区域。复合材料的加工失稳区域大都出现在应变速率较大（1～5s⁻¹）的情况下；在低应变量的时候，失稳区域在高温下也有，但当应变量增加到 0.5 以后，高温区域已经基本上没有失稳区域。这说明复合材料在变形温度为 650～950℃，应变速率为 0.01～5s^{-1} 范围内，在应变初始难以加工，当变形量达到一定程度后，失稳区域仅出现在中低温和高的应变速率条件下。在热加工过程中，应避开此加工区域。

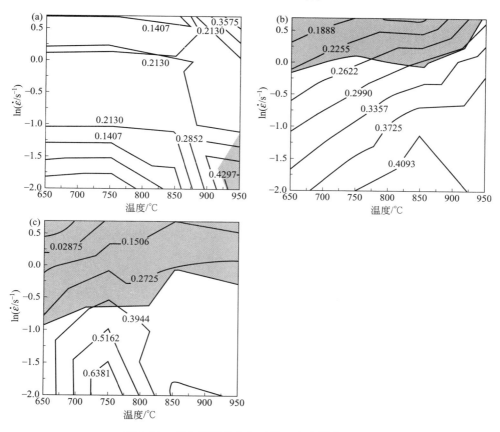

图 6-24　复合材料的热加工图（应变量为 0.6）

（a）Cu-Al$_2$O$_3$ 复合材料；（b）W（25）/Cu-Al$_2$O$_3$ 复合材料；（c）W（50）/Cu-Al$_2$O$_3$ 复合材料

以图 6-24 为例，根据功率消耗效率值 η 的分布区域，把耗散效率图分为三个部分：

1. 耗散效率 η 大于 40% 的区域

在本实验过程中，耗散效率 η 大于 40% 的区域大多出现在加工图的右下角，即：应变速率低（0.01s^{-1}）的高温（900～950℃）变形区域。在此部分，耗散效率 η 全都大于 40%，极大值甚至超过 50%。在加工图中局部存在高的耗散效率最大值，表示有特殊的显微组织机制或流变失稳机制，即超塑性区域或者是裂纹区。

2. 耗散效率 η 在 20%～40% 的区域

这部分大都出现在中低变形速率（0.01～1s^{-1}）和中高变形温度（800～900℃），通常是典型的动态再结晶区域。这一区域具有良好的塑性，为热加工安全区，能够进行锻造、热挤压等热变形。

3. 耗散效率 η 小于 20% 的区域

此部分出现在高变形速率（1～5s^{-1}）和中低变形温度（650～800℃）情况下。这种情况下可能会导致材料晶界处出现楔形开裂和材料第二相处形成微型孔洞，较高的应变速率甚至会使材料产生绝热剪切。这一区域通常为失稳区。

对热加工图分析可知：在变形速率为 0.01～1s^{-1}，变形温度为 800～900℃时，区域内容易发生动态再结晶。对于本书所讨论的复合材料，动态再结晶主要受晶界的迁移率所控制，则动态再结晶所消耗的能量较高。这一区域内的功率耗散率在 40% 左右，能够满足动态再结晶所需要的能量，形成新的细小的等轴态晶粒，具有良好的强度、塑性和疲劳性能，是安全热变形区域，可以进行热锻、热挤压等加工工艺。在高温变形区域虽然仍保持较高的能量消耗率，但材料组织粗大，对其力学性能产生影响。并且在复合材料的热加工图中，当应变量较大时，高温区域出现失稳现象，容易出现裂纹等失效情况。所以高温区域很少进行

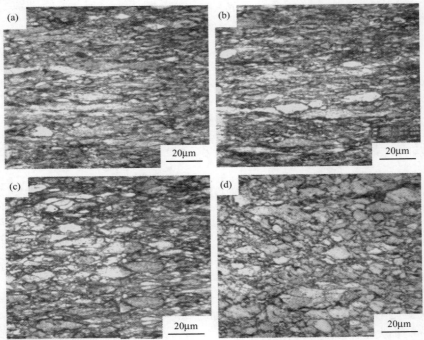

图 6-25　Cu-Al$_2$O$_3$ 在不同热变形条件下的显微组织

(a) 650℃，0.01s^{-1}；(b) 750℃，0.01s^{-1}；(c) 850℃，0.01s^{-1}；(d) 950℃，0.01s^{-1}

合金的热加工。

对复合材料的真应力-真应变曲线分析知：在实验条件下复合材料的流变应力受加工硬化和动态再结晶这两个主要因素相互作用，使得材料的变形抗力由加工硬化，屈服和稳态流变三个阶段组成。材料的宏观应力变化，必然在微观结构上有所显示，观察材料的微观组织，能够更好地分析材料的应力-应变规律。

以 Cu-Al$_2$O$_3$ 和 W（50）Cu-Al$_2$O$_3$ 复合材料的组织为例，图 6-25 和图 6-26 是变形速率为 $0.01s^{-1}$，最大真应变为 0.7 的条件下，变形温度为 $50\sim950℃$，Cu-Al$_2$O$_3$ 和 W（50）Cu-Al$_2$O$_3$ 复合材料的显微组织。从图 6-25（a）和图 6-26（a）中可以看出，当应变速率为 $0.01s^{-1}$，变形温度为 650℃时，晶粒沿垂直于压缩方向伸长，呈纤维状组织。随着变形温度的升高，变形的晶界边缘出现了亚晶界，形核的区域越来越多，原来的变形晶界逐渐模糊。由于晶界处能够同时具备大角度界面和高密度缺陷 2 个再结晶的基本条件，具有较高的变形能，成为再结晶晶粒优先形核和长大的部位。随着变形温度的继续升高，在原来的晶界处形成了新的晶粒，进而逐渐长大，并出现大晶界被再结晶的晶粒所包围的现象。这一条件下发生的再结晶并不完全，仍保留有部分细长的晶粒，如图 6-25（c）和图 6-26（c）所示。随着再结晶的不断进行及其晶界不断合并原始晶粒而长大成等轴

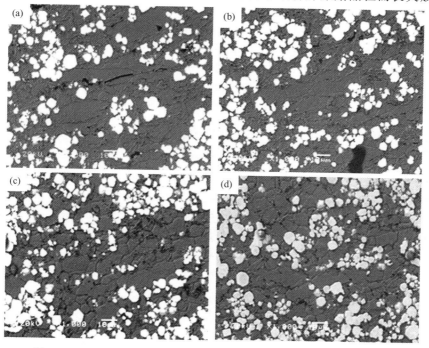

图 6-26　W（50）/Cu-Al$_2$O$_3$ 在不同热变形条件下的 SEM 显微组织
（a）650℃，$0.01s^{-1}$；（b）750℃，$0.01s^{-1}$；（c）850℃，$0.01s^{-1}$；（d）950℃，$0.01s^{-1}$

晶，最后将完全替代原有变形组织，形成细小等轴的再结晶组织，如图 6-25（d）和图 6-26（d）所示。结合应力-应变曲线以及对热加工图的分析可以看出：复合材料的热压缩过程呈现明显的动态再结晶特征。

6.3 弥散铜-WC 复合材料

WC 具有高强度、高硬度、高熔点等优良性能，Cu 具有良好导电和导热性，将 WC 颗粒与 Cu 进行粉末冶金可以得到一种假合金，这是由于 WC 颗粒既不固溶于铜，也不与铜发生化学反应，这种复合材料具有耐电弧侵蚀性、抗熔焊性和耐高温、抗氧化、高硬度等性能，因而在电接触触头材料、电阻焊、电极等方面有着广阔的应用前景[28,29]。

6.3.1 材料制备、组织与性能

将原材料 Cu-0.58％Al 粉、Cu_2O 粉以及 WC 粉按相应的比例配料，在轻型球磨机上进行混粉。将混均匀的粉末装入石墨模具，然后进行真空热压烧结。烧结工艺曲线如下：先经过 40min 后升温到 600℃保温 20min，再经 35min 升温到烧结温度 950℃，保温 2h，同时加压 30MPa，最后随炉冷却，取出样品。

图 6-27 为真空热压烧结制备 Al_2O_3/Cu、Al_2O_3/Cu-10％（体积分数）WC 和 Al_2O_3/Cu-20％（体积分数）WC 复合材料的 SEM 形貌。从图 6-27（a）中可以看出，弥散铜基体空隙较少，组织均匀，致密度较好。图 6-27（b）和图 6-27（c）分别为 Al_2O_3/Cu-10％（体积分数）WC 和 Al_2O_3/Cu-20％（体积分数）WC 复合材料，其中连续致密的灰黑色相为基体 Cu，灰白色颗粒为 WC，均匀地分布在 Cu 基体上。弥散铜基体比较致密，无明显的孔隙。

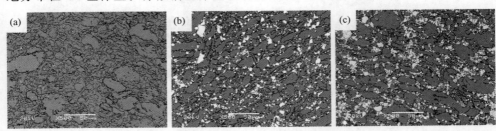

图 6-27　真空热压烧结制备复合材料的显微组织

（a）Al_2O_3/Cu；（b）Al_2O_3/Cu-10％（体积分数）WC；（c）Al_2O_3/Cu-20％（体积分数）WC

图 6-28 为 Al_2O_3/Cu-10％（体积分数）WC 复合材料内氧化后的组织形貌和高分辨像。在图 6-28（a）中可以看到，均匀分布的粒径约为 5～20nm 的 Al_2O_3 颗粒，粒子间距约 10～30nm，粒径和粒子间距都达到了纳米级，在塑性变形时可作为位错源，增加位错密度，增大位错和晶界运动的阻力。图 6-28（b）是图 6-28（a）的进一步放大，可见，弥散颗粒形貌呈花瓣状，与基体保持着良好

的共格或半共格关系。

图 6-28(c) 是 Al_2O_3/Cu-10％（体积分数） WC 复合材料的铜基体与 WC 颗粒的界面，图 6-28(d) 是图 6-28(c) 选区的高分辨像，从图中可以看到，两种类型的晶格条纹之间夹杂着非晶特有的无序点状衬度或是纳米晶，在基体铜与 WC 颗粒之间有一层过渡层，这也增强了基体与增强相之间的结合强度，保证了在热加过程中的安全性。碳化钨有两种六方结构的变体，六方结构的 WC 和 W_2C。 WC 的晶格常数 $a = 2.9200Å$（$1Å = 10^{-10}$ m，余同），$c = 2.850Å$（$c/a = 09760$）；W_2C 的晶格常数 $a = 2.9900Å$，$c = 4.7200Å$（$c/a = 1.5786$）。图 6-28 (e) 和图 6-28(f) 是图 6-28(c) 选区的高分辨图像和电子衍射斑点及标定，将算出的 d 值与标准 PDF 卡片对比，实线标定的为（100）WC 与虚线标定的为（100）W_2C 晶面平行，晶向（$0\bar{2}0$）WC // （001）W_2C。从图 6-28(f) 中可以看出，WC 颗粒内部出现大量的孪晶，这可能是在真空热压过程中产生的，而孪生界会降低位错的平均自由程，起到硬化作用，降低塑性。

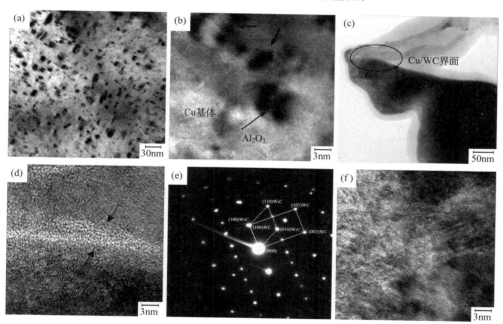

图 6-28 真空热压烧结 Al_2O_3/Cu-10％（体积分数） WC 复合材料的 TEM 像
（a）、（b）、（d）、（e）高分辨 TEM 微观结构；（c）Cu/WC 界面；（f）选区衍射斑点及标定

表 6-3 为不同 WC 含量的复合材料的综合性能。从表 3-1 中可以看出，真空热压烧结制备的不同 WC 含量的复合材料的显微硬度随着 WC 含量的升高而增大，这主要是由于弥散分布于铜基上的纳米级的 Al_2O_3 颗粒和 WC 颗粒阻碍位错的运动，起到钉扎作用。塑性变形时，位错线不能直接切过第二相粒子，在外

力的作用下，位错线可以环绕第二粒子留下位错环而让位错通过，在第二相粒子周围引起大量位错塞积，增大位错影响区的晶格畸变能，使滑移抗力增大，使得复合材料硬化[30]。

表 6-3　不同 WC 含量的复合材料的综合性能

材料	致密度/%	硬度(HV)	电导率/%IACS
Al_2O_3/Cu	95.30	139.00	49.10
Al_2O_3/Cu-10%（体积分数）WC	95.52	153.86	47.81
Al_2O_3/Cu-20%（体积分数）WC	95.17	188.65	41.25

6.3.2　WC/Cu-Al₂O₃ 复合材料真应力-真应变曲线

图 6-29～图 6-31 分别给出了 Al_2O_3/Cu、Al_2O_3/Cu-10%（体积分数）WC 和 Al_2O_3/Cu-20%（体积分数）WC 复合材料的真应力-真应变曲线。图 6-29～图 6-31 具有以下基本特征：

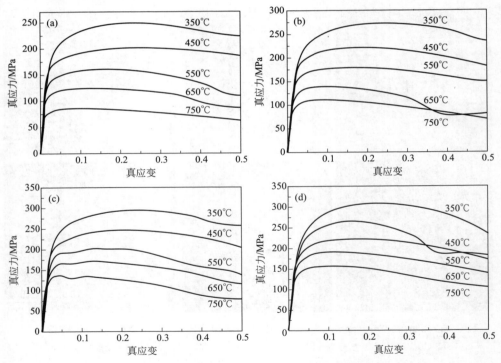

图 6-29　Al_2O_3/Cu 复合材料不同应变速率的真应力-真应变曲线

(a) $0.01s^{-1}$；(b) $0.1s^{-1}$；(c) $1s^{-1}$；(d) $5s^{-1}$

（1）三种复合材料在变形初期，真应力增加很快，几乎增直线上升，当应力达到峰值后，应力随着应变量的增加而缓慢下降，最后趋于相对稳定的状态，呈

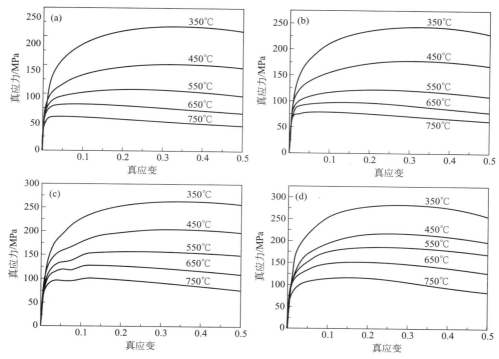

图 6-30　Al_2O_3/Cu-10%（体积分数）WC复合材料不同应变速率的真应力-真应变曲线

(a) $0.01s^{-1}$；(b) $0.1s^{-1}$；(c) $1s^{-1}$；(d) $5s^{-1}$

现出稳态流变特征，说明这三种材料均发生了动态回复与动态再结晶。

（2）复合材料的峰值应力随着变形温度的升高而降低，随着应变速率的增大而升高。

（3）当变形温度一定时，峰值应力随着应变速率的增大而增大，这说明该复合材料具有正的应变速率敏感性。

（4）当应变速率一定时，峰值应力随着应变温度的升高而降低。

（5）随着 WC 含量的增加，峰值应力增大，峰值应力于应变量较大的位置时出现。

Al_2O_3/Cu、Al_2O_3/Cu-10%（体积分数）WC、Al_2O_3/Cu-20%（体积分数）WC复合材料，其热变形过程中的动态软化机制以动态再结晶机制为主，峰值应力随变形温度的降低或应变速率的升高而增加，该复合材料是温度和速率敏感材料；其热激活能分别为：193.81kJ/mol、208.34kJ/mol、229.17kJ/mol。热激活能随着 WC 含量的增加而增加。其本构方程为：

$$\dot{\varepsilon} = 1.85 \times 10^9 \left[\sinh(0.00697\sigma) \right]^{11.499} \cdot \exp\left[193.81 \times \frac{10^3}{RT} \right] \qquad (6\text{-}30)$$

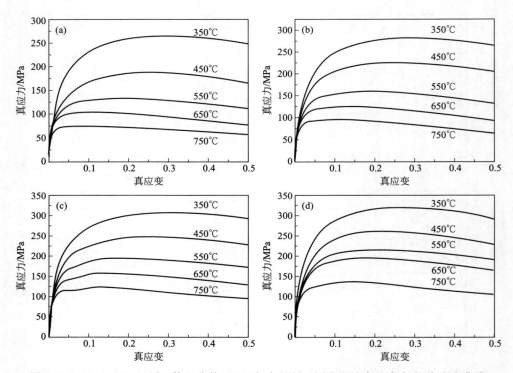

图 6-31　Al_2O_3/Cu-20%（体积分数）WC 复合材料不同应变速率的真应力-真应变曲线

(a) $0.01s^{-1}$；(b) $0.1s^{-1}$；(c) $1s^{-1}$；(d) $5s^{-1}$

$$\dot{\varepsilon} = 1.23 \times 10^{11} \left[\sinh(0.00837\sigma)\right]^{9.407} \cdot \exp\left[-208.34 \times \frac{10^3}{RT}\right] \quad (6\text{-}31)$$

$$\dot{\varepsilon} = 9.84 \times 10^{9} \left[\sinh(0.00923\sigma)\right]^{9.318} \cdot \exp\left[-229.17 \times \frac{10^3}{RT}\right] \quad (6\text{-}32)$$

6.3.3　WC/Cu-Al_2O_3 复合材料热加工图

图 6-32 分别为 Al_2O_3/Cu、Al_2O_3/Cu-10%（体积分数）WC 和 Al_2O_3/Cu-20%（体积分数）WC 应变量为 0.5 时的热加工图，其中阴影部分为流变失稳区域，非阴影部分为塑性变形区，根据此图可以在热加工过程中避免各种加工缺陷。从图 6-32 中可以看出，热加工图中不同区域 η（%）值也在变化，这一方面反映了温度和应变速率的变化，另一方面也反映了所对应的组织的变化（如图 6-33 和图 6-34 所示）。从图 6-33 和图 6-34 可以看出，温度较低时（350℃），呈现出典型的纤维状组织，随着温度的升高，晶界开始模糊，局部开始出现再结晶晶粒。随着温度的进一步升高（750℃），纤维状组织边界处出现更多的再结晶晶粒，最后形成细小、等轴再结晶组织，最后细小均匀的等轴晶完全取代纤维状组

织，这是由于在边界处具有完成再结晶的两个基本条件：大角度晶界和高密度缺陷[31,32]。

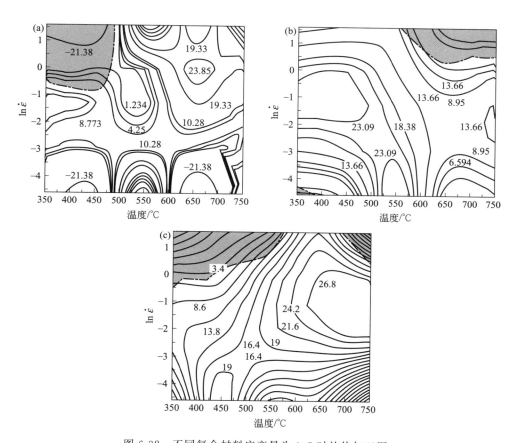

图 6-32 不同复合材料应变量为 0.5 时的热加工图

（a）Al_2O_3/Cu；（b）Al_2O_3/Cu-10%（体积分数）WC；（c）Al_2O_3/Cu-20%（体积分数）WC

图 6-33 Al_2O_3/Cu-10%（体积分数）WC 复合材料在应变速率为 $0.01s^{-1}$ 时的热变形组织

（a）$T=350℃$；（b）$T=550℃$；（c）$T=750℃$

图 6-34　Al_2O_3/Cu-20％（体积分数）WC 复合材料在应变速率为 $0.1s^{-1}$ 时的热变形组织

(a) $T=350℃$；(b) $T=550℃$；(c) $T=750℃$

6.4　弥散铜-TiC 复合材料

6.4.1　材料制备、组织与性能

　　将 Cu-0.28％Al、Cu_2O 和不同含量 TiC 颗粒混合，Cu_2O 作为供氧源在真空条件下进行热压-内氧化烧结，在真空和高温条件下，Cu_2O 分解提供的活性氧原子吸附并溶于 Cu-Al 颗粒表面；在内氧化反应中，活性氧原子优先与 Al 发生氧化生成 Al_2O_3，弥散分布于 Cu 基体，从而起到弥散强化铜的作用，并与 TiC 组元紧密结合形成 TiC/Cu-Al_2O_3 复合材料。图 6-35 为烧结工艺曲线。

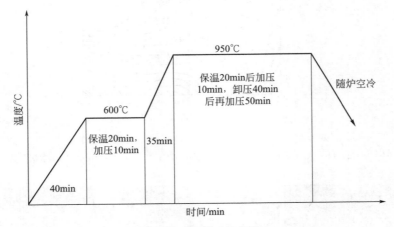

图 6-35　烧结工艺曲线

　　图 6-36 为采用真空热压-内氧化烧结法制备的 TiC/Cu-Al_2O_3 复合材料的原始微观组织。由图 6-36 可看出，灰黑色的 TiC 颗粒均匀地分布在灰白色的弥散铜基体上，无明显的团聚现象。弥散铜基体组织较为致密、均匀，无明显空隙。对比图 6-36(a)～图 6-36(c) 可知，随着 TiC 含量的增加，在 TiC/Cu-Al_2O_3 复合材料的弥散铜基体上，灰黑色 TiC 颗粒明显增多，基本上无团聚现象。TiC 颗粒大致分布在 Cu 的晶界处，TiC 与 Cu 界面较分明。随着 TiC 含量的增加，在

界面结合处出现一些空洞，由于 TiC 颗粒棱角分明，颗粒间相互抵触形成空洞阻碍了 Cu 粉的填充，形成微观空洞。

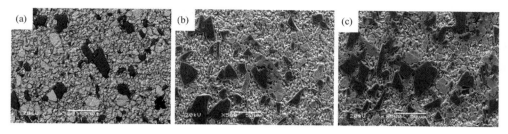

图 6-36 不同 TiC 体积分数的烧结态 TiC/Cu-Al_2O_3 复合材料的原始微观组织

(a) 10%；(b) 20%；(c) 30%

图 6-37 为 10%（体积分数）TiC/Cu-Al_2O_3 复合材料的原始微观组织。图 6-37 中可以看出，内氧化生成的纳米级的 Al_2O_3 颗粒均匀弥散分布在铜基体上，即生成弥散铜基体。内氧化生成的 Al_2O_3 颗粒均匀分布在晶粒内部，晶界处的数量较少。γ-Al_2O_3 作为增强相均匀弥散分布于铜基体上，无论 γ-Al_2O_3 的粒径还是微粒间距均为纳米级。TiC/Cu-Al_2O_3 复合材料发生变形时，大量弥散分布的纳米级 γ-Al_2O_3 微粒能够作为位错源，造成位错缠结、增加位错密度，阻碍基体中晶界运动及位错的滑移，从而提高 TiC/Cu-Al_2O_3 复合材料的强度。

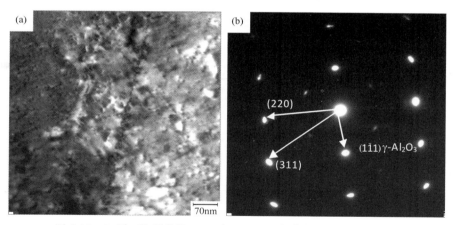

图 6-37 10%（体积分数）TiC/Cu-Al_2O_3 复合材料原始微观组织

表 6-4 为不同 TiC 体积分数的 TiC/Cu-Al_2O_3 复合材料的性能。随着 TiC 含量的增加，致密度逐渐下降，这是由于 TiC 与 Cu 之间的润湿性极差，在真空环境下，1200℃时润湿角仅为 109°，不利于材料进一步致密化。另外 TiC 含量增加，使得 TiC 颗粒整体表面积增加，颗粒间的缝隙增多，加大了铜粉的填充难度，不利于铜粉的流动和填充，从而降低致密度。TiC/Cu-Al_2O_3 复合材料烧结态时的电导率低于 50%IACS，由于 TiC 的导电性极差，所以随着 TiC 含量的增

加，其颗粒总面积增大，这将增大电子的散射作用，使电阻增加。Cu 与 TiC 两组元的熔点、密度、线胀系数均有很大差距，在真空热压–内氧化烧结过程中容易使增强体 TiC 颗粒与 Cu 基体之间产生热应力，造成晶格畸变，晶格散射作用增强[33]。在 TiC 含量由 10％增加到 20％时，材料的布氏硬度明显增加，而 TiC 含量增加到 30％时，布氏硬度却降低，这与致密度下降了 3.4％有关。在载荷增大时，材料的致密度将逐渐成为影响硬度的重要因素。

表 6-4　不同 TiC 体积分数的 TiC/Cu-Al$_2$O$_3$ 复合材料的性能

TiC 体积分数/％	致密度/％	电导率/％IACS	硬度（HBW）
10	98.5	48.7	113
20	97.1	42.5	128
30	93.7	35.7	108

6.4.2　TiC/Cu-Al$_2$O$_3$ 复合材料的真应力-真应变曲线

图 6-38 为 10％（体积分数，下同）TiC/Cu-Al$_2$O$_3$ 复合材料在应变速率为 $0.001s^{-1}$、$0.01s^{-1}$、$0.1s^{-1}$、$1s^{-1}$ 时，变形温度在 850℃、750℃、650℃、550℃、450℃等温压缩变形的真应力–真应变曲线。复合材料具有较为明显的稳

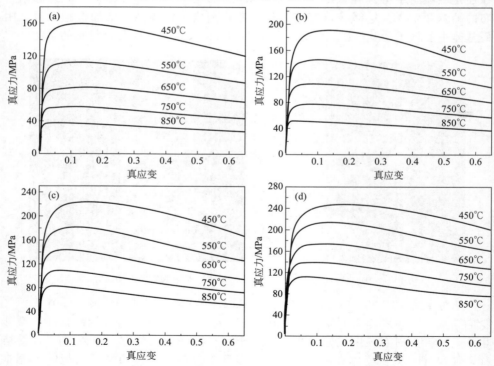

图 6-38　10％TiC/Cu-Al$_2$O$_3$ 复合材料热压缩变形真应力-真应变曲线

（a）$\dot{\varepsilon}=0.001s^{-1}$；（b）$\dot{\varepsilon}=0.01s^{-1}$；（c）$\dot{\varepsilon}=0.1s^{-1}$；（d）$\dot{\varepsilon}=1s^{-1}$

态流变特征：在应变前期随应变量的增加，应力急剧增加迅速达到峰值；达到峰值后随应变量的增加，应力缓慢下降。这是因为变形初期随着变形量的增加，位错密度迅速提高，位错间交互作用增强，造成位错运动阻力增大，表现为加工硬化。当位错应力场引起的畸变能增大到一定程度时，变形储存能成为再结晶驱动力，发生动态再结晶软化，因而应力增加缓慢；达到峰值应力后，动态再结晶的软化作用将占据主导地位，材料的应力逐渐降低。

在相同应变速率下，流变应力随变形温度的增加而降低。在同一速率下，随着温度的升高，材料动态再结晶的形核率和长大速率都增加，从而软化作用增强；而且温度越高、原子动能越大，原子间的结合力就弱，即剪切应力降低。可见，10％TiC/Cu-Al₂O₃ 复合材料是温度敏感材料。在同一变形温度下，流变应力随着应变速率的升高而增加，在同一温度下，应变速率较低时，再结晶形核的时间较长，形核数量增多，再结晶软化作用强于加工硬化的作用。随着应变速率增加，导致变形组织形核和长大的概率减少，位错增殖急剧增加，加工硬化作用更加明显，表现为流变应力迅速升高。可见，10％TiC/Cu-Al₂O₃ 复合材料对应变速率具有正的敏感性，是应变速率敏感材料。

图 6-39 和图 6-40 分别为 20％TiC/Cu-Al₂O₃ 和 30％TiC/Cu-Al₂O₃ 复合材

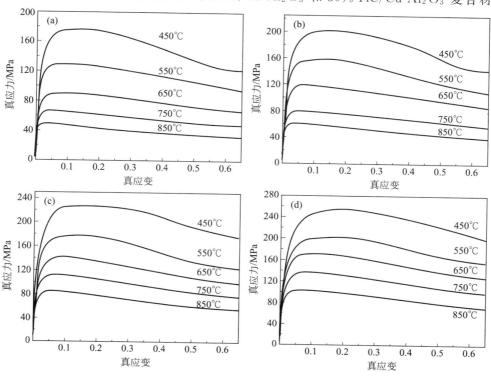

图 6-39　20％TiC/Cu-Al₂O₃ 复合材料热压缩变形真应力-真应变曲线

(a) $\dot{\varepsilon}=0.001\text{s}^{-1}$；(b) $\dot{\varepsilon}=0.01\text{s}^{-1}$；(c) $\dot{\varepsilon}=0.1\text{s}^{-1}$；(d) $\dot{\varepsilon}=1\text{s}^{-1}$

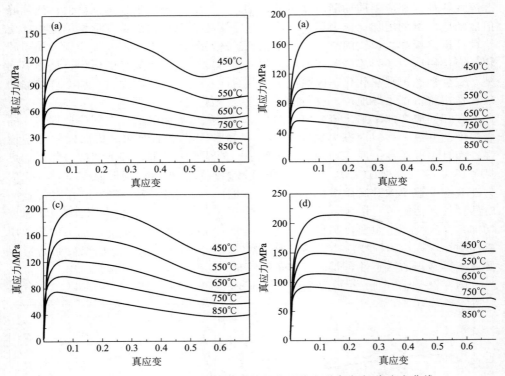

图 6-40　30％TiC/Cu-Al$_2$O$_3$ 复合材料热压缩变形真应力-真应变曲线

(a) $\dot{\varepsilon}=0.001s^{-1}$；(b) $\dot{\varepsilon}=0.01s^{-1}$；(c) $\dot{\varepsilon}=0.1s^{-1}$；(d) $\dot{\varepsilon}=1s^{-1}$

料在不同应变速率下的真应力-真应变曲线。由图 6-35 和图 6-36 可知，TiC/Cu-Al$_2$O$_3$ 复合材料的热变形过程中，其真应力–真应变曲线与 10％TiC/Cu-Al$_2$O$_3$ 复合材料具有相同的特点：即在开始应变量的前期，应力随着应变量的增加急剧增加，随后在应力缓慢增加到最大应力（即峰值应力），然后应力缓慢下降，最后逐渐平缓稳定在某一应力值。该复合材料的真应力-真应变曲线均呈现动态再结晶的趋势，即每条曲线都存在峰值应力。所有的应变曲线在应力达到峰值时应变量都非常小，这是由于复合材料在热变形过程中产生的加工硬化迅速被材料的动态再结晶软化作用迅速抵消。

在一定的温度和应变速率下，由式 $Q=R\left.\dfrac{\partial\ln[\sinh(\alpha\sigma)]}{\partial(1/T)}\right|_{\dot{\varepsilon}}\left.\dfrac{\partial\ln\dot{\varepsilon}}{\partial\ln[\sinh(\alpha\sigma)]}\right|_{T}$ 可求得 10％TiC/Cu-Al$_2$O$_3$、10％TiC/Cu-Al$_2$O$_3$、10％TiC/Cu-Al$_2$O$_3$ 复合材料的热变形激活能分别为 164.142kJ/mol、210.762kJ/mol、211.384kJ/mol，其本构方程分别为：

$$\dot{\varepsilon}=e^{17.147}[\sinh(0.07827\sigma)]^{7.3651}\cdot\exp\left(-\frac{164142}{8.314T}\right) \tag{6-33}$$

$$\dot{\varepsilon} = e^{23.068} \left[\sinh(0.00075\sigma) \right]^{9.3736} \cdot \exp\left(-\frac{210762}{8.314T} \right) \qquad (6\text{-}34)$$

$$\dot{\varepsilon} = e^{23.623} \left[\sinh(0.00817\sigma) \right]^{10.060} \cdot \exp\left(-\frac{211384}{8.314T} \right) \qquad (6\text{-}35)$$

图 6-41 为 10% (体积分数) TiC/Cu-Al$_2$O$_3$ 复合材料不同应变条件下的热加工图。由图 6-41 可以看出在不同应变量下材料的功率耗散系数在 10%～30% 之间，最大值一般集中在高温中应变速率区。失稳区随着应变量的增大逐渐呈逆时针移动，失稳区主要出现在应变速率较高的区域。材料的失稳区并不只发生在较低功率耗散区，在一些高功率耗散区域依然出现了失稳。一般认为材料在某个区域的功率耗散较高，则材料在这个区域会发生动态回复或动态再结晶，能够在热加工过程中抵消部分加工硬化从而使材料软化，使材料易于加工。但是并不是在高功率耗散区一定对加工有利，在变形过程中，高功率耗散区也会出现区域流变及绝热剪切带。因此，在制定材料热加工工艺时不能单单考虑功率耗散系数，而要与失稳图相结合。

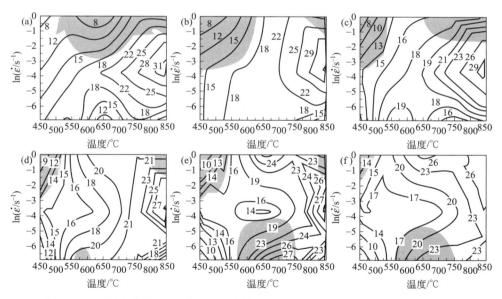

图 6-41 不同应变量下 10% (体积分数) TiC/Cu-Al$_2$O$_3$ 复合材料的热加工图
(a) $\varepsilon=0.1$; (b) $\varepsilon=0.2$; (c) $\varepsilon=0.3$; (d) $\varepsilon=0.4$; (e) $\varepsilon=0.5$; (f) $\varepsilon=0.6$

从图 6-41(a)～图 6-41(d) 可以看出材料的失稳区主要集中在应变速率为 $0.05\sim1\mathrm{s}^{-1}$，这因为在较高的应变速率下材料的增强相 TiC 及内氧化生成的 Al$_2$O$_3$ 在硬度及热稳定性上与铜基体差异很大，当材料发生变形时铜基体与增强相之间并不协同。因此 10% (体积分数) TiC/Cu-Al$_2$O$_3$ 复合材料优选在变形温度 750～850℃，应变速率 0.01～0.1s^{-1} 的区域进行加工。

图 6-42 为 20％（体积分数）TiC/Cu-Al₂O₃ 复合材料不同应变条件下的热加工图。20％（体积分数）TiC/Cu-Al₂O₃ 复合材料在各个应变量下有三个失稳区：第一个失稳区在变形温度 450～525℃，应变速率 0.05～1s⁻¹；第二个失稳区在变形温度 500～675℃，应变速率 0.001～0.02s⁻¹；第三个失稳区在变形温度 750～850℃，应变速率 0.1～1s⁻¹；其余区域为稳定区。在稳定区域中往往耗散效率较高的区域利于加工，因此，20％（体积分数）TiC/Cu-Al₂O₃ 复合材料应优选在变形温度 700～850℃，应变速率 0.005～0.04s⁻¹的区域进行加工。

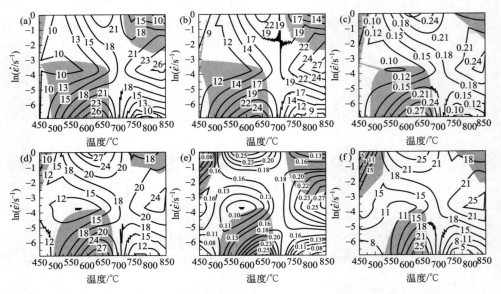

图 6-42　不同应变量下 20％体积分数 TiC/Cu-Al₂O₃ 复合材料的热加工图
(a) ε=0.1；(b) ε=0.2；(c) ε=0.3；(d) ε=0.4；(e) ε=0.5；(f) ε=0.6

图 6-43 为 30％（体积分数）TiC/Cu-Al₂O₃ 复合材料不同应变条件下的热加工图。30％（体积分数）TiC/Cu-Al₂O₃ 复合材料在各个应变量下有两个失稳区：第一个失稳区在变形温度 450～625℃，应变速率 0.04～1s⁻¹；第二个失稳区在变形温度 725～850℃，应变速率 0.001～0.02s⁻¹。因此，30％（体积分数）TiC/Cu-Al₂O₃ 复合材料优选在变形温度 650～800℃，应变速率 0.007～0.1s⁻¹的区域进行加工。

图 6-44 为 10％（体积分数）TiC/Cu-Al₂O₃ 复合材料在不同条件下热变形后的微观组织。对比图 6-44（a）与图 6-44（c）可知，在应变速率为 0.001s⁻¹，变形温度为 450℃时的晶粒较细小，未发生动态再结晶；而变形温度 850℃时，弥散铜基体中出现较多等轴状的晶粒，变形痕迹尚未完全消失，这表明基体中部分区域发生了动态再结晶。而在热加工图中，应变速率 0.01～0.1s⁻¹，850℃高

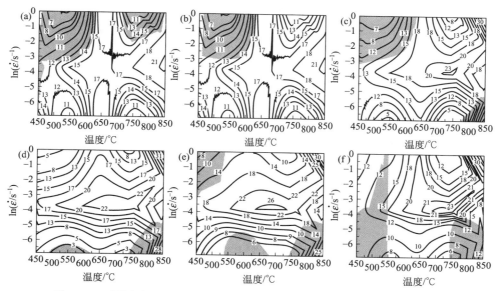

图 6-43 不同应变量下 30％体积分数 TiC/Cu-Al₂O₃ 复合材料的热加工图

(a) $\varepsilon=0.1$；(b) $\varepsilon=0.2$；(c) $\varepsilon=0.3$；(d) $\varepsilon=0.4$；(e) $\varepsilon=0.5$；(f) $\varepsilon=0.6$

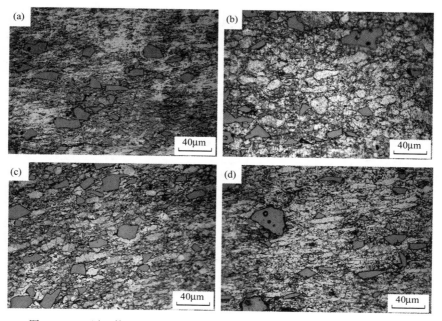

图 6-44　10％（体积分数）TiC/Cu-Al₂O₃ 复合材料热压缩后的显微组织

(a) $T=450℃$，$\dot{\varepsilon}=0.001s^{-1}$；(b) $T=450℃$，$\dot{\varepsilon}=1s^{-1}$；

(c) $T=850℃$，$\dot{\varepsilon}=0.001s^{-1}$；(d) $T=850℃$，$\dot{\varepsilon}=1s^{-1}$

温变形区域的功率耗散系数较高。从图 6-44(d) 中看到较多的纤维组织，TiC 与 Cu 界面处小晶粒较多，热加工过程中应力容易在该区域出现集中，易引起界面开裂而生成微裂纹，在热加工选择工艺参数时应避开该区域。

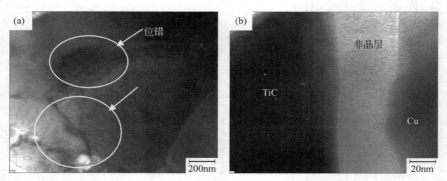

图 6-45　10％（体积分数）TiC/Cu-Al$_2$O$_3$ 复合材料在 850℃、0.001s^{-1} 变形后的微观组织

图 6-45 为 10％（体积分数）TiC/Cu-Al$_2$O$_3$ 复合材料在 850℃、0.001s^{-1} 热变形后的微观组织。在图 6-45(a) 中可以看到晶界处有大量位错塞积，由于在内氧化反应过程中，活性氧原子沿亚晶界的晶格扩散激活能高于短程扩散的激活

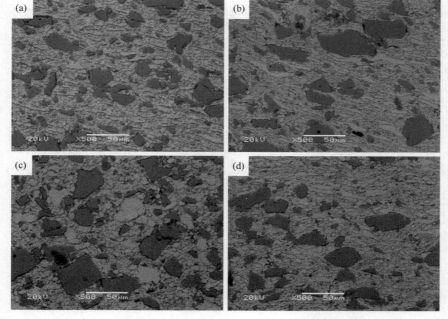

图 6-46　20％（体积分数）TiC/Cu-Al$_2$O$_3$ 复合材料热压缩后的显微组织

(a) $T=450℃$，$\dot{\varepsilon}=0.001s^{-1}$；(b) $T=450℃$，$\dot{\varepsilon}=1s^{-1}$；

(c) $T=850℃$，$\dot{\varepsilon}=0.001s^{-1}$；(d) $T=850℃$，$\dot{\varepsilon}=1s^{-1}$

能，且在铜基体中，Al 原子易通过短程扩散偏聚于亚晶界和晶界处，从而使 Al_2O_3 在晶界处偏聚形成位错源，位错的存在能够提高材料的强度。从图 6-45 (b) 中可以看出在变形后材料的界面处出现非晶过渡层，由于 Cu 与 TiC 互相溶解性、润湿性均较差，不利于形成良好的界面结合，而非晶层能够使 Cu 与 TiC 界面结合形成过渡，提高界面结合能力。此外，非晶体不存在晶体的常见缺陷，具有高强度、高韧性。

　　图 6-46 为 20％（体积分数）$TiC/Cu-Al_2O_3$ 复合材料在热变形后的微观组织。由图 6-46 可知，在相同的应变速率下，变形温度较高时变形后的组织呈现等轴晶，而变形温度较低时组织呈现纤维状。这是由于在相同应变速率时，材料发生变形的时间相同，若温度高则材料易于发生动态回复和动态再结晶。而在相同变形温度下，应变速率较低时，由于变形时间较长能够给晶粒足够的时间回复长大，因而在较低的应变速率下，材料变形后的组织呈现等轴晶。

◆ 参考文献 ◆

[1] 吕大铭. 钼铜材料的开发和应用 [J].粉末冶金工业, 2000, 10 (6)：30-33.

[2] 周洪雷. Al_2O_3 弥散强化铜/25% 铬复合材料制备工艺及组织 [D].洛阳：河南科技大学, 2008.

[3] 果世驹. 粉末烧结理论 [M].北京：冶金工业出版社, 2002：211-219.

[4] 王武孝, 袁森, 时惠英. 工艺因素对内氧化生成 Al_2O_3/Cu 表面复合材料厚度的影响 [J].铸造技术, 2000, (2)：46-48.

[5] 伯克斯 N. , 迈耶 GH. 金属高温氧化导论 [M].北京：冶金工业出版社, 1989：99-142.

[6] 史晓亮, 邵刚勤, 段兴龙, 等. 热压烧结制备高密度钨铜合金 [J].机械工程材料, 2007, 31 (3)：37-40.

[7] Poirier J P, 关德林. 晶体的高温塑性变形 [M].大连：大连理工大学出版社, 1989.

[8] Albert B. Tanner, David L. McDowell. Deformation, temperature and strain rate sequence experiments on OFHC Cu [J].International Journal of Plasticity, 1999, 15 (4)：375-399.

[9] Sellars C M. Modelling microstructural development during hot rolling [J].Material Science and Technology, 1990, 6 (11)：1072-1078.

[10] 雷静果, 刘平, 赵冬梅等. Cu-Ni-Si 合金时效早期动力学研究 [J].功能材料, 2005, 36 (3)：368-370.

[11] Davenpot S. B, Silk N J, Sparks C N, et al. Development of constitutive equations for modeling of hot rolling [J].Material Science Technology, 2000, 16 (5)：539-546.

[12] Zener C, Hollomon J. H. Effect of Strain Rate upon the Plastic Flow of Steel [J].Journal of Applied Phycology, 1994, 15 (1)：22-32.

[13] Jonas J J, Sellars C M, Tegart. Strength and Structure under Hot Working Conditions [J].Int Metallurgical Reviews, 1969, 14：1-24.

[14] Prasad Y V R K, Sasidhara S. Hot working guide: A compendium of processing maps [M]. Materials Park, OH: ASM International, 1997.

[15] 刘平, 张毅, 田保红, 等. Cu-Ni-Si-Ag 合金冷变形及动态再结晶研究 [J].功能材料, 2008, 39 (2)：257-260.

[16] Narayana-Murty S V S, Nageswara R B. On the development of instability criteria during hot working with reference to IN 718 [J].Materials Science and Engineering A, 1998, 254 (1-2): 76-82.

[17] Prasad Y V R. K, Seshacharyulu T. Modelling of hot deformation for microstructural control [J].International Materials Reviews, 1998, 43 (6): 243-258.

[18] 孟刚, 李伯龙, 黄晖, 等 . Al-4.7Mg-0.7Mn-0.1Zr-0.4Er 合金高温变形行为 [J].材料热处理学报, 2010, 31 (2): 95-99.

[19] 鞠泉, 李殿国, 刘国权 . 15Cr-25Ni-Fe 基合金高温塑性变形行为的加工图 [J].金属学报, 2006, 42 (2): 218-224.

[20] 梁淑华, 徐磊, 方亮, 等 . Cu-Al 合金粉末中 Al 内氧化工艺的分析 [J].金属学报, 2004, 40 (3): 309-313.

[21] 田保红, 周洪雷, 刘勇, 等 . 真空热压烧结 Al$_2$O$_3$/Cu-Cr 复合材料的组织与性能 [J].特种铸造及有色合金, 2009, 29 (2): 166-169.

[22] 赵乃勤, 周复刚, 陈民芳, 等 . WC/Cu 复合材料组织及烧结过程研究 [J].粉末冶金技术, 2000, 18 (4): 265-269.

[23] 史晓亮, 邵刚勤, 段兴龙, 等 . 热压烧结制备高密度钨铜合金 [J].机械工程材料, 2007, 3 (31): 37-40.

[24] 黄培云, 金展鹏, 陈振华 . 粉末冶金基础理论与新技术 [M].长沙: 中南工业大学出版社, 1995: 1-79.

[25] Yutaka Hiraoka, Hideaki Hanado, Takeshi Inoue. Deformation behavior at room temperature of W-80vol% Cu composite [J].International Journal of Refractory Metals & Hard Materials, 2004, 22 (2-3): 87-93.

[26] 汪凌云, 范永革, 黄光胜, 等 . 镁合金 AZ31B 高温塑性变形及加工图理论研究 [J].中国有色金属学报, 2004, 14 (7): 1068-1072.

[27] ZENER C, HOLLOMON J H. Effect of strain-rate upon the plastic flow of steel [J].J Appl Phys, 1944, 15 (1): 22-27.

[28] 高闰丰, 梅炳初, 朱教群, 等 . 弥散强化铜基复合材料的研究现状与展望 [J].稀有金属快报, 2005 (6): 11-18.

[29] 李宪洲, 杜有龙, 王慧远, 等 . 颗粒增强 Cu 基点焊电极复合材料的现状及展望 [J].焊接, 2007, 24 (8): 1-6.

[30] 彭北山, 宁爱林 . 提高弥散强化铜合金强度的主要方法 [J].冶金丛刊, 2004 (5): 4-6.

[31] Rigney D A. Commems on the sliding wear of metals [J].Trihology International, 1997, 30 (5): 361-367.

[32] 邱常明 . 道岔用高锰钢力学性能试验及耐磨机理研究 [D].唐山: 河北理工大学, 2007.

[33] 龙毅 . 材料物理性能 [M].长沙: 中南大学出版社, 2009.

第7章

电接触材料的热变形

7.1 SPS 烧结 Cu-Mo-WC 电接触材料

7.1.1 材料制备、组织与性能

（1）试验原材料

试验采用的原材料为平均粒径 $38\mu m$、纯度 99.9% 电解铜粉，平均粒径 $3\mu m$、纯度 99.9% 钼粉，平均粒径 $48\mu m$、纯度 99.9% 碳化钨粉末以及化学纯 $LaCl_3$ 粉末。原料成分配比见表 7-1。

表 7-1　复合材料成分配比（质量分数）　　　　　　单位：%

材料	Cu	Mo	WC	$LaCl_3$
(Cu-50Mo)-0.5%$LaCl_3$	50	50	—	0.5
(Cu-50Mo)-1%WC-0.5%$LaCl_3$	50	50	1	0.5
(Cu-50Mo)-3%WC-0.5%$LaCl_3$	50	50	3	0.5
(Cu-50Mo)-5%WC-0.5%$LaCl_3$	50	50	5	0.5
Cu-50Mo	50	50	—	—
Cu-35Mo	65	35	—	—

（2）材料制备

本书研究的复合材料均利用放电等离子烧结（SPS）方法制得，过程如下。

① 按照表 7-1 进行配料。

② 混粉研磨　粉末装进混料瓶，在 YH-10 型混料机上混粉 4h，然后装到自制石墨模具中开始放电等离子烧结。为使粉末混合均匀，向瓶中加入适量干燥洁净的小铜球。

③ 放电等离子烧结　放电等离子烧结（spark plasma sintering，SPS），也叫等离子活化烧结或者等离子辅助烧结，是近些年在国际上快速发展起来的新的烧结技术[1~4]。它是向加压粉体的粒子中输入脉冲电流，通过火花放电瞬间生成的等离子加热，运用热、场等效应在较低温度条件下发生短时间烧结的技术。

具有烧结时间短、晶粒细小、生产效率高的优点，SPS是将混合粉末放入模腔内，同时施加压力、高的直流脉冲电流，直接作用在烧结模具的上下压头上。此方法相对于传统烧结技术的差别是对试样不同的加热方式：因为施加于上下压头上的直流电流可达到几千安，烧结除了压头及磨具产生热量外，还有试样本身生成的热，试样同时被内外加热，因此致密化程度较高，随后再快速地冷却下来。烧结的整个过程基本可在 0.5h 内完成。由以上可以得出，SPS 烧结方法具有以下优点：一是烧结速度快，一般来说材料致密化过程只要 3～10min，热压烧结、热等静压烧结需 120～300min；二是烧结温度较低，相比之下烧结温度可降低大概 200～300℃，消耗电能低，是传统烧结技术的 1/5～1/3[5]。

SPS-30 烧结炉如图 7-1 所示，制备工艺曲线如图 7-2 所示。烧结工艺参数：真空度＜1×10^{-5}Pa，升温速度 100℃/min，升温至 650℃，保温时间 2min，然后加压 30MPa，继续升温至 950℃，保温 10min，随炉冷至 100℃左右取出。由图 7-2 可以看出在烧结的时候，采用分段加热保温的方式，更便于坯体内部气体排出，有利于提高致密度。

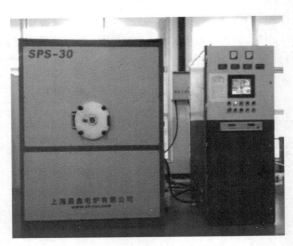

图 7-1　SPS-30 放电等离子烧结炉

（3）热模拟试验

热模拟试验是通过控制升温速度、保温温度及时间、变形温度、冷却速度、冷却方式和受力的状态，模拟材料在不同加工期间中的受力、受热状态。本试验采用轴向单次等温压缩试验来分析 Cu-Mo-WC 复合材料热变形行为。试验在 Gleeble-1500D 热力模拟试验机上进行，该试验装置由计算机控制，操作简便、节约成本、试验精度较高。

将放电等离子烧结制备的试样沿轴向线加工成若干个 ϕ8mm×12mm 的热模拟试样，并在圆柱侧面钻一个 ϕ1mm×1mm 的孔便于放入测温导线，如图 7-3 所

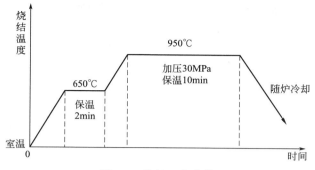

图 7-2   烧结工艺曲线

示。压缩装置如图 7-4 所示。

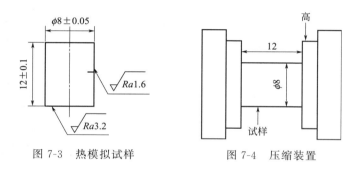

图 7-3   热模拟试样   图 7-4   压缩装置

在压缩变形前，先用酒精清洗试样表面以便去除线切割时残留的油渍，再用
800 目水砂纸对试样两端进行打磨，保证两端面的平行度，并在端面上涂抹少量
润滑剂（石墨和机油的混合物），从而减小断面摩擦力，以便提高试验准确性。
热模拟试验的工艺曲线见图 7-5，试样以 10℃/s 升温到 950℃，保温 5min，然后

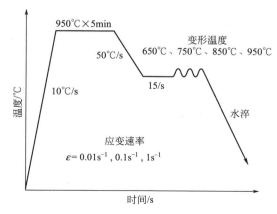

图 7-5   热模拟压缩变形工艺曲线

以 5℃/s 的速度冷至不同形变所需温度并保温 15s，而后以不同的变形速率来进行变形，其试验参数如下：

变形温度：650℃、750℃、850℃、950℃。

应变速率：0.01s⁻¹、0.1s⁻¹、1s⁻¹。

最大变形量：40%。

（4）复合材料的显微组织

图 7-6 为采用放电等离子烧结技术制备的六种复合材料的显微组织。可以看

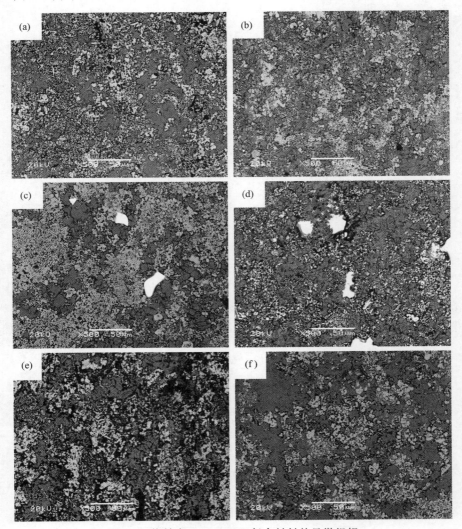

图 7-6　烧结态 Cu-Mo-WC 复合材料的显微组织

（a）（Cu-50Mo)-0.5%LaCl₃；（b）（Cu-50Mo)-1%WC-0.5%LaCl₃；（c）（Cu-50Mo)-3%WC-0.5%LaCl₃；
（d）（Cu-50Mo)-5%WC-0.5%LaCl₃；（e）Cu-50Mo；（f）Cu-35Mo

出灰黑色的铜基体组织较为致密，观察不出非常明显的孔隙。灰白色区域为 Mo
相，均匀分布在致密的灰黑色的铜基体上，无明显团聚现象。对比图 7-6(a)～图
7-6(d) 可知，随着 WC 含量的增加，在 Cu-Mo 复合材料的基体上亮白色的 WC
颗粒增多，未观察到 WC 的团聚现象。

　　图 7-7 为（Cu-50Mo)-1％WC-0.5％LaCl₃ 复合材料中 Cu 和 Mo 的线扫描成
分分析图，扫描沿图中直线自左向右进行。从图中能够看出 Cu 和 Mo 的成分分
析线都有明显的波动，说明在放电等离子烧结时，Cu 与 Mo 之间发生了扩散现
象，并且在高温条件下 Cu 容易软化，对合金粉末起到黏结的作用，便于提高复
合材料致密度。同时在烧结过程中由于真空氛围压坯内外容易形成负压，有利于
坯体内部气体排出，进一步提高复合材料的致密度[6]。还可以看出，Cu 与 Mo
两种物质没有发生反应生成新物质，达到了设计的复合材料的成分要求，保障了
材料的性能。

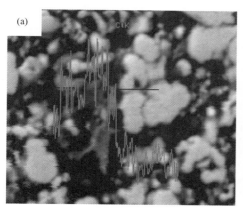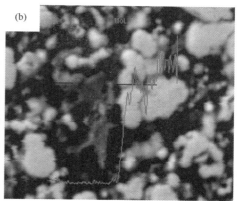

图 7-7　（Cu-50Mo)-1％WC-0.5％LaCl₃ 复合材料的线扫描成分分析图
（a）Cu 的线扫描成分分析图；（b）Mo 的线扫描成分分析图

　　图 7-8 为（Cu-50Mo)-0.5％LaCl₃ 复合材料的原始微观组织 TEM 像和选区
衍射斑点的标定。图 7-8(a) 为复合材料的相界面结合，图 7-8(b) 和图 7-8(c)
分别为图 7-8(a) 的电子衍射斑点和高分辨图像，图 7-8(d) 为选区铜中孪晶。
由图 7-8(a) 可知，（Cu-50Mo)-0.5％LaCl₃ 复合材料有很明显的相界面，钼以
球形颗粒的状态存在于铜基体中，界面洁净看不到明显杂质，与铜基体紧密结合
在一起。图 7-8(b) 为球形颗粒的衍射斑点，经标定为 Mo。图 7-8(c) 为图 7-8
(a) 铜钼界面的高分辨像，由图可以看出钼侧的条纹衬度比较均匀，而铜侧的条
纹衬度不均匀，说明有位错及位错引起的应力场存在。从铜钼两相界面的晶格条
纹可以看出，Cu-Mo 两相为半共格界面。由图 7-8(d) 还可以看出 Cu 相中存在
着孪晶，这可能是在烧结后冷却的过程中造成的，孪晶界能够使位错的平均自由

程降低，可以使材料硬度增加。

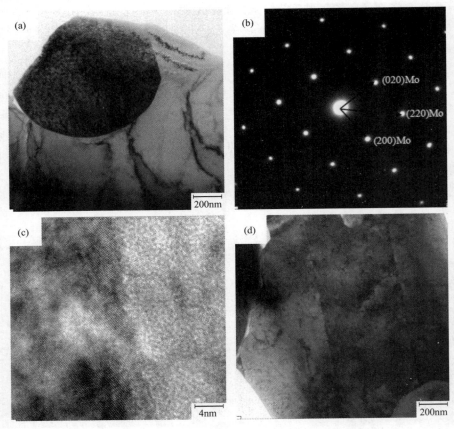

图 7-8　(Cu-50Mo)-0.5％LaCl₃ 复合材料的 TEM 微观结构

（a）、（c）、（d）高分辨 TEM 微观结构；（b）选区衍射斑点

　　表 7-2 为所制备的六种不同成分的复合材料的综合性能。由表 7-2 可看出，六种复合材料的致密度都较高，达到 87.8％～94.0％。加入 WC 之后复合材料的显微硬度有提高的趋势，这是由于弥散分布在铜基体上的 WC 颗粒阻碍了位错运动，起到对材料的钉扎作用。外加大颗粒受力变形时，基体中的位错线不能直接切过硬质 WC 颗粒，在外力条件下位错线环绕硬质颗粒留下位错环让位错通过，进一步引起大量位错停留在 WC 颗粒周围引起塞积，从而使材料硬化[7]。从表中还可以看出，加入 WC 颗粒后复合材料电导率有所降低，这是由于加入 WC 颗粒后，使得复合材料中的相界面增加，从而使复合材料界面处原子排列出现紊乱，最终导致自由电子散射程度增加，降低了电导率。

表 7-2 （Cu-50Mo)-WC 复合材料的综合性能

材料	密度 /(g/cm³)	致密度 /%	电导率 /%IACS	维氏硬度 (HV₀.₂)
(Cu-50Mo)-0.5%LaCl₃	8.32	87.8	29.4	95
(Cu-50Mo)-1%WC-0.5%LaCl₃	8.80	92.6	31.6	128
(Cu-50Mo)-3%WC-0.5%LaCl₃	8.58	89.5	28.7	109
(Cu-50Mo)-5%WC-0.5%LaCl₃	8.90	92.1	26.1	113
Cu-50Mo	8.97	94.0	29.4	84
Cu-35Mo	8.63	93.0	48.6	89

7.1.2 真应力-真应变曲线

图 7-9 和图 7-10 分别为（Cu-50Mo)-0.5%LaCl₃ 和（Cu-50Mo)-1%WC-0.5%LaCl₃ 两种复合材料在不同的变形温度、变形速率条件下的真应力-真应变曲线。从图 7-9 和图 7-10 可以看出，复合材料真应力-真应变曲线均呈现动态再

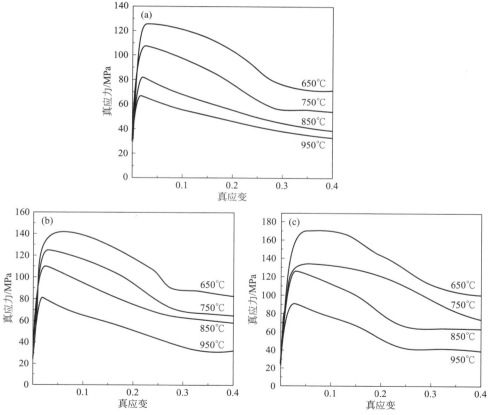

图 7-9 （Cu-50Mo)-0.5%LaCl₃ 复合材料的真应力-真应变曲线图

(a) $\dot{\varepsilon}=0.01s^{-1}$；(b) $\dot{\varepsilon}=0.1s^{-1}$；(c) $\dot{\varepsilon}=1s^{-1}$

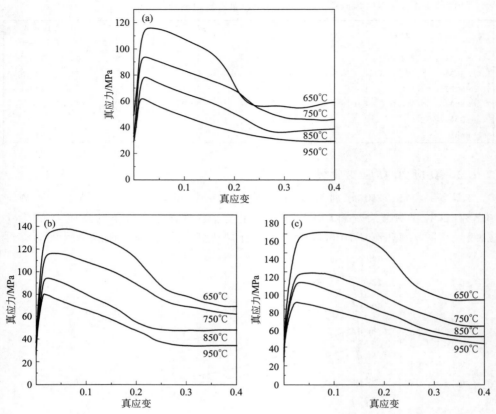

图 7-10　(Cu-50Mo)-1％WC-0.5％LaCl₃ 复合材料的真应力-真应变曲线图

(a) $\dot{\varepsilon} = 0.01 s^{-1}$；(b) $\dot{\varepsilon} = 0.1 s^{-1}$；(c) $\dot{\varepsilon} = 1 s^{-1}$

结晶特征[8,9]，在形变初期，复合材料的真应力迅速增大到峰值，随变形量的增加，复合材料流变应力逐渐减小，最后慢慢趋于平稳的状态。原因是在变形刚开始，随着试样发生塑性变形，位错密度增加，位错的交互作用增加，相互的阻力变大，这造成位错运动的阻力，即为加工硬化；当位错应力场引起畸变能积累到一定程度后，晶内储存的能量逐渐变大，变形储能成为再结晶的动力，故表现为动态再结晶软化[10]；此时动态软化和加工硬化处于平衡状态，表现出稳态流变应力[11]。

　　当应变速率相同时，变形温度升高，流变应力表现出降低的趋势，原因是当温度升高时，材料热激活能作用增加，削弱了原子间结合力，减小滑移阻力，因此材料的变形抗力减小，且温度越高，动态回复和动态再结晶越易进行，从而使得位错密度降低，软化速率大于硬化速率更明显，表现为流变应力降低。表明随着试验温度的升高，流变应力随温度变化敏感性下降。当变形温度相同时，流变应力随应变速率的增大而增大，表明材料对应变速率有敏感性。

7.1.3 本构方程

1. 流变峰值应力

表 7-3 和表 7-4 分别为 （Cu-50Mo)-0.5％ LaCl$_3$ 和 （Cu-50Mo)-1％ WC-0.5％LaCl$_3$ 两种复合材料在不同的应变速率、变形温度下所对应的峰值应力。从表中可以看出应变速率一定时，复合材料的流变应力随变形温度的升高有减小趋势，这是由于温度升高时，材料再结晶形核速率及生长速率均增大，软化能力增强，温度越高原子之间的动能就越大，原子间的束缚力就弱，剪切力下降。说明 （Cu-50Mo)-0.5％LaCl$_3$ 和 （Cu-50Mo)-1％WC-0.5％LaCl$_3$ 是温度敏感材料。变形温度相同时，复合材料流变应力随着应变速率的增加而增大。因为应变速率比较小时，动态再结晶形核时间变长，数量增多，使得再结晶软化大于加工硬化。随应变速率的增大，使得变形时组织形核及生长率减少，位错增值快速增加，加工硬化更明显，流变应力迅速升高[12]，说明两种材料也是应变速率敏感材料。

表 7-3 不同变形条件下 （Cu-50Mo)-0.5％LaCl$_3$ 复合材料的峰值应力

$\dot{\varepsilon}/s^{-1}$	峰值应力/MPa			
	650℃	750℃	850℃	950℃
0.01	124.81	106.49	81.301	66.053
0.1	142.56	127.32	110.56	83.336
1	174.33	137.4	130.89	95.473

表 7-4 不同变形条件下 （Cu-50Mo)-1％WC-0.5％LaCl$_3$ 复合材料的峰值应力

$\dot{\varepsilon}/s^{-1}$	峰值应力/MPa			
	650℃	750℃	850℃	950℃
0.01	117.68	94.491	80.179	63.174
0.1	140.03	116.88	95.168	81.359
1	164.92	129.88	112.38	92.33

2. 数据处理

本构方程各参数求解的详细步骤参见本书第 4.6 节。以 （Cu-50Mo)-0.5％LaCl$_3$ 为例，采用最小二乘法线性回归，将图 7-11(a) 中峰值应力低的三条直线的斜率求平均值即为 n'，β 为图 7-11(b) 峰值应力相对高的三条直线斜率的平均值，计算可得 $\alpha = \beta/n' = 0.0084$。由峰值应力及其对应的温度，绘制相应的 $\ln\dot{\varepsilon}$-$\ln[\sinh(\alpha\sigma)]$ 和 $\ln[\sinh(\alpha\sigma)]$-$1/T$ 图。如图 7-11(c) 和图 7-11(d) 所示，直线 $\ln[\sinh(\alpha\sigma)]$-$1/T$ 斜率的平均值为 K，直线 $\ln\dot{\varepsilon}$-$\ln[\sinh(\alpha\sigma)]$ 斜率的平均值为

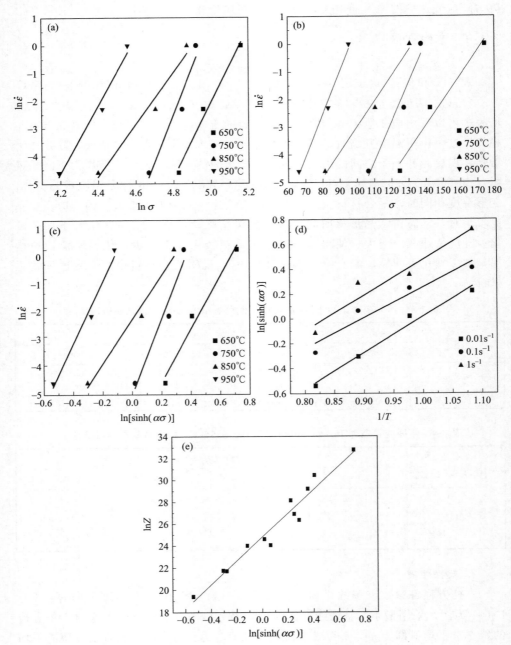

图 7-11 （Cu-50Mo)-0.5％LaCl₃ 复合材料峰值应力、变形
温度和应变速率之间的关系

(a) ln$\dot{\varepsilon}$-lnσ；（b）ln$\dot{\varepsilon}$-σ；（c）ln$\dot{\varepsilon}$-ln[sinh（$\alpha\sigma$）]；（d）ln[sinh（$\alpha\sigma$）]-1/T；（e）ln[sinh（$\alpha\sigma$）]-ln$Z$

n，可求得 $K=2.7582$、$n=9.776564$。将上述求得的参数带入热变形激活能 Q 的公式中，到得（Cu-50Mo）-0.5％LaCl$_3$ 复合材料热变形激活能 $Q=224.19407$kJ/mol。由 $\dot\varepsilon$ 与 T，可求得对应 $\ln Z$ 值，绘制 $\ln[\sinh(\alpha\sigma)]$-$\ln Z$ 图，见图 7-11(e)，采用最小二乘法线性回归处理，得到相关系数是 0.94，因此能够用双曲正弦曲线模型对（Cu-50Mo）-0.5％LaCl$_3$ 复合材料的高温变形行为进行描述。最后通过计算，将所有参数代入得到真应力-真应变本构方程如下：

$$\dot\varepsilon=1.33\times10^{10}[\sinh(0.00839934\sigma)]^{9.778584}\cdot\exp\left(-\frac{224194}{RT}\right)$$

同理可绘制出（Cu-50Mo）-1％WC-0.5％LaCl$_3$ 复合材料的峰值应力、变形温度及应变速率的关系曲线如图 7-12 所示。求得（Cu-50Mo）-1％WC-0.5％LaCl$_3$ 复合材料的热变形激活能 $Q=229.89799$kJ/mol。热变形本构方程为：

$$\dot\varepsilon=1.53\times10^{10}[\sinh(0.00857243\sigma)]^{10.05585}\cdot\exp(-229.89799/RT)$$

3. 本构方程

由以上求解过程求得两种复合材料的各参数见表 7-5，热变形激活能和本构方程见表 7-6。由表 7-6 可知，添加 WC 颗粒后复合材料的热激活能有所增大，这是由于在热变形的过程中，加入 WC 颗粒使得运动阻力增大，使位错在 WC 颗粒周围形成塞积，热变形难度增大，因此热变形需要的热激活能增大。

表 7-5　Cu-50W 和（Cu-50W）-3％TiC 复合材料的参数值

材料	A	α	n
（Cu-50Mo）-0.5％LaCl$_3$	1.33×10^{10}	0.00839934	9.778584
（Cu-50Mo）-1％WC-0.5％LaCl$_3$	1.53×10^{10}	0.00857243	10.05585

表 7-6　复合材料的热变形激活能及其本构方程

材料	热变形激活能/(kJ/mol)	本构方程
（Cu-50Mo）-0.5％LaCl$_3$	224.19407	$\dot\varepsilon=1.33\times10^{10}[\sinh(0.00839934\sigma)]^{9.778584}\cdot\exp\left(-\dfrac{224194}{RT}\right)$
（Cu-50Mo）-1％WC-0.5％LaCl$_3$	229.89799	$\dot\varepsilon=1.53\times10^{10}[\sinh(0.00857243\sigma)]^{10.05585}\cdot\exp\left(-\dfrac{229898}{RT}\right)$

7.1.4　组织演变

图 7-13 和图 7-14 分别为（Cu-50Mo）-0.5％LaCl$_3$ 和（Cu-50Mo）-1％WC-0.5％LaCl$_3$ 两种复合材料在不同的变形温度及应变速率下的热变形后的显微组织。从图中可看到，随应变速率减小、应变温度升高，基体内纤维状组织周围出现细小动态

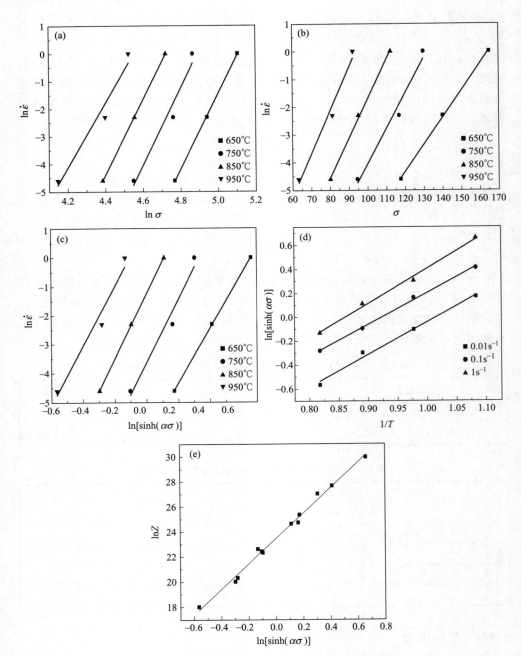

图 7-12 （Cu-50Mo)-1％WC-0.5％LaCl₃ 复合材料峰值应力、
变形温度和应变速率之间的关系

（a）$\ln\dot{\varepsilon}$-$\ln\sigma$；（b）$\ln\dot{\varepsilon}$-σ；（c）$\ln\dot{\varepsilon}$-$\ln[\sinh(\alpha\sigma)]$；（d）$\ln[\sinh(\alpha\sigma)]$-$1/T$；（e）$\ln[\sinh(\alpha\sigma)]$-$\ln Z$

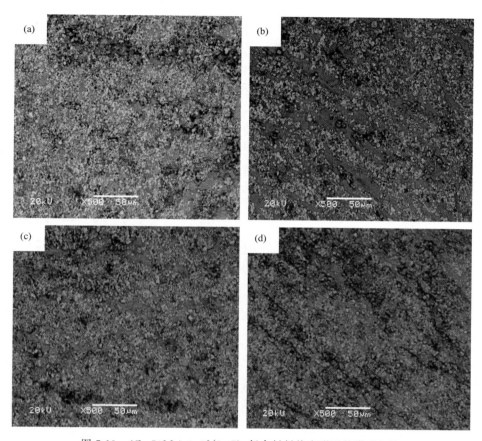

图 7-13　(Cu-50Mo)-0.5％LaCl₃ 复合材料热变形后的微观组织

(a) 650℃，0.1s⁻¹；(b) 750℃，1s⁻¹；(c) 750℃，0.01s⁻¹；(d) 950℃，0.1s⁻¹

再结晶晶粒，因为晶界处既有大角度晶界还存在高密度的缺陷（2 个动态再结晶形核条件），有较高的形变性能，容易形成细小的等轴状再结晶组织，随着变形温度的进一步升高，细小等轴的再结晶组织将替代原有的纤维组织[9,13]。结合图 7-13(a) 和图 7-13(d) 能够看出，在相同的应变速率下，较低温度（650℃）下，复合材料的 Cu-Mo 基体组织发生了部分动态再结晶，仍然存在拉长的基体组织；较高温度下（950℃），复合材料 Cu-Mo 基体组织几乎完全动态再结晶。对比图 7-13(b) 和图 7-13(c) 可以看出，在相同的温度下（750℃），应变速率对（Cu-50Mo)-1％WC-0.5％LaCl₃ 材料热变形后的显微组织影响较大。较高的应变速率（1/s⁻¹）使复合材料的动态再结晶来不及进行完全，部分基体仍然由保持伸长的晶粒组成；而较低的应变速率（0.01/s⁻¹）使复合材料的再结晶得以充分进行，基体基本都由动态再结晶细小晶粒组成。图 7-14 复合材料的显微组织也符合此演变规律。

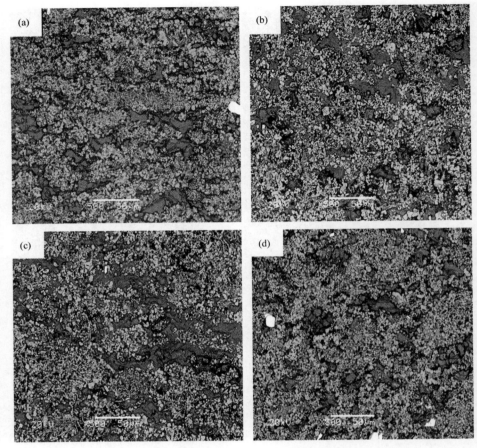

图 7-14 (Cu-50Mo)-1％WC-0.5％LaCl₃ 复合材料热变形后的显微组织

(a) 650℃，0.1s⁻¹；(b) 750℃，1s⁻¹；(c) 750℃，0.01s⁻¹；(d) 950℃，0.1s⁻¹

7.2 SPS 烧结 Cu-W-TiC 电接触材料

7.2.1 材料制备、组织与性能

1. 试验原材料

制备 Cu-W-TiC 电接触材料的原材料为：水雾法制得纯度为 99.9％Cu 粉，粒度 400 目，平均粒径 38μm；纯度为 99.9％W 粉，粒度 300 目，平均粒径 48μm；纯度为 99.9％工业 TiC 粉，粒度 400 目，平均粒径 38μm；化学纯 CeCl₃ 粉末。据国内外研究显示，稀土元素 Ce 在铜合金及铜基复合材料中主要起除去杂质、净化和细化晶粒的作用[14~16]。添加微量的 CeCl₃ 旨在改善烧结性能。在 SPS 烧结的高温过程中，稀土元素会溶解在金属溶液中，呈离子状态存在，促进

烧结的进行。

2. 材料制备

试验材料按表 7-7 进行配料，将粉末装入混料瓶，为使粉末均匀向瓶中加入适量的干燥洁净的小铜球，在 YH-10 混料机上混粉 4h。将充分球磨后的混合粉末装进石墨模具中，然后在 SPS-30 型放电等离子烧结炉中进行烧结，如图 7-15 所示。具体工艺参数为：真空度 $< 1 \times 10^{-5}$ Pa；压力 30MPa；烧结温度 900℃；升温速度 100℃/min；保温 10min。烧结后毛坯尺寸为 $\phi30$mm $\times$ 16mm 圆柱，如图 7-16 所示。

表 7-7 （Cu/50W）-TiC 复合材料的成分配比（质量分数） 单位：%

材料	Cu	W	TiC	CeCl$_3$
Cu/50W	49.75	49.75	0	0.5
（Cu/50W）-1% TiC	49.25	49.25	1	0.5
（Cu/50W）-3% TiC	48.25	48.25	3	0.5
（Cu/50W）-5% TiC	47.25	47.25	5	0.5

图 7-15 SPS-30 型放电等离子热压烧结炉

图 7-16 SPS 烧结态样品

3. 热模拟试验

将 SPS 烧结制备的样品通过线切割加工成 $\phi8$mm $\times$ 12mm 的热模拟圆柱试样，如图 7-3 所示。将试样表面清洗干净，并在圆柱侧面钻一个 $\phi1$mm $\times$ 1mm 的孔便于放入测温热电偶，用砂纸将试样两端进行打磨，保证两端面的平行度，压缩装置示意图如图 7-4 所示。

热模拟工艺曲线如图 7-17 所示，试样以 10℃/s 加热速度升温至 950℃，保温 5min，以 5℃/s 冷却到变形温度，随后以不同工艺进行热变形压缩，变形温度分别为 550℃、650℃、750℃、850℃ 和 950℃；应变速率分别为 0.01s^{-1}、0.1s^{-1} 和 1s^{-1}，压缩应变量为 0.4。

4. Cu-W-TiC 复合材料的显微组织

图 7-18 为放电等离子烧结制备的不同 TiC 含量的 （Cu/50W）-TiC 复合材料烧结态微观组织形貌。由于在扫描电镜中采用背散射电子成像技术，原子序数较

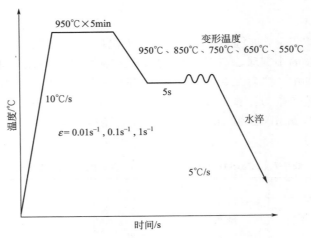

图 7-17　热模拟工艺曲线

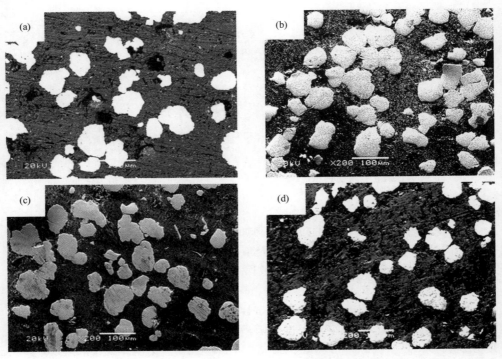

图 7-18　不同 TiC 含量的 (Cu/50W)-TiC 复合材料烧结态显微组织（SEM）

(a) Cu/50W；(b) (Cu/50W)-1％TiC；

(c) (Cu/50W)-3％TiC；(d) (Cu/50W)-5％TiC

高的区域在图像中呈现出的颜色较亮，而原子序数较低的呈现出的颜色较暗。由图 7-18 可以看出，暗色组织为 Cu，较为致密均匀，W 颗粒均匀分布在 Cu 基体上，且没有明显的团聚现象。图 7-19 为（Cu/50W）-TiC 复合材料烧结态背散射电子相和 Ti 元素面分布图，显微组织中黑色的小颗粒为 TiC 相，弥散分布于灰色的 Cu 基体上，而且 TiC 与 Cu 基体界面无孔洞等缺陷，结合良好。

图 7-19　（Cu/50W）-3％TiC 复合材料烧结态显微组织及 Ti 元素面分布图
(a) 烧结态（Cu/50W）-3％TiC 复合材料；(b) TiC 的面分布图

图 7-20(a) 是烧结态（Cu/50W）-3％TiC 复合材料的高分辨 TEM 微观组织，图中呈球形分布的颗粒为 TiC，图 7-20(b)～图 7-20(d) 分别是 Cu、W 和 TiC 的电子衍射花样。Turnbull 和 Vonnegut[17]最早提出基底的非均质形核效用取决于其与形核相之间的点阵错配度，并定义一维错配度（线性错配度）：

$$\delta = \frac{|a_s - a_n|}{a_n} \quad (a_s > a_n) \tag{7-1}$$

当 $\delta < 6\%$ 时，形核最有效；
当 $\delta = 6\% \sim 12\%$ 时，形核中等有效；
当 $\delta \geq 12\%$ 时，形核无效。

查阅常见晶体的晶面间距可知，Cu 的（111）晶面间距为 0.2087nm，W 的（011）晶面间距为 0.2238nm，TiC 的（200）晶面间距为 0.21589nm，由于三者之间较为接近，有可能相互发生共格关系。分别代入计算，并参照式(7-1) 得出，Cu 与 W 的错配度为 7.2％，保持着半共格关系；TiC 与 Cu、W 的错配度分别为 3.4％和 3.8％，都保持着共格关系。

5. 复合材料性能

（Cu/50W）-TiC 复合材料的综合性能如表 7-8 所示。从表 7-8 可以看出，采用 SPS 烧结法制备的（Cu/50W）-TiC 复合材料致密度均高于 95.0％，其中，（Cu/50W）-3％TiC 的致密度达到 98.7％，这是由于 Cu 的平均粒径 38μm，W 的平均粒径 48μm，TiC 的平均粒径 38μm，在添加 TiC 后，复合材料的平均粒径

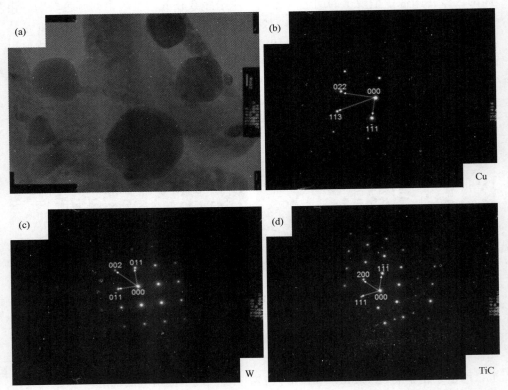

图 7-20 （Cu-50W）-3％TiC 复合材料烧结态微观组织（TEM）和 Cu、W 和 TiC 的电子衍射花样
(a) 高分辨 TEM 微观结构；(b) Cu 电子衍射花样及标定；
(c) W 电子衍射花样及标定；(d) TiC 电子衍射花样及标定

有所下降，由粉末冶金弥散强化原理可知，在弥散相添加量一定时，粉体粒径越
细，粒子间距越细小，弥散强化效果越明显[18]。复合材料在 TiC 添加量 3％时，
致密度达到最大化，说明在 TiC 添加量 3％时，Cu、W 和 TiC 三种粉体的粒度
配比最佳。四种（Cu/50W）-TiC 复合材料硬度均高于 $79HV_{0.2}$，其中，（Cu/
50W）-3％TiC 的硬度最高达到 $113HV_{0.2}$。且随着 TiC 含量的升高，复合材料的
硬度出现了先增大后减小的趋势，与致密度的变化趋势一致。可见致密度对硬度
的影响大于 TiC 含量对硬度的影响。复合材料的电导率随着 TiC 含量的增加而
下降。这是由于 TiC 导电性极差，且随着 TiC 添加量的增加，其颗粒总面积也
随之增大，相界面积增加，这都加强电子的散射作用，使电阻增加。同时由于
Cu 与 TiC 的熔点、密度、线胀系数均有很大差距，在 SPS 烧结过程中容易使
TiC 颗粒与 Cu 基体之间产生热应力，造成晶格畸变，晶格对电子定向运动散射
作用增强[19]。

表 7-8　（Cu/50W)-TiC 复合材料的综合性能

材料	密度/(g/cm³)	致密度/%	维氏硬度(HV$_{0.2}$)	电导率/%IACS
Cu/50W	11.84	96.7	88	66.5
(Cu/50W)-1%TiC	11.30	95.0	79	61.8
(Cu/50W)-3%TiC	11.45	98.7	113	61.4
(Cu/50W)-5%TiC	10.78	95.3	80	43.2

7.2.2　真应力-真应变曲线

图 7-21 为 Cu/50W 和 （Cu/50W)-3%TiC 两种复合材料在不同应变速率下的真应力-真应变曲线。由图 7-21 可以看出，两种复合材料具有较为明显的稳态流变特征，具有典型的动态再结晶特征：在变形温度一定时，真应力随应变速率的增加而增大；在应变速率一定时，真应力随变形温度的升高而减小。因此，变形温度和应变速率是影响复合材料热塑性好坏的主要原因。

这主要是由于[20]：（1）金属材料的热塑性变形是一个热激活的过程，温度越高原子的热运动越激烈，迁移扩散速率越快，越促进热激活的作用，越有利于材料的变形；（2）温度越高的同时也有利于金属材料中位错的运动，位错的相互运动使异号位错相互抵消，从而降低了位错密度，削弱了加工硬化的效果；（3）在热变形过程中金属材料温度的升高，能够提高材料中动态再结晶的形核率和长大速率，使再结晶的速度和程度都大大提高，软化了材料；（4）当温度一定时，随着应变速率的升高，复合材料中位错的增殖速率就越快，大量位错在短时间内产生并缠结在一起，起到相互钉扎的作用，硬化了复合材料；（5）应变速率的增大还大大缩短了复合材料热变形的时间，使材料在短时间内来不及发生动态回复和再结晶，从而得不到软化。

7.2.3　本构方程

1. 流变峰值应力

表 7-9 和表 7-10 分别为 Cu/50W 和 （Cu/50W)-3%TiC 两种复合材料在不同的应变速率、变形温度下所对应的峰值应力。从表中可以看出，应变速率一定时，复合材料的流变应力随变形温度的升高有减小趋势，这是由于温度升高时，材料再结晶形核速率及生长速率均增大，软化能力增强，温度越高原子之间的动能就越大，原子间的束缚力就弱，剪切力下降。说明 Cu/50W 和 （Cu/50W)-3%TiC 是温度敏感材料。变形温度相同时，复合材料流变应力随着应变速率的增加而增大。因为应变速率比较小时，动态再结晶形核时间变长，数量增多，使得再结晶软化大于加工硬化。随应变速率的增大，使得变形时组织形核及生长速率减少，位错增值快速增加，加工硬化更明显，流变应力迅速升高，说明两种材料也是应变速率敏感材料。

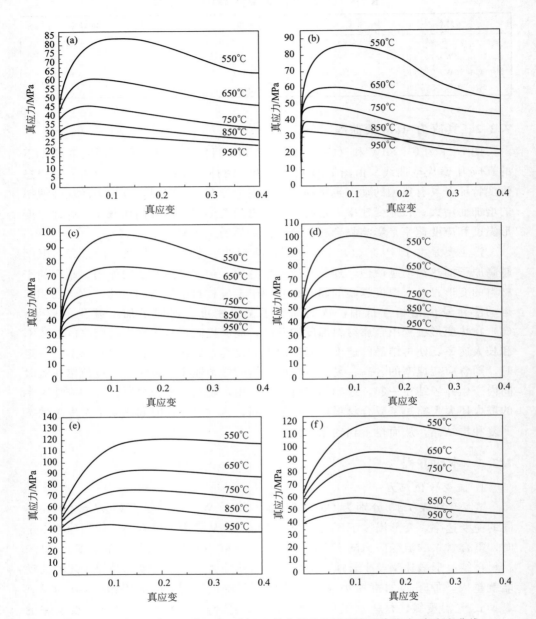

图 7-21 Cu/50W 和（Cu/50W)-3％TiC 复合材料热压缩变形真应力-真应变曲线

(a) Cu/50W，$\dot{\varepsilon}=0.01s^{-1}$；(b) (Cu/50W)-3％TiC，$\dot{\varepsilon}=0.01s^{-1}$；(c) Cu/50W，$\dot{\varepsilon}=0.01s^{-1}$；

(d) (Cu/50W)-3％TiC，$\dot{\varepsilon}=0.01s^{-1}$；(e) Cu/50W，$\dot{\varepsilon}=0.01s^{-1}$；(f) (Cu/50W)-3％TiC，$\dot{\varepsilon}=0.01s^{-1}$；

表7-9　不同变形条件下Cu/50W复合材料的峰值应力　　单位：MPa

应变速率/s^{-1}	550℃	650℃	750℃	850℃	950℃
0.01	84.15	61.90	46.60	36.65	31.34
0.1	99.64	78.46	61.31	47.88	38.86
1	137.14	107.57	78.46	64.17	48.73

表7-10　不同变形条件下 (Cu/50W)-3％TiC复合材料的峰值应力

单位：MPa

应变速率/s^{-1}	550℃	650℃	750℃	850℃	950℃
0.01	86.17	61.16	49.40	40.07	38.61
0.1	102.01	80.48	64.28	52.03	40.85
1	121.84	98.83	86.16	63.78	51.66

2. 数据处理

以 Cu/50W 为例，采用最小二乘法线性回归，将图 7-22（a）中峰值应力低的三条直线的斜率求平均值即为 n'，β 为图 7-22（b）峰值应力相对高的三条直线斜率的平均值，计算可得 $\alpha = \beta/n' = 0.01283$。由峰值应力及其对应的温度，绘制相应的 $\ln\dot{\varepsilon}$-$\ln[\sinh(\alpha\sigma)]$ 和 $\ln[\sinh(\alpha\sigma)]$-$1/T$ 图。如图 7-22（c）和 7-22（d）所示，直线 $\ln[\sinh(\alpha\sigma)]$-$1/T$ 斜率的平均值作为 K，直线 $\ln\varepsilon$-$\ln[\sinh(\alpha\sigma)]$ 斜率的平均值作为 n，可求得 $K=3.165155$、$n=6.2036$。

将上述求得的参数带入热变形激活能 Q 的公式中，到得 Cu/50W 复合材料变形热激活能 $Q=131.62$kJ/mol。由 $\dot{\varepsilon}$ 与 T，可求得对应 $\ln Z$ 值，绘制 $\ln[\sinh(\alpha\sigma)]$-$\ln Z$ 图，如图 7-22（e）所示，采用最小二乘法线性回归处理，得到相关系数是 0.98，因此能够用双曲正弦曲线模型对 Cu/50W 复合材料的高温变形行为进行描述。最后通过计算，将所有参数代入得到真应力-真应变本构方程如下：

$$\dot{\varepsilon} = 9.701 \times 10^5 \left[\sinh(0.01283\sigma)\right]^{6.2036} \cdot \exp\left(-\frac{131630}{RT}\right)。$$

按以上同样的方法对 (Cu/50W)-3％TiC 进行求解，关系曲线见图 7-23。

3. 本构方程

由以上求解过程求得两种复合材料的各参数见表 7-11，热变形激活能和本构方程见表 7-12。由表 7-12 可知，添加 3％TiC 后，钨铜复合材料的热激活能显著增加，增加约 47.7％。这是由于在热变形过程中，位错运动到加入的微米级 TiC 颗粒周围，阻力增大，形成位错塞积，使热变形难度增大，从而使钨铜复合材料的热变形激活能增加。

表7-11　Cu/50W 和 (Cu/50W)-3％TiC复合材料的参数值

材料	A	α	n
Cu/50W	9.701×10^5	0.01283	6.2036
(Cu/50W)-3％TiC	4.967×10^9	0.01182	7.4501

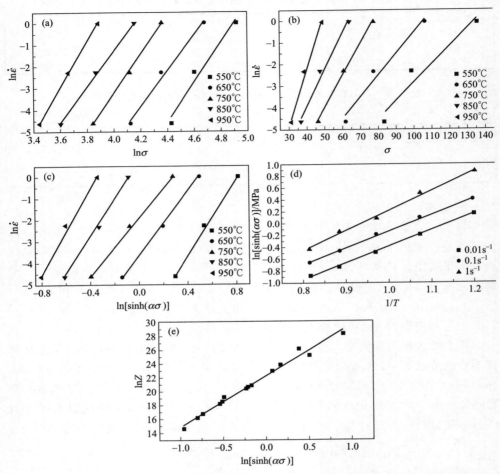

图 7-22　Cu/50W 复合材料应力 σ、变形温度 T、应变速率 $\dot{\varepsilon}$ 和 Z 参数之间的关系曲线

(a) $\ln\dot{\varepsilon}$-$\ln\sigma$；(b) $\ln\dot{\varepsilon}$-σ；(c) $\ln\dot{\varepsilon}$-$\ln[\sinh(\alpha\sigma)]$；

(d) $\ln[\sinh(\alpha\sigma)]$-$1/T$；(e) $\ln[\sinh(\alpha\sigma)]$-$\ln Z$

表 7-12　复合材料的热变形激活能及其本构方程

材料	热变形激活能 $(Q)/(\mathrm{kJ/mol})$	本构方程
Cu/50W	131.62	$\dot{\varepsilon}=9.701\times10^{5}[\sinh(0.01283\sigma)]^{6.2036}\cdot\exp[-131.63/RT]$
(Cu/50W)-3%TiC	194.36	$\dot{\varepsilon}=4.967\times10^{9}[\sinh(0.01182\sigma)]^{7.4501}\cdot\exp[-194.36/RT]$

7.2.4　组织演变

图 7-24 为 (Cu/50W)-3%TiC 复合材料热变形后的显微组织。对比图 7-24

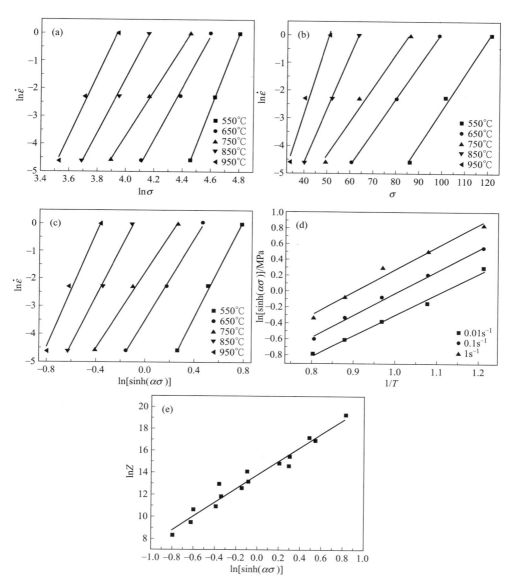

图 7-23 （Cu/50W）-3％TiC 复合材料应力 σ、变形温度 T、
应变速率 $\dot{\varepsilon}$ 和 Z 参数之间的关系曲线
（a）$\ln\dot{\varepsilon}$-$\ln\sigma$；（b）$\ln\dot{\varepsilon}$-σ；（c）$\ln\dot{\varepsilon}$-$\ln[\sinh(\alpha\sigma)]$；
（d）$\ln[\sinh(\alpha\sigma)]$-$1/T$；（e）$\ln[\sinh(\alpha\sigma)]$-$\ln Z$

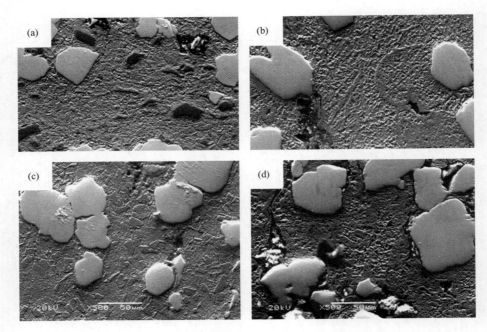

图 7-24　（Cu/50W)-3％TiC 复合材料热变形后的显微组织

(a) 550℃，0.1s⁻¹ ;（b) 950℃，0.1s⁻¹ ;（c) 750℃，0.01s⁻¹ ;（d) 750℃，1s⁻¹

(a) 和(b) 可以看出，在相同的应变速率，较低温度（550℃）下，复合材料的 Cu-W 基体组织发生了部分动态再结晶，仍然存在拉长的基体组织；在较高温度下（950℃)，复合材料 Cu-W 基体组织发生了完全动态再结晶。对比图 7-24(c) 和图 7-24(d) 可以看出，在相同的温度下（750℃)，应变速率对（Cu/50W)-3％TiC 复合材料热变形后的显微组织影响较大。较高的应变速率（1s⁻¹）使复合材料的动态再结晶来不及进行完全，部分基体仍然由保持伸长的晶粒组成；而较低的应变速率（0.01s⁻¹）使复合材料的动态再结晶得以充分进行，基体基本由动态再结晶细小晶粒组成。

7.3　真空热压烧结 W-Cu 电接触材料

7.3.1　材料制备、组织与性能

1. 试验原材料

试验采用 FW-1 工业钨粉，纯度>99.96％，粒度为 5.25μm，技术条件符合 GB/T 3458—2006 要求，见表 7-13；电解铜粉，纯度>99.7％，粒度为 38μm，技术条件符合 GB/T 5246—2007 要求，见表 7-14。

表 7-13　钨粉成分（质量分数）

W	Fe	O	C	Mo	其他
99.96	0.001	0.035	0.0023	0.0008	0.0009

表 7-14　铜粉成分（质量分数）

Cu	Fe	Pb	Sb	S	其他
99.7	0.003	0.002	0.003	0.25	0.042

2. W-Cu 复合材料制备

W-Cu50％、W-Cu75％和纯铜材料的制备过程如下。

（1）粉末按照表 7-15 进行配料，在刚玉研钵里进行手工研磨 0.5h，装入球磨瓶中，用 QQM/B 轻型球磨机混粉 4h。

表 7-15　钨、铜混粉的配比（质量分数）　　　　　　　单位：%

材料	W	Cu
W-Cu50％	50	50
W-Cu75％	25	75
纯铜	0	100

（2）将混均匀的粉末装入自制的石墨模具，然后在沈阳真空技术研究所生产的 VDBF-250 真空钎焊扩散焊机中进行烧结，见图 7-25。烧结工艺曲线如图 7-26 所示，先经过 40min 后升温到 600℃保温 20min，再经 35min 升温到烧结温度 950℃，进行边烧结 2h 边加压 30MPa，最后随炉冷却，取出样品。

图 7-25　热压烧结装置

图 7-27 是热压烧结粉末的模具结构示意图。在装入粉末前，在模壁内和凸模 1 底端和凸模 2 上端涂上一层氧化铝粉末，可以起到脱模作用，也可以防止钨

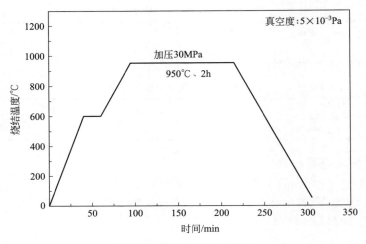

图 7-26　热压烧结工艺曲线

与碳反应。压力经凸模 1 传向粉末，粉末在某种程度上表现出与液体相似的性质，压力向各个方向上流动引起垂直模壁的侧压力，在压制的过程中，模内粉末所受压力是不均匀的，因为粉末间的彼此摩擦，相互楔住，使压力沿横向的传递比垂直方向要困难得多，压力分布不均匀导致致密度和硬度也不均匀，增加保压时间可以减少这种不均匀性。保压的好处[21]：①可以使压力传递充分；②粉末内的气体有足够的时间逸出；③给粉末变形以充分时间，有利于弛豫的进行。本书设计的试样尺寸为 $\phi60\mathrm{mm}\times15\mathrm{mm}$ 的圆柱，为了获得性能优异的材料，故在烧结过程中加压直到降温。

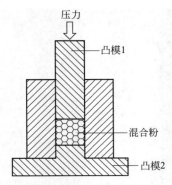

图 7-27　压制模具结构示意图

20 世纪 60 年代，热压致密理论得到较大发展，热压致密理论建立在黏性或塑性流动烧结理论的基础上，有两个研究方向：①热压的致密化方程式，分为理论和经验两类，前者由塑性流动理论和扩散蠕变理论推出；②热压的致密化机构，包括颗粒的相互滑过、破碎、塑性变形以及体积扩散等[22,23]。

1954 年，Murray、Rodgers 和 Williams 从塑性流动的烧结理论出发，推导出热压致密化方程：

$$\left(\frac{d\rho}{dt}\right)_{p>0}=\frac{3p}{4\eta}(1-\rho)$$

(7-2)

式中，ρ 为致密度；t 为时间；p 为热压压力；η 为黏性系数。该式表明了热压的致密化速度 $d\rho/dt$ 与热压压力和黏性系数有关，热压压力越大致密化速度越快，在较短的时间内就可达到终极密度，这时 $d\rho/dt=0$，密度不再随时间变化，推导出终极密度方程：

$$\ln\frac{1}{(1-\rho_E)}=\frac{\sqrt{2}\,\gamma n^{\frac{1}{3}}}{\tau_c}\left(\frac{\rho_E}{1-\rho_E}\right)^{\frac{1}{3}}\left(\frac{4\pi}{3}\right)^{\frac{1}{3}}+\frac{p}{\sqrt{2}\,\tau_c}$$

(7-3)

式中，ρ_E 为终极密度；γ 为材料的表面张力；n 为对应于致密材料球壳的单位体积内的空隙数；p 为热压压力；τ_c 为屈服极限。该式表明了在材料一定时，γ、n 为常数，当热压压力一定时，烧结温度越高 τ_c 越小，终极密度越大；当烧结温度一定时，热压压力越大，终极密度越大。

1961 年，柯瓦尔钦科和萨姆索诺夫运用扩散蠕变理论，考虑晶界作用，有：

$$\frac{d\theta}{dt}=-\frac{p}{4\eta}\times\frac{\theta(3-\theta)}{1-2\theta}$$

(7-4)

式中，θ 为孔隙率；t 为时间；p 为热压压力；η 为黏性系数。根据蠕变理论，黏度系数 η 和体积扩散系数以及晶粒大小的关系为：

$$\eta=\frac{kTd^2}{10D_v\Omega}$$

(7-5)

式中，k 为波尔兹曼常数；T 为热力学温度；d 为晶粒直径；D_v 为体积扩散系数；Ω 为原子体积。由式(7-4) 和式(7-5) 可知，扩散蠕变理论同样表明热压终极密度的存在，温度的升高有利于孔隙率的降低，但是使晶粒明显长大又对由扩散控制的致密化过程不利，因此热压的致密度不能无限制增大。

在热压的过程中，致密化是难以用一个统一的致密方程描述的复杂的过程。可以把热压致密化的过程分为三个阶段[24~29]：①快速致密化阶段，在热压前期，颗粒发生相对滑动、破碎和塑性变形，类似于冷压的颗粒重排，致密化速度较大，这个过程取决于粉末的粒度、形状和材料的断裂、屈服强度；②致密化减速阶段，以塑性流动为主要机制，类似烧结后期的闭孔收缩阶段可用式(7-3) 表示；③趋近终极密度阶段，以扩散蠕变为主要机制，晶粒长大使致密速度大为降低，达到终极密度后，致密过程完全停止，可用式(7-4) 表示。

3. 热模拟试验

采用圆柱体单向压缩法作为研究钨铜复合材料的高温热变形行为的基本方法。实验设备采用的是 Gleeble-1500D 热模拟试验机。沿热压烧结制成样品的轴向方向线切割成 $\phi 8mm\times 12mm$ 的热模拟试样。

压缩过程中为了减少试样端面的摩擦力对试验精度的影响，在试样的两端涂上一定量的石墨粉。试样以 10℃/s 的加热速度升温至 950℃，保温 5min，随后以不同的工艺进行热变形，变形的具体参数如下。

变形温度：950℃、850℃、750℃、650℃。

应变速率：$0.01s^{-1}$、$0.1s^{-1}$、$1s^{-1}$、$5s^{-1}$。

总变形量：50%。

具体工艺如图 7-28 所示。

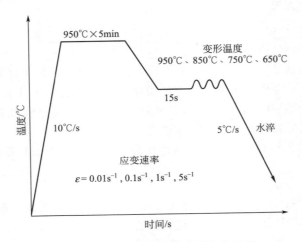

图 7-28 压缩变形实验工艺

4. 钨铜复合材料的显微组织

图 7-29～图 7-31 分别为真空热压烧结制备 W-Cu50%、W-Cu75% 的和纯铜的显微组织。

从图 7-29(a) 和图 7-30(a) 中可以看出白色的 W 相均匀地分布在灰色的铜

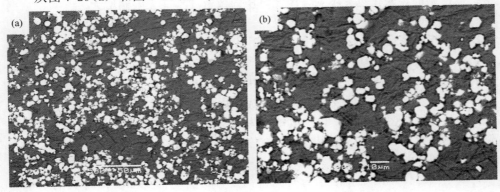

图 7-29 W-50%Cu 复合材料的微观组织

(a) 低倍；(b) 高倍

基体上，钨颗粒和铜基体都比较致密，没有明显的空隙，从图 7-29（b）和图 7-30(b)中可以看出，钨颗粒大致分布在铜的晶界上，钨铜界面清晰，没有发生明显的扩散。本书采用的钨颗粒大小为 $5.25\mu m$，虽然比铜颗粒 $38\mu m$ 小得多，有较多的表面能，但钨颗粒的自身原子的自扩散系数不高，且钨颗粒比较硬，塑性差，所以钨的烧结性比铜低得多，在 950℃ 烧结温度下，钨的烧结性几乎可以考虑不计。

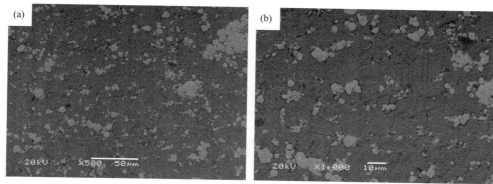

图 7-30　W-75%Cu 复合材料的微观组织
（a）低倍；（b）高倍

在烧结前期，颗粒发生重排、塑性变形和相对滑动，小的钨颗粒填充在大的铜颗粒的间隙中，在外在的压力下，铜颗粒发生塑性变形，铜的体积分数大，铜慢慢包围了钨颗粒，形成了铜网络，能较大地提高材料的导电性能。

在烧结后期，铜晶粒开始长大，由于分散钨颗粒对晶界的阻碍作用，使铜晶粒长大的速度降低，并造成钨颗粒分布在铜基体的晶界上，从图 7-31 中可以看出，纯铜中的晶粒明显比图 7-29 和图 7-30 的大。

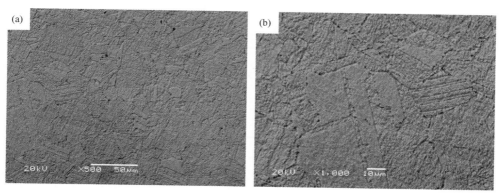

图 7-31　纯铜的微观组织
（a）低倍；（b）高倍

5. 钨铜复合材料性能

表 7-16 为热压烧结制备钨铜复合材料的综合性能。从表中可以看出，真空热压烧结工艺制备的钨铜复合材料都达到了 99% 以上，因为随着铜含量的增加，可以提高粉末整体的流动性和塑性变形能力，使钨颗粒更容易占据空隙的位置，显著地提高了材料的致密度。另外本试验的真空度为 $5 \times 10^{-3} Pa$，在烧结的过程中，模具内外形成负压，更有利于气体的排出，大大减少了气孔，也提高了材料的致密度。由表 7-16 可知，随着铜含量的增加，致密度也在增加，孔隙率降低，电导率升高。随着铜含量的增加，硬度呈下降趋势，因为铜为韧性相，比钨相的硬度低得多，较多的铜含量也减少了钨与钨颗粒的接触，也会导致材料的硬度降低。另外，由于钨可细化晶粒，晶粒细化也增加了材料的显微硬度。随着铜含量的增加，电导率升高，影响钨铜复合材料电导率的主要因素有：（1）铜的含量；（2）铜的连通性；（3）孔隙率；（4）杂质；（5）组织和结构。

表 7-16 热压烧结制备钨铜复合材料的综合性能

材料	密度/(g/cm³)	致密度/%	显微硬度(HV$_{0.2}$)	电导率/%IACS
W-50%Cu	12.2	99.1	133	68.9
W-75%Cu	10.3	99.6	110	86.1
100%Cu	8.9	99.8	80	92.8

表 7-17 和表 7-18 分别为本书采用真空热压烧结制备的 W-Cu50%、W-Cu75% 复合材料实测性能与 GB/T 8320—2003 的对比。从表中可以看出，真空热压烧结制备的 W-Cu50% 复合材料各项性能均高出国标要求。W-Cu75% 复合材料的各项性能也均好于银钨触头，为替代银钨触头提供了新途径。

表 7-17 W-50%Cu 复合材料的实测性能及 GB/T 8320—2003 性能对比

W-50%Cu	密度/(g/cm³)	致密度/%	显微硬度(HV$_{0.2}$)	电导率/%IACS	抗弯强度
真空热压烧结	12.2	99.1	133HV	68.9	285MPa
GB/T 8320—2003	11.9	97.2	115HV	54	—

表 7-18 W-75%Cu 复合材料的实测性能及 GB/T 8320—2003 性能对比

材料	密度/(g/cm³)	致密度/%	显微硬度(HV$_{0.2}$)	电导率/%IACS
真空热压烧结 W-75%Cu	10.3	99.6	110	86.1
GB/T 8320—2003 W-70%Cu	11.75	96.4	75	75

7.3.2 真应力-真应变曲线

图 7-32 为 W-Cu50% 复合材料在不同温度、不同速率下的真应力-真应变曲线。由图 7-32 可以看出，所有的真应力-真应变曲线上都出现了一个明显的应力峰值，而在整个压缩过程中，真应力随着应变量的增加均呈现先增大后减小然后

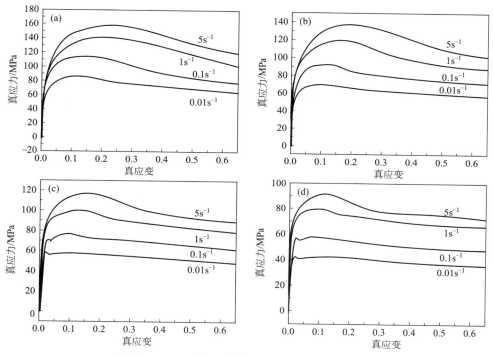

图 7-32　W-50％Cu 复合材料真应力-真应变曲线

（a）650℃；（b）750℃；（c）850℃；（d）950℃

达到一个稳定的趋势，这是典型的动态再结晶类型。这主要是因为 W 与 Cu 的质量比是1：1，但体积比约为 1：2.2，所以材料的变形主要是以基体铜为主，钨作为强化质点弥散铜基体上，因为铜的层错能很低，它的扩展位错宽度比较宽，难以通过交滑移和刃型位错使攀移来进行动态回复[30]，因此发生动态再结晶的倾向性比较大。

　　从图 7-32 中可以看出，在相同变形温度下，真应力随着应变速率的增加而升高，且其应力峰值也相应地在更大应变量时才出现；在应变速率相同时，真应力随着温度的升高而降低，其峰值应力对应的应变量则相应降低。可见，应变速率的降低和温度的升高都有利于动态再结晶的发生，应变速率和变形温度对 W-50％Cu复合材料的热变形行为影响比较显著。

　　从图 7-32 中可以看出，动态再结晶类型的曲线分为三个阶段：（1）微应变加工硬化阶段，在应变量小于再结晶的临界应变量时，真应力随应变增加而迅速增加，主要是因为位错的大量增殖以及钨颗粒的钉扎作用而表现出加工硬化。（2）动态再结晶阶段，此时开始有动态再结晶的软化作用，但加工硬化仍占主导作用，当达到应力峰值后，由于再结晶加快，真应力将随应变增加而下降。

（3）稳态真阶段，此时加工硬化和再结晶软化达到动态平衡，真应力几乎不随应变量的增加而变化。

图 7-33 为 W-Cu75％复合材料在不同温度、不同速率下的真应力-真应变曲线，可以看出，W-Cu75％复合材料真应力-真应变曲线和 W-Cu50％复合材料的类型一样，都是动态再结晶类型，当变形温度和应变速率一定时，W-Cu75％复合材料的真应力随着应变量的增加而迅速升高，达到一定应变量的时候，真应力达到一个峰值，几乎都在应变量为 0.2～0.3 左右，然后真应力随应变量的增加而减小，应变量超过 0.5 以后，真应力几乎保持不变，这是典型的动态再结晶类型。另外，随着变形温度和应变速率的降低，真应力-真应变曲线的稳态真阶段减少。

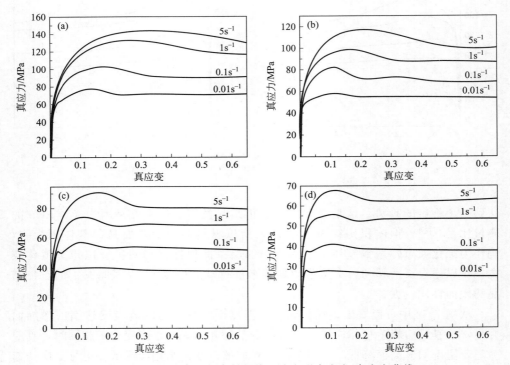

图 7-33　W-75％Cu 复合材料热压缩变形真应力-真应变曲线
(a) 650℃；(b) 750℃；(c) 850℃；(d) 950℃

与 W-Cu50％复合材料对比，在相同的变形温度和应变速率下，W-Cu75％复合材料的真应力整体上下降了 20MPa，这是因为随着钨含量的减少，钨颗粒的钉扎作用下降，导致真应力的下降。

和 W-Cu50％复合材料一样，当变形温度一定时，W-Cu75％复合材料的真应力随应变速率的增加而增大，如在 650℃变形时，应变速率由 0.01s^{-1} 增加到

$5s^{-1}$，W-Cu75％复合材料的应力峰值由 70MPa 增大到 140MPa 左右；当应变速率一定时，W-Cu75％复合材料的流变应力随变形温度的升高而降低，如在 $0.01s^{-1}$ 变形时，变形温度由 650℃ 升高到 950℃，W-Cu75％复合材料的应力峰值由 76MPa 降低到 28MPa。这说明了 W-Cu75％复合材料是对变形温度和应变速率敏感的材料。

材料热变形过程是一个加工硬化和软化同时存在和平衡的过程[31]，在变形的初期，动态再结晶还未发生，而晶粒内的位错密度增加，引起位错缠结形成胞状组织，导致位错滑移困难，位错的密度增加，产生加工硬化，这是材料在变形初期应力迅速增大的原因。

随着变形的进行，在晶粒由位错缠结组成的胞状结构，将在加热的过程中发生胞壁平直化，形成亚晶，成为动态再结晶的核心。由于铜的层错能比较低，亚晶迁移机制是动态再结晶核心的主要机制，由于位错密度较高的亚晶界，其两侧亚晶的位向差较大，在高温变形时，容易发生迁移并逐渐长大为大角度晶界，于是就可将它作为动态再结晶核心而长大。

一般来说，第二相粒子的存在既可能促进基体金属的再结晶，也可能阻碍再结晶，这主要取决于基体上分散相粒子的大小及其分布。当第二相粒子尺寸较大，间距较宽，一般大于 $1\mu m$ 时，再结晶核心能在其表面产生，本书中钨的颗粒大小为 $5.25\mu m$，从本书的第 3 章中的钨铜复合材料的组织照片中可以看到，钨相的尺寸和间距都大于 $1\mu m$，证明本书中钨的存在有利于动态再结晶的发生。

随着变形的继续、加工硬化的速率和动态回复，动态再结晶的速率相等时，流变应力达到一个稳态值，不再随应变量的增加而变化。

图 7-34 为纯铜在不同温度、不同速率下的真应力-真应变曲线。

从图 7-34 中可以看出，纯铜的真应力-真应变曲线分为两种类型，在变形温度 650℃、应变速率 $5s^{-1}$ 和 $1s^{-1}$ 时，属于动态回复类型，因为铜的层错能较低，一般容易发生动态再结晶，而本书中却在低温高应变速率下出现了动态回复类型，可能是因为在低变形温度和高应变速率的情况下，由于应变速率比较大，动态再结晶来不及长大，主要以动态回复为主，在高变形温度和高应变速率时，虽然应变速率很大，温度的升高，为动态再结晶提供了热激活条件，所以在高变形温度和高应变速率时还是以动态再结晶类型为主。另外，在有钨的情况下，变形温度 650℃，应变速率 $5s^{-1}$ 和 $1s^{-1}$ 时，真应力-真应变曲线属于动态再结晶类型，这主要是由于大颗粒的钨为动态再结晶提供了形核的核心，由此可以推出，钨的存在降低了铜的动态再结晶温度。

从图中还可以看出，变形温度和应变速率对纯铜的真应力的影响与钨铜复合材料相同，随变形温度的降低和应变速率的升高，应力峰值是增加的，纯铜也是对变形温度和应变速率敏感的材料。

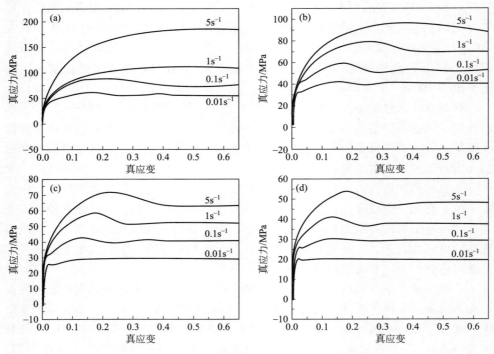

图 7-34　纯铜热压缩变形真应力-真应变曲线

(a) 650℃；(b) 750℃；(c) 850℃；(d) 950℃

7.3.3　本构方程

以 W-50%Cu 为例，采用最小二乘法线性回归，将图 7-35(a) 中峰值应力低的三条直线的斜率求平均值即为 n'，β 为图 7-35(b) 峰值应力相对高的三条直线斜率的平均值，计算可得 $\alpha = \beta/n' = 0.013899$。

由峰值应力及其对应的温度，绘制相应的 $\ln\dot\varepsilon$-$\ln[\sinh(\alpha\sigma)]$ 和 $\ln[\sinh(\alpha\sigma)]$-$1/T$ 图。如图 7-35(c) 和图 7-35(d) 所示，直线 $\ln[\sinh(\alpha\sigma)]$-$1/T$ 斜率的平均值作为 K，直线 $\ln\dot\varepsilon$-$\ln[\sinh(\alpha\sigma)]$ 斜率的平均值作为 n，可求得 $K = 4.4475$、$n = 6.6942$。将上述求得的参数带入热变形激活能 Q 的公式中，得到 W-50%Cu 复合材料变形热激活能 $Q = 247.530\text{kJ/mol}$。由 $\dot\varepsilon$ 与 T，可求得对应 $\ln Z$ 值，绘制 $\ln[\sinh(\alpha\sigma)]$-$\ln Z$ 图，如图 7-35(e) 所示，采用最小二乘法线性回归处理，得到相关系数是 0.99，因此能够用双曲正弦曲线模型对 W-50%Cu 复合材料的高温变形行为进行描述。最后通过计算将所有参数代入得真应力-真应变本构方程如下：

$$\dot\varepsilon = e^{25.136}[\sinh(0.013889\sigma)]^{6.6942} \cdot \exp\left(-\frac{247530}{8.314T}\right)$$

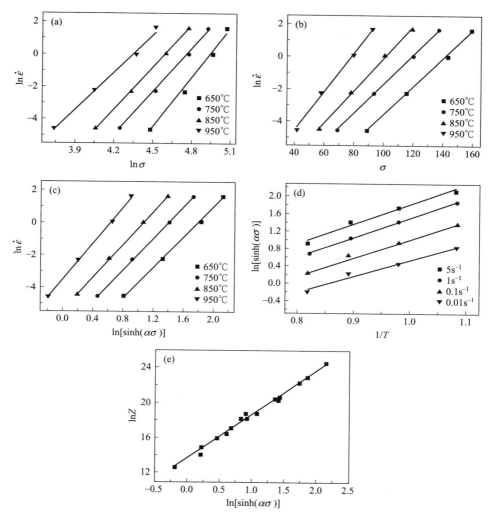

图 7-35　W-50％Cu 复合材料应力 σ、变形温度 T、应变速率 $\dot{\varepsilon}$ 和 Z 参数之间的关系曲线

(a) $\ln\dot{\varepsilon}$-$\ln\sigma$；(b) $\ln\dot{\varepsilon}$-σ；(c) $\ln\dot{\varepsilon}$-$\ln[\sinh(\alpha\sigma)]$；

(d) $\ln[\sinh(\alpha\sigma)]$-$1/T$；(e) $\ln[\sinh(\alpha\sigma)]$-$\ln Z$

　　同理可绘制出为 W-Cu75％复合材料、纯铜的峰值应力、变形温度及应变速率的关系曲线如图 7-36、图 7-37 所示。求得为 W-Cu75％复合材料和纯铜的热变形激活能分别为 $Q=230.610\mathrm{kJ/mol}$ 和 $209.455\mathrm{kJ/mol}$。热变形本构方程分别为：

$$\text{W-Cu75\%}\quad \dot{\varepsilon}=\mathrm{e}^{23.666}[\sinh(0.017122\sigma)]^{6.185}\cdot\exp\left(-\frac{230610}{8.314T}\right)$$

纯铜　$\dot{\varepsilon} = e^{22.4283} [\sinh(0.01734\sigma)]^{5.3152} \cdot \exp\left(-\dfrac{209455}{8.314T}\right)$

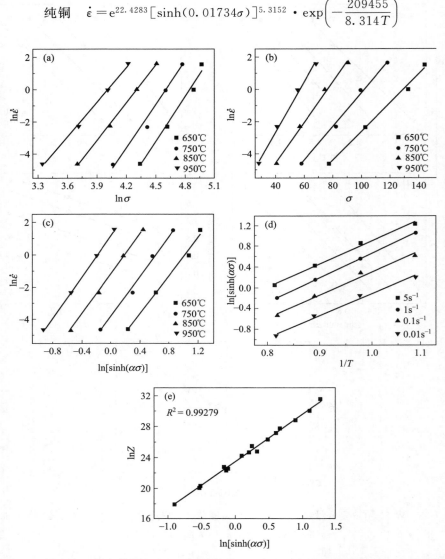

图 7-36　W-75%Cu 复合材料应力 σ、变形温度 T、应变速率 $\dot{\varepsilon}$ 和 Z 参数之间的关系曲线

(a) $\ln\dot{\varepsilon}$-$\ln\sigma$；(b) $\ln\dot{\varepsilon}$-σ；(c) $\ln\dot{\varepsilon}$-$\ln[\sinh(\alpha\sigma)]$；

(d) $\ln[\sinh(\alpha\sigma)]$-$1/T$；(e) $\ln[\sinh(\alpha\sigma)]$-$\ln Z$

　　由以上求解过程求得三种材料的各参数见表 7-19，热变形激活能和本构方程见表 7-20。由表 7-20 可知，W-75%Cu 复合材料的热变形激活能比 W-50%Cu 复合材料的低，主要是由于钨含量的降低，第二相粒子的钉扎作用减少，这也间接说明了 W-75%Cu 复合材料的热变形比 W-50%Cu 复合材料更容易些，可成形

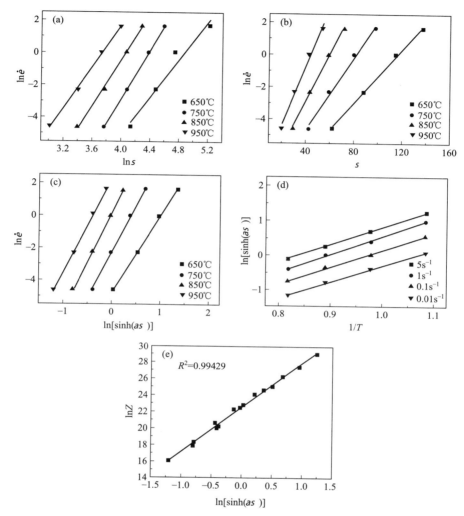

图 7-37　纯铜复合材料应力 σ、变形温度 T、应变速率 $\dot{\varepsilon}$ 和 Z 参数之间的关系曲线

(a) $\ln\dot{\varepsilon}$-$\ln\sigma$；(b) $\ln\dot{\varepsilon}$-σ；(c) $\ln\dot{\varepsilon}$-$\ln[\sinh(\alpha\sigma)]$；

(d) $\ln[\sinh(\alpha\sigma)]$-$1/T$；(e) $\ln[\sinh(\alpha\sigma)]$-$\ln Z$

性较高。纯铜的激活能为 209.455kJ/mol，比 W-50％Cu 复合材料和 W-75％Cu 复合材料都要低，纯铜的热变形性能最好，也正好验证了三者热变形激活能的规律。

表 7-19　热压烧结制备钨铜复合材料的参数值

材料	A	α	n
W-50％Cu	8.25×10^{10}	0.013889	6.6942
W-75％Cu	1.90×10^{10}	0.017122	6.185
100％Cu	5.50×10^{9}	0.01734	5.3152

表 7-20　复合材料的热变形激活能及其本构方程

材料	热变形激活能(Q) /(kJ/mol)	本构方程
W-50%Cu	247.530	$\dot{\varepsilon}=e^{25.136}\left[\sinh(0.013889\sigma)\right]^{6.6942}\cdot\exp\left(-\dfrac{247530}{8.314T}\right)$
W-75%Cu	230.610	$\dot{\varepsilon}=e^{23.666}\left[\sinh(0.017122\sigma)\right]^{6.185}\cdot\exp\left(-\dfrac{230610}{8.314T}\right)$
100%Cu	209.455	$\dot{\varepsilon}=e^{22.4283}\left[\sinh(0.01734\sigma)\right]^{5.3152}\cdot\exp\left(-\dfrac{209455}{8.314T}\right)$

7.3.4　热加工图

1. W-50%Cu 复合材料热变形参数的求解和热加工图分析

表 7-21 为通过热压缩实验采集到的 W-50%Cu 复合材料在不同应变速率和变形温度下的流变应力值。

表 7-21　不同变形条件下 W-50%Cu 复合材料的流变应力值　　单位：MPa

应变	应变速率/s^{-1}	变形温度			
		650℃	750℃	850℃	950℃
0.1	0.01	86.75	69.26	58.09	42.15
	0.1	112.83	92.23	77.11	57.81
	1	134.72	115.93	100.11	79.93
	5	147.93	129.31	114.95	91.38
0.2	0.01	81.13	65.59	55.89	41.24
	0.1	113.12	84.93	72.65	55.45
	1	143.27	118.25	95.02	75.11
	5	158.42	137.49	116.30	85.33
0.3	0.01	76.54	63.49	54.19	39.58
	0.1	100.32	80.66	70.75	53.08
	1	138.41	106.43	89.71	72.48
	5	155.91	131.85	104.62	78.91
0.4	0.01	72.42	60.66	52.31	37.94
	0.1	91.08	76.54	67.31	51.05
	1	127.66	97.74	85.93	69.58
	5	147.17	120.36	98.03	76.37
0.5	0.01	68.72	58.57	50.44	36.66
	0.1	85.13	73.72	64.86	49.72
	1	116.43	92.98	82.69	67.74
	5	134.74	110.75	94.73	74.73
0.6	0.01	66.08	57.04	48.98	36.07
	0.1	79.65	72.08	63.11	48.77
	1	106.93	89.86	80.48	66.83
	5	124.66	104.03	91.72	73.41
0.7	0.01	65.24	56.67	45.09	33.56
	0.1	76.36	71.29	61.68	47.41
	1	91.99	82.57	75.22	62.59
	5	114.73	95.33	84.17	68.38

由式 $\ln\sigma=a+b\ln\dot\varepsilon=0+c\,(\ln\dot\varepsilon=0)^2+d\,(\ln\dot\varepsilon=0)^3$ 求得不同应变量和变形温度下的 m 值，进而求出 η，再根据式 $\xi(\dot\varepsilon=0)=\dfrac{\partial\ln\left(\dfrac{m}{m+1}\right)}{\partial\ln(\dot\varepsilon)}+m<0$，利用三次样条插值法求出 $\xi(\dot\varepsilon)$ 值，表 7-22 为不同变形条件下的 W-50％Cu 复合材料的 m、η、$\xi(\dot\varepsilon)$ 的值。

表 7-22　W-50％Cu 复合材料的 m、η、$\xi(\dot\varepsilon)$ 的值

应变	应变速率 /s⁻¹	变形温度											
		650℃			750℃			850℃			950℃		
		m	η	$\xi(\dot\varepsilon)$	m	η	$\xi(\dot\varepsilon)$	m	η	$\xi(\dot\varepsilon)$	m	η	$\xi(\dot\varepsilon)$
0.1	5	0.05	0.10	−0.02	0.05	0.10	−0.29	0.07	0.13	−0.21	0.04	0.08	−0.77
	1	0.06	0.12	−0.07	0.08	0.15	−0.11	0.10	0.18	−0.05	0.12	0.21	−0.22
	0.1	0.09	0.17	−0.07	0.11	0.20	0.04	0.12	0.22	0.10	0.15	0.26	0.22
	0.01	0.14	0.24	0.01	0.13	0.23	0.08	0.12	0.21	0.15	0.11	0.20	0.24
0.2	5	0.04	0.09	−0.39	0.05	0.10	−0.65	0.13	0.23	0.18	0.04	0.08	−0.73
	1	0.08	0.15	−0.18	0.13	0.22	−0.17	0.12	0.22	0.16	0.11	0.20	−0.21
	0.1	0.12	0.22	0.01	0.14	0.25	0.31	0.11	0.20	0.12	0.14	0.25	0.01
	0.01	0.16	0.28	0.05	0.06	0.12	0.53	0.12	0.21	0.09	0.12	0.21	0.24
0.3	5	0.05	0.10	−0.57	0.13	0.24	0.15	0.09	0.17	0.07	0.09	0.17	0.18
	1	0.11	0.20	−0.22	0.13	0.23	0.17	0.10	0.18	0.16	0.10	0.18	−0.06
	0.1	0.20	0.33	0.07	0.11	0.19	0.23	0.11	0.20	0.06	0.15	0.26	0.09
	0.01	0.28	0.44	0.13	0.06	0.12	0.34	0.12	0.22	0.07	0.08	0.16	0.69
0.4	5	0.04	0.07	−0.93	0.14	0.25	0.27	0.07	0.12	−0.21	0.01	0.01	−2.81
	1	0.13	0.23	−0.28	0.12	0.21	0.14	0.10	0.17	−0.05	0.10	0.18	−0.81
	0.1	0.14	0.25	0.44	0.10	0.18	0.12	0.11	0.20	0.11	0.14	0.26	0.47
	0.01	0.03	0.06	0.91	0.11	0.20	0.02	0.10	0.17	0.09	0.09	0.17	−0.13
0.5	5	0.05	0.10	−0.61	0.11	0.20	0.17	0.07	0.13	−0.15	0.01	0.01	−2.01
	1	0.12	0.22	−0.16	0.10	0.19	0.14	0.10	0.17	−0.02	0.10	0.19	−0.59
	0.1	0.14	0.24	0.30	0.10	0.18	0.10	0.11	0.20	0.14	0.15	0.26	0.35
	0.01	0.06	0.11	0.54	0.10	0.19	0.07	0.10	0.19	0.16	0.10	0.18	0.02
0.6	5	0.06	0.12	−0.41	0.10	0.18	0.17	0.07	0.12	−0.21	0.00	0.01	−2.98
	1	0.12	0.21	−0.12	0.09	0.17	0.07	0.09	0.17	−0.05	0.10	0.19	−0.85
	0.1	0.12	0.21	0.40	0.11	0.20	−0.01	0.11	0.20	0.11	0.14	0.25	0.49
	0.01	0.03	0.05	1.05	0.16	0.28	0.01	0.10	0.19	0.16	0.09	0.17	−0.17
0.7	5	0.17	0.29	0.4	0.11	0.21	0.51	0.07	0.13	0.12	0.02	0.03	−1.42
	1	0.11	0.19	0.37	0.07	0.13	0.23	0.07	0.14	−0.02	0.09	0.16	−0.46
	0.1	0.06	0.12	0.16	0.07	0.13	−0.08	0.11	0.19	−0.08	0.14	0.25	0.18
	0.01	0.08	0.15	−0.25	0.14	0.25	−0.27	0.17	0.29	0.01	0.15	0.26	−0.04

图 7-38 为 W-50％Cu 复合材料应变量从 0.1～0.7 的热加工图。图中阴影部分为失稳区域，从图中可以看出：

（1）失稳区域随着应变量的增加是增大的，失稳区域主要集中在高应变速率

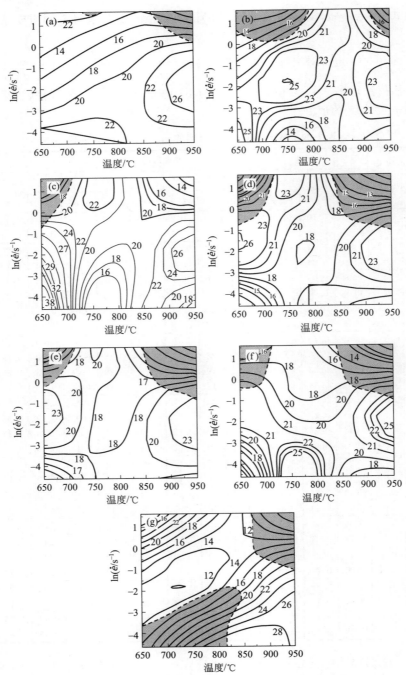

图 7-38　W-50％Cu 复合材料的热加工图

(a) 0.1；(b) 0.2；(c) 0.3；(d) 0.4；(e) 0.5；(f) 0.6；(g) 0.7

区域内；

（2）随着应变量从 0.1～0.7，功率耗散效率的最大值先增大后减小，在应变量 0.3 时达到最大值 38%；

（3）功率耗散效率主要在 12%～38% 范围内变化，有随着变形温度的升高和应变速率的减小而增大的趋势。

据热工图理论，热加工安全区域主要为功率耗散效率比较高的动态再结晶区域，危险区域主要有楔形断裂、晶间断裂、沿颗粒边界断裂等，但并不是功率耗散效率越高，热加工性越好，当有局部流变和绝热剪切带时，功率耗散效率也会比较高。因此，对热加工图与变形组织综合分析，才能得到材料最优的热加工工艺。

在材料的锻压和热挤压变形中所受变形量均比较大，从上章我们知道材料在应变量达到 0.6 之后，材料处于稳态流变阶段，是比较稳定的加工状态，因此我们主要是以应变量 0.6 和 0.7 作为热加工分析和系统研究。从图 7-38(f) 和图 7-38(g) 中可以看出，W-50%Cu 复合材料在变形温度 850～950℃、应变速率大于 $1s^{-1}$ 时材料都会发生流变失稳，这可能是由于变形温度较高时，钨颗粒与铜基体变形难易程度不一样，铜基体晶界更容易发生滑移，界面处产生严重的应力集中，从而引起界面开裂而产生裂纹，在热加工的时候要避开这部分区域；而在低应变速率下，界面滑移产生的应力集中有足够的时间通过扩散等途径释放，从而避免开裂。加工图中随着应变速率的减小，功率耗散效率逐渐升高，在变形温度 950℃、应变速率 $0.01s^{-1}$ 时，出现功率耗散效率极值为 28%，大的功率耗散效率意味着出现特殊的显微组织或导致流变失稳。铜属于低层错能材料，约为 $40mJ/m^2$，发生动态再结晶的功率耗散效率在 30%～40%[32]，而在加入了钨颗粒后，增大了非均匀形核概率，所以降低了材料的动态再结晶时的功率耗散效率。综合以上分析，W-50%Cu 复合材料的最佳热变形工艺为：变形温度 850～950℃，应变速率为 0.01～$0.1s^{-1}$。

2. W-75%Cu 复合材料热变形参数的求解和热加工图的分析

和 W-50%Cu 复合材料一样，首先求得 W-75%Cu 复合材料的 m、η、ξ（$\dot{\varepsilon}$）的值。然后绘制 W-75%Cu 复合材料的功率耗散效率等高图与 ξ（$\dot{\varepsilon}$）等高图，最后叠加在一起获得热加工图。

根据 W-50%Cu 复合材料的分析，应变量 0.6 和 0.7 的实际应用意义较大，因此重点研究了应变量 0.6 和 0.7 的 W-75%Cu 复合材料的热加工图，如图 7-39 所示。图中阴影部分为失稳区域，从图 7-39 中可以看出，随着应变量的增加失稳区域增大，在应变量为 0.6 时，功率耗散效率最大值为 30%，出现在变形温度 900～950℃，应变速率 $0.01s^{-1}$；在应变量为 0.7 时，功率耗散效率最大值为 36%，出现在变形温度 900～950℃，应变速率 0.01～$0.1s^{-1}$，整个热加工图中，功率耗散效率随着变形温度的升高和应变速率的降低而增大。

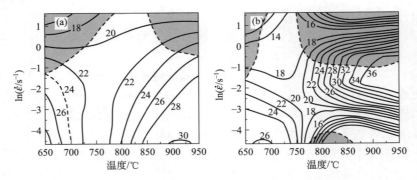

图 7-39　W-75％Cu 复合材料不同真应变时的 DMM 加工图

(a) ε＝0.6；(b) ε＝0.7

3. 纯铜的热变形参数的求解和热加工图的分析

表 7-23 为不同变形条件下的纯铜的 m、η、$\xi(\dot{\varepsilon})$ 的值。

表 7-23　纯铜的 m、η、$\xi(\dot{\varepsilon})$ 的值

应变	应变速率 /s⁻¹	变形温度										
		650℃			750℃			850℃			950℃		
		m	η	$\xi(\dot{\varepsilon})$	m	η	$\xi(\dot{\varepsilon})$	m	η	$\xi(\dot{\varepsilon})$	m	η	$\xi(\dot{\varepsilon})$
0.1	5	0.44	0.61	0.46	0.08	0.15	0.13	0.08	0.14	−0.01	0.13	0.23	0.18
	1	0.11	0.21	1.22	0.08	0.15	0.04	0.09	0.17	−0.04	0.12	0.22	0.10
	0.1	0.01	0.02	0.28	0.10	0.19	−0.02	0.14	0.24	−0.02	0.14	0.25	0.05
	0.01	0.34	0.51	−3.03	0.15	0.26	0.00	0.20	0.33	0.07	0.20	0.33	0.07
0.2	5	0.46	0.63	0.77	0.07	0.14	−0.20	0.13	0.24	0.07	0.30	0.46	0.70
	1	0.15	0.26	0.83	0.11	0.20	−0.06	0.15	0.25	0.12	0.15	0.26	0.44
	0.1	0.04	0.09	0.12	0.14	0.25	0.08	0.15	0.26	0.15	0.11	0.19	0.04
	0.01	0.34	0.50	−1.51	0.16	0.28	0.12	0.14	0.24	0.15	0.26	0.41	−0.39
0.3	5	0.43	0.60	0.82	0.09	0.17	−0.26	0.26	0.41	0.65	0.17	0.28	0.48
	1	0.18	0.31	0.59	0.17	0.29	−0.08	0.13	0.24	0.41	0.12	0.21	0.21
	0.1	0.10	0.18	0.08	0.16	0.28	0.53	0.10	0.18	0.03	0.13	0.22	−0.02
	0.01	0.34	0.50	−0.64	0.02	0.04	1.53	0.23	0.37	−0.37	0.23	0.38	−0.06
0.4	5	0.37	0.54	0.55	0.25	0.40	0.50	0.13	0.24	0.33	0.20	0.33	0.59
	1	0.23	0.38	0.48	0.15	0.27	0.39	0.11	0.20	0.15	0.12	0.21	0.28
	0.1	0.13	0.23	0.26	0.10	0.19	0.14	0.12	0.22	0.00	0.12	0.21	−0.03
	0.01	0.14	0.25	−0.09	0.15	0.27	−0.23	0.19	0.32	−0.03	0.25	0.40	−0.16
0.5	5	0.38	0.55	0.56	0.22	0.37	0.43	0.14	0.24	0.37	0.21	0.35	0.62
	1	0.24	0.39	0.49	0.15	0.26	0.35	0.11	0.19	0.17	0.12	0.21	0.30
	0.1	0.14	0.24	0.27	0.11	0.19	0.16	0.12	0.21	−0.01	0.11	0.21	−0.02
	0.01	0.14	0.25	−0.08	0.13	0.23	−0.10	0.19	0.33	−0.05	0.25	0.40	−0.19
0.6	5	0.42	0.59	0.61	0.17	0.29	0.26	0.14	0.24	0.30	0.20	0.33	0.58
	1	0.24	0.38	0.54	0.14	0.25	0.23	0.11	0.20	0.16	0.12	0.22	0.28
	0.1	0.12	0.22	0.25	0.12	0.21	0.18	0.12	0.22	0.02	0.12	0.21	−0.02
	0.01	0.17	0.29	−0.28	0.11	0.19	0.12	0.18	0.30	−0.02	0.24	0.39	−0.16

续表

应变	应变速率/s⁻¹	变形温度											
		650℃			750℃			850℃			950℃		
		m	η	$\xi(\dot{\varepsilon})$	m	η	$\xi(\dot{\varepsilon})$	m	η	$\xi(\dot{\varepsilon})$	m	η	$\xi(\dot{\varepsilon})$
0.7	5	0.48	0.65	0.72	0.08	0.14	−0.59	0.16	0.27	0.67	0.08	0.15	−0.41
	1	0.23	0.38	0.63	0.17	0.29	−0.07	0.09	0.16	0.22	0.17	0.29	−0.09
	0.1	0.11	0.19	0.20	0.15	0.27	0.45	0.11	0.19	−0.13	0.17	0.29	0.47
	0.01	0.25	0.40	−0.58	0.04	0.08	0.71	0.26	0.41	−0.12	0.03	0.06	1.17

图 7-40 为纯铜应变量从 0.1～0.7 的热加工图。图中阴影部分为失稳区域。从图 7-40 中可以看出，当应变量从 0.1～0.6 时，纯铜的失稳区域是增大的，功率耗散效率在 15%～60% 之间变化，铜属于低层错能材料，功率耗散效率 30%～40% 为动态再结晶区域，在温度较低，应变速率较高的时候功率耗散效率达到最大值，表明材料组织变化最剧烈，因铜的再结晶温度很低，本实验条件下动态再结晶在这个时候已经完成，主要发生晶粒长大，所以在低温的时候，功率耗散效率变化较大。

7.3.5　组织演变

1. W-50%Cu 复合材料热变形后的显微组织

图 7-41 为 W-50%Cu 复合材料热变形后的显微组织。图 7-42 为 W-50%Cu 复合材料热变形后的宏观形貌。

2. W-75%Cu 复合材料热变形后的组织

从图 7-43(a) 中可以看出，在加工图中安全区域，得到的为等轴的动态再结晶组织，铜相在热压缩过程中，在应力高度集中的地方，如铜晶界和钨铜界面上以极快的速度爆发出薄片孪晶，常称之为"形核"，促进整个再结晶过程。图 7-43(b) 为在变形温度 900～950℃，应变速率 5s⁻¹ 时的显微组织，可以发现有部分的局部流变存在，加上应变速率比较大，在流变区域会产生许多微裂纹，最终导致材料开裂。图 7-43(c) 为在变形温度 900～950℃，应变速率 0.01s⁻¹ 时 W-75%Cu 复合材料的钨铜界面，可以发现钨铜之间有一个扩散区，由于变形速率比较慢，钨铜的界面未发生分离，过渡区域的结合强度保证了热加工的安全性。

综合以上分析，W-75%Cu 复合材料的最佳热变形工艺为：变形温度 900～950℃，应变速率为 0.01～0.1s⁻¹。

3. 纯铜热变形后的组织演变

图 7-40(g) 中可以分为六个区域：

(1) 变形温度 650℃、应变速率 5s⁻¹，此时的功率耗散效率达到 65%，且等高线比较集中，图 7-44(a) 为其所对应的热压缩后组织，晶粒细小，直径小于

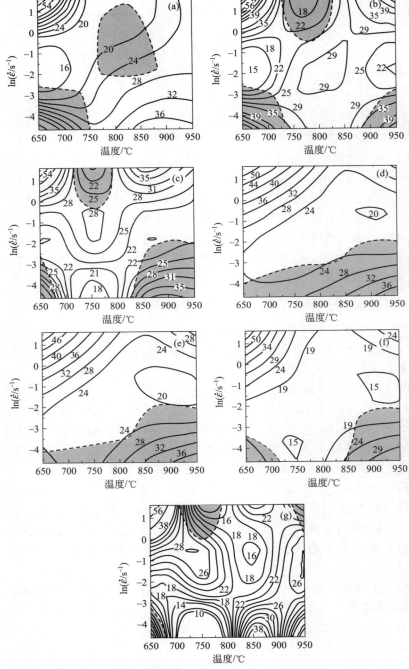

图 7-40　纯铜不同真应变时的 DMM 加工图

(a) 0.1；(b) 0.2；(c) 0.3；(d) 0.4；(e) 0.5；(f) 0.6；(g) 0.7

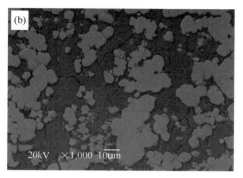

图 7-41　不同变形温度、应变速率时 W-50％Cu 复合材料的显微组织

（a）$T = 950℃$，$\dot{\varepsilon} = 0.01s^{-1}$；（b）$T = 850℃$，$\dot{\varepsilon} = 0.01s^{-1}$

图 7-42　W-50％Cu 复合材料热变形后的宏观形貌（$T = 950℃$，$\dot{\varepsilon} = 5s^{-1}$）

$10\mu m$，由此可以判断这个区域为纯铜的超塑性区域；

（2）变形温度 750℃、应变速率 $0.1s^{-1}$，此时的功率耗散效率达到 29％，属于典型的动态再结晶区域，从图 7-44（b）中可以看出，晶粒均匀、呈等轴状、晶界比较平直，这是典型的动态再结晶组织。

（3）变形温度 850℃、应变速率 $5s^{-1}$，此时的功率耗散效率为 27％，热压缩后的显微组织如图 7-45（a）所示，晶粒细小均匀，呈等轴晶，也是典型的动态再结晶组织，这个区域也是动态再结晶区域。

（4）变形温度 850℃、应变速率 $0.01s^{-1}$，此时的功率耗散效率为 41％，热压缩后的显微组织如图 7-45（b）所示，组织也呈现等轴晶粒，均匀分布，也在动态再结晶范围内。不过和图 7-45（a）相比，在同样的变形温度下，应变速率差了 2 个数量级，虽然都属于动态再结晶区域，不过明显图 7-45（a）的晶粒的等轴性更好，晶粒尺寸更加均匀，所以在较高的应变速率下的动态再结晶区域的热加工性更好。

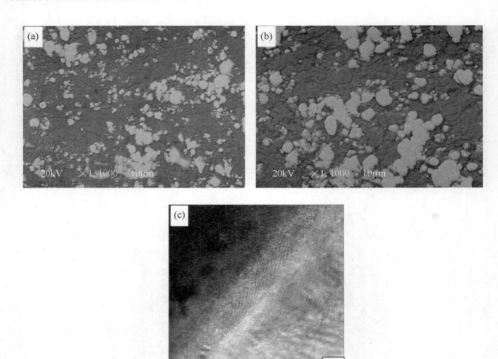

图 7-43 W-75%Cu 复合材料热压缩后的显微组织

(a) $T=950℃$，$\dot{\varepsilon}=0.01\text{s}^{-1}$；(b) $T=950℃$，$\dot{\varepsilon}=5\text{s}^{-1}$；(c) TEM

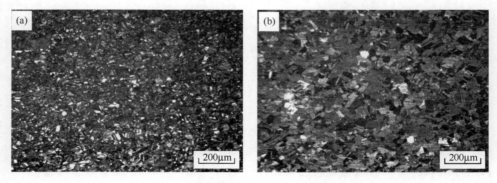

图 7-44 纯铜热压缩后的显微组织（一）

(a) $T=650℃$，$\dot{\varepsilon}=5\text{s}^{-1}$；(b) $T=750℃$，$\dot{\varepsilon}=0.01\text{s}^{-1}$

（5）变形温度 950℃、应变速率 0.01s^{-1}，此时功率耗散效率为 6%，几乎没有组织变化，从图 7-46（a）中可以看出，晶粒已经完全长大，说明了在 950℃，应变速率很慢时，由于高温下晶界上的原子容易扩散，受力后容易产生滑动，产生高温下的高温扩散蠕变，晶界自然弯曲，晶粒粗大，流变应力很小，

图 7-45　纯铜热压缩后的显微组织（二）

(a) $T = 850℃$，$\dot{\varepsilon} = 5s^{-1}$；(b) $T = 850℃$，$\dot{\varepsilon} = 0.01s^{-1}$

和图 7-34(d) 中纯铜在 950℃的流变应力变化所对应。

(6) 变形温度 950℃、应变速率 5s^{-1}，此时功率耗散效率为 15%～25%，从理论上应该属于典型的动态再结晶，从图 7-46(b) 中可以看出晶粒呈等轴晶，部分较小晶粒有流线型分布，另外在此试样中还发现了局部流变失稳现象，与热加工图中失稳区域是吻合的，如图 7-47 所示，可以看出，在局部流变失稳周围是由很多细小的晶粒组成，由此会产生微裂纹，并随着流变失稳的加剧，微裂纹最终会成为材料热变形开裂的根源。

图 7-46　纯铜热压缩后的显微组织（三）

(a) $T = 950℃$，$\dot{\varepsilon} = 0.01s^{-1}$；(b) $T = 950℃$，$\dot{\varepsilon} = 5s^{-1}$

另外利用透射电镜对材料亚结构进行分析，从图 7-48(a) 中可以看出，变形的纯铜晶粒内的位错密度比较高，这为动态再结晶创造有利条件，从图 7-48(b) 中可以看出，在晶粒内部，有很多由位错纠结而成的亚晶胞状结构，为动态再结晶形核提供核心，验证了流变（真）应力-真应变曲线变化规律。

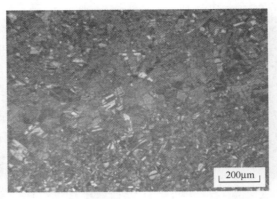

图 7-47 纯铜热压缩后的显微组织（四）

$T=950℃，\dot{\varepsilon}=5s^{-1}$

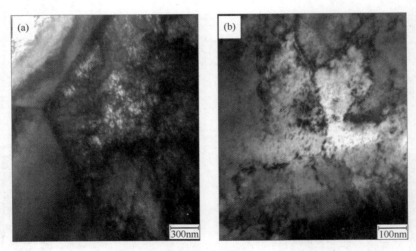

图 7-48 纯铜热压缩后的 TEM 微观结构（$T=850℃，\dot{\varepsilon}=5s^{-1}$）

（a）位错；（b）亚晶

7.4 SPS 烧结 Cu-Mo-WC 电接触材料

7.4.1 材料制备、组织与性能

1. 试验原材料

本试验过程需要电解纯 Cu 粉和纯 Cr 粉两种原料，均由北京兴荣源科技股份有限公司提供，其中 Cu 粉平均粒径为 $38\mu m$，Cr 粉平均粒径为 $48\mu m$，原料纯度均为 99.9% 以上。材料的原料成分配比和形貌特征如表 7-24，图 7-49 所示。

表 7-24　Cu-Cr 复合材料成分配比（质量分数）　　　　单位：%

材料	Cu	Cr
Cu-10Cr	90	10
Cu-20Cr	80	20
Cu-30Cr	70	30

图 7-49　原料粉末形貌

（a）铜粉；（b）铬粉

2. Cu-Mo-WC 复合材料制备

Cu-Mo-WC 复合材料制备采用放电等离子烧结法。具体制备过程如下：

（1）按照表 7-24 的要求比例配粉、混粉　所用到的仪器有 OHAUS 电子天平，YH-10 型混料机。

把配比好的原料放入自制的混粉模具中，然后放在混料机内进行充分混粉，由于混粉目的只有使粉体均匀混合，不具有研磨效果，因此混粉时间不宜过长。本试验确定混粉时间为 1.5h，为防止粉体发生团聚现象，在混粉时加入适量的纯紫铜球。

（2）放电等离子烧结　采用 SPS-30 放电等离子烧结炉，如图 7-1 所示。将原料充分混合后放进自制的石墨模具内并压实，随后放入 SPS-30 放电等离子烧结炉中烧结制备。烧结工艺曲线如图 7-50 所示，烧结工艺参数为：真空度$<1\times10^{-5}$Pa；升温速度 100℃/min；升温至中间温度保温 2min，目的是使实际温度和测定温度趋于一致，然后继续升温至烧结温度并加压 30MPa、保温 3min，然后随炉冷却至室温，取出试样。

3. 热模拟试验

材料制备完成后，为了后续的实际加工和应用，需要对材料的高温力学性能进行研究和分析。单次轴向热压缩试验是模拟材料在加工过程中所受到的温度、压力、应变速率等状态下的热变形行为。所用设备是 Gleeble-1500D 热/力试验机，相关参数有应变速率 $\dot\varepsilon$、变形温度 T 和真应变 ε。整个装置由计算机控制，操作简便，能够精确反映材料热变形行为。

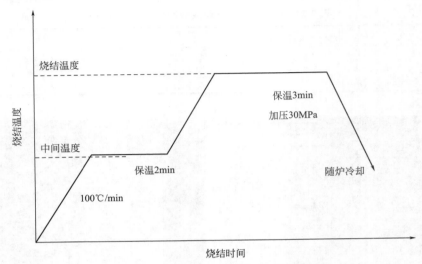

图 7-50 Cu-Cr 复合材料烧结工艺曲线

将烧结制备的复合材料加工成规格为 $\phi 8mm \times 15mm$ 的试样，为了便于测温度，还需要在试样侧边开一个 $\phi 1mm \times 1.5mm$ 的孔便于放入测温导线，压缩试样及压缩装置如图 7-3 和图 7-4 所示。

压缩前为减少摩擦，可在试样两端均匀涂敷石墨粉润滑剂，同时要保证圆柱试样两端面平整，从而尽可能提高试验过程的精确性。试验流程如下：首先以 $20℃/s$ 速度升温至需要的热变形温度，试验变形温度应低于该复合材料的较低熔点 Cu 相，结合实际试验条件，选择热变形温度分别为 650℃、750℃、850℃、900℃，保温 4min 以消除温差，然后沿轴向压缩，应变速率为 $0.001s^{-1}$、$0.01s^{-1}$、$0.1s^{-1}$、$1s^{-1}$、$10s^{-1}$，最大变形量为 0.6，最后将压缩后的试样迅速水淬，保留其高温变形组织以便进行观察分析，试验工艺曲线如图 7-51 所示。

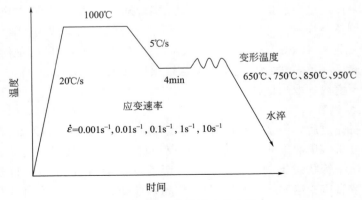

图 7-51 热模拟工艺曲线

4.Cu-Cr 复合材料的显微组织

图 7-52 为采用放电等离子烧结技术制备的三种复合材料的组织形貌。

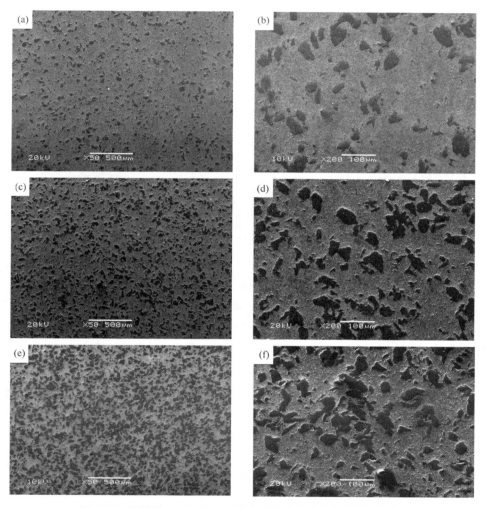

图 7-52 烧结态 Cu-Cr 复合材料在高低倍率条件下的微观组织

(a)、(b) Cu-10Cr 复合材料;(c)、(d) Cu-20Cr 复合材料;(e)、(f) Cu-30Cr 复合材料

从图 7-52 中看出,烧结态 Cu-Cr 复合材料结构较为致密,黑色的 Cr 颗粒分布在灰色的 Cu 基体上,且 Cr 颗粒分散分布,没有明显的裂缝孔隙存在。且随着 Cr 含量的增加,Cr 颗粒也没有发生明显团聚现象。观察高倍微观组织发现〔图 7-52(b)、图 7-52(d)、图 7-52(f)〕,Cu 和 Cr 两相界面清晰,且随 Cr 含量增加 Cu 基体晶粒明显变小。

图 7-53 为 Cu-10Cr 复合材料线扫描成分分析,可以看出,Cu 和 Cr 成分都

有大幅波动：当位于黑色 Cr 颗粒处时，Cr 成分曲线大幅上升；当位于 Cu 基体处时，Cr 成分曲线急剧下降，Cu 成分曲线相应出现上升，并且两组元成分波动曲线出现明显的此消彼长的趋势。这一变化趋势说明材料在烧结过程中没有新物质生成。

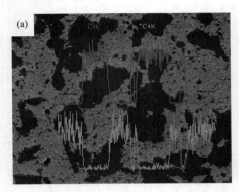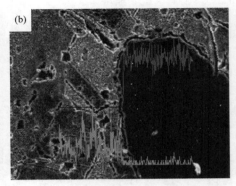

图 7-53　Cu-10Cr 复合材料线扫描成分分析
(a) 低倍；(b) 高倍

图 7-54 是 Cu-30Cr 复合材料的微观形貌和选区衍射斑点标定图。图 7-54 (a)、图 7-54(b) 分别表示 Cr 以不同形状存在于 Cu 基体中，两相界面比较清晰且光滑，没有明显的杂质存在。图 7-54(c)、图 7-54(d) 分别为图 7-54(a) 中 Cu 与 Cr 的衍射斑点标定，计算得出 Cu 的晶带轴为 $(02\bar{2})$、Cr 的晶带轴为 $[20\bar{1}]$。图 7-54(e) 是 Cu 基体上出现的平板状孪晶组织，图 7-54(f) 是对应的孪晶衍射斑点标定。经过计算得知，晶带轴为 (011)、孪晶面为 $(\bar{1}1\bar{1})$。孪晶生成后，孪晶界能够降低位错的平均自由行程，造成位错密度增加，使材料硬度提高[33]。

5. Cu-Cr 复合材料性能

表 7-25 是用 SPS 法制备的烧结温度为 950℃ 条件下的 Cu-Cr 复合材料的综合性能，可知，随着 Cr 的增多，其材料致密度从 97.7% 降低至 94.3%，致密度有下降的趋势。这是因为 Cr 和 Cu 基体之间的互相浸润性很差，两者几乎不互溶，造成材料的致密化程度降低；同时随着 Cr 含量的增加，两相颗粒间界面增多而不利于颗粒的流动和填充，从而使材料的致密度有所降低。

材料硬度是衡量材料力学性能的重要参考。由于 Cr 的颗粒弥散增强效应，材料的硬度随 Cr 的增加而呈现上升的趋势。弥散分布在 Cu 内的 Cr 颗粒造成 Cu 基体内部的位错缠绕堆积，增加位错运动阻力，使材料机械强度提高、硬度增加。

材料的导电性的微观机理是材料中带有电荷的粒子响应电场作用发生定向移

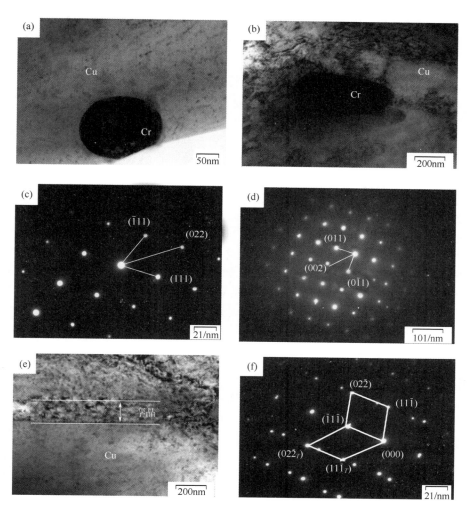

图 7-54 Cu-30Cr 复合材料的微观结构和选区衍射斑点标定
（a）、（b）TEM 微观组织；（c）、（d）Cu 和 Cr 在（a）中的衍射斑点标定；
（e）、（f）Cu 的孪晶组织及衍射斑点标定

动的结果[34]。Cr 的导电能力弱，随 Cr 含量增加，颗粒表面积增多，从而使电子散射作用增强、电阻增大。Cr 和 Cu 基体两相之间在挤压过程中容易产生应力，造成晶格畸变，从而使得散射作用进一步加强[35]。材料的孔隙率也是影响电导率的一个重要因素，孔隙的存在使得材料中的电荷移动受到阻碍作用，从而使电导率降低。因此，Cr 含量增多使得材料的电导率降低。

950℃烧结 Cu-Cr 复合材料的综合性能见表 7-25。

表 7-25　950℃烧结 Cu-Cr 复合材料的综合性能

材料	致密度/%	硬度（HBW）	电导率/%IACS
Cu-10Cr	97.7	63.2	59.2
Cu-20Cr	95.6	72.4	50.4
Cu-30Cr	94.3	67.0	39.0

7.4.2　真应力-真应变曲线

图 7-55～图 7-57 分别表示 Cu-Cr 复合材料在不同应变速率和应变温度范围内的真应力-真应变曲线。三种复合材料的流变应力曲线呈现相似变化特征：在形变初始时期，应变量少量增加，真应力就会迅速增大；随应变量继续增加，真应力会出现峰值，然后应力逐渐降低，最后应力会随应变的增加而逐渐趋于稳定的状态。但是，不同形变条件下的流变曲线也存在差异，如较低应变速率、较高温度条件下（如 Cu-10Cr 复合材料的 $0.001s^{-1}$、950℃），材料容易出现峰值应力，真应力-真应变曲线达到峰值后逐渐降低至某一恒定值不变，表明此类曲线具有典型的动态再结晶特征。当应变速率较快时（$10s^{-1}$），流变应力曲线出现锯齿状的波动，这是加工硬化和动态再结晶软化综合作用的结果[36]。

材料的热加工变形过程中，两方面因素决定了真应力的变化[37]：一方面来

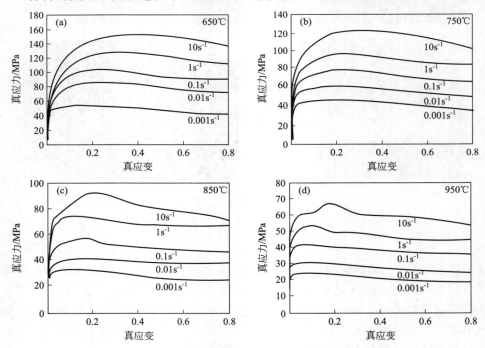

图 7-55　Cu-10Cr 复合材料的真应力-真应变曲线

(a) 650℃；(b) 750℃；(c) 850℃；(d) 950℃

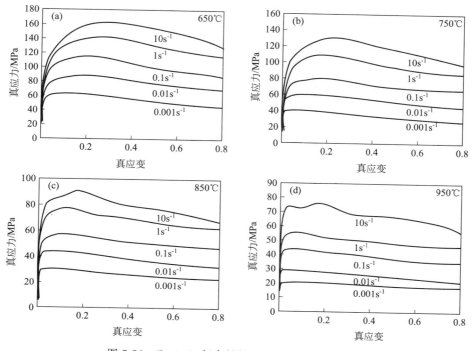

图 7-56　Cu-20Cr 复合材料的真应力-真应变曲线

（a）650℃；（b）750℃；（c）850℃；（d）950℃

自变形初期，位错出现大量增殖并引起堆积和缠结，导致位错密度增加，阻碍位错的移动，从而产生加工硬化现象；另一方面来自于当应变继续增加，位错引起的畸变能达到一定程度时，位错会发生攀移或滑移，使得位错重新合并排列重组，变形储能成为再结晶的驱动力，材料发生动态再结晶软化。加工硬化和动态软化作用会在材料变形过程中同时进行、相互作用[38~40]。

在应变初始时期，应力迅速上升，此阶段被称为加工硬化阶段，材料的晶内位错源在此阶段开始移动，会出现大量的位错缠结和胞状亚结构，随着位错密度的增加，材料变形困难，加工硬化现象明显。随着形变继续增大，材料内部能量增多，这样位错等各种缺陷快速消失或抵消，材料出现动态回复，真应力增速缓慢。当应变超过动态再结晶的临界应变时，会发生动态再结晶，同时新晶粒生成，位错密度降低，再结晶软化作用大于加工硬化作用，真应力开始降低[41~43]。

由图 7-55～图 7-57 可知，在变形温度恒定条件下，Cu-Cr 复合材料的真应力随应变速率的加快而升高。在应变速率相同时，温度越高真应力越小。当高温、低应变速率条件下（如 950℃、0.001s⁻¹），材料变形过程中会很快达到峰值，促使材料发生动态软化，使材料变形容易进行。

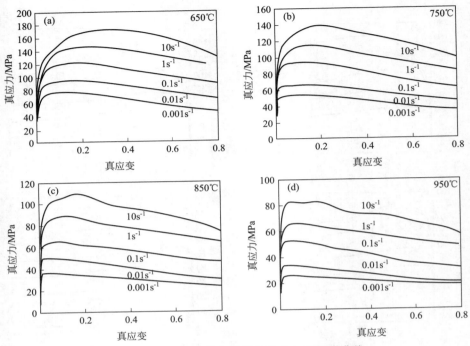

图 7-57 Cu-30Cr 复合材料的真应力-真应变曲线

(a) 650℃；(b) 750℃；(c) 850℃；(d) 950℃

7.4.3 本构方程

1. 流变峰值应力

表 7-26～表 7-28 分别是 Cu-Cr 复合材料在不同应变条件下的试验测试所得峰值应力值。从表中数据可知，应变速率越大、应变温度越低，材料峰值应力就会越大。

表 7-26 Cu-10Cr 复合材料不同条件下的峰值应力

温度/℃	峰值应力/MPa				
	$0.001s^{-1}$	$0.01s^{-1}$	$0.1s^{-1}$	$1s^{-1}$	$10s^{-1}$
650	54.43	87.60	103.16	129.16	154.38
750	46.56	61.07	80.25	97.43	123.53
850	33.37	41.68	56.76	74.87	93.08
950	24.28	30.97	41.85	53.90	67.81

表 7-27 Cu-20Cr 复合材料不同条件下的峰值应力

温度/℃	峰值应力/MPa				
	$0.001s^{-1}$	$0.01s^{-1}$	$0.1s^{-1}$	$1s^{-1}$	$10s^{-1}$
650	62.36	87.48	113.92	141.27	161.93
750	41.53	60.87	82.09	113.42	131.49
850	29.35	44.53	58.12	81.19	92.14
950	20.90	30.45	44.11	59.20	79.66

表 7-28　Cu-30Cr 复合材料不同条件下的峰值应力

温度/℃	峰值应力/MPa				
	$0.001s^{-1}$	$0.01s^{-1}$	$0.1s^{-1}$	$1s^{-1}$	$10s^{-1}$
650	79.5	96.4	125.7	151.4	176.9
750	56.2	67.9	97.1	118.7	143.9
850	37.5	52.1	68.6	92.9	114.7
950	25.6	35.5	55.5	70.7	87.2

2. 数据处理

以 Cu-10Cr 为例，采用最小二乘法线性回归，将图 7-58(a) 中峰值应力低的

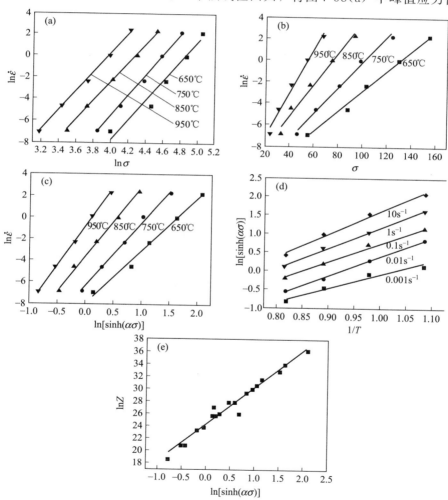

图 7-58　Cu-10Cr 复合材料的形变温度、应力及压缩速率之间的线性关系

(a) $\ln\dot{\varepsilon}$-$\ln\sigma$；(b) $\ln\dot{\varepsilon}$-σ；(c) $\ln\dot{\varepsilon}$-$\ln[\sinh(\alpha\sigma)]$；

(d) $\ln[\sinh(\alpha\sigma)]$-$1/T$；(e) $\ln[\sinh(\alpha\sigma)]$-$\ln Z$

三条直线的斜率求平均值即为 n'，β 为图 7-58（b）峰值应力相对高的三条直线斜率的平均值，计算可得 $\alpha = \beta/n' = 0.017978$。

由峰值应力及其对应的温度，绘制相应的 $\ln\dot{\varepsilon}$-$\ln[\sinh(\alpha\sigma)]$ 和 $\ln[\sinh(\alpha\sigma)]$-$1/T$ 图。如图 7-58（c）和图 7-58（d）所示，直线 $\ln[\sinh(\alpha\sigma)]$-$1/T$ 斜率的平均值作为 K，直线 $\ln\dot{\varepsilon}$-$\ln[\sinh(\alpha\sigma)]$ 斜率的平均值作为 n，可求得 $K = 5.113808$、$n = 6.132795$。将上述求得的参数带入热变形激活能 Q 的公式中，得到 Cu-10Cr 复合材料热变形激活能 $Q = 260.743\text{kJ/mol}$。由 $\dot{\varepsilon}$ 与 T，可求得对应 $\ln Z$ 值，绘制 $\ln[\sinh(\alpha\sigma)]$-$\ln Z$ 图，如图 7-58（e）所示，采用最小二乘法线性回归处理，得到相关系数是 0.98，因此能够用双曲正弦曲线模型对 Cu-10Cr 复合材料的高温变形行为进行描述。最后通过计算，将所有参数代入得真应力-真应变本构方程如下：

$$\dot{\varepsilon} = 3.79 \times 10^{10}\left[\sinh(0.01798\sigma)\right]^{6.1328}\exp\left(-\frac{260743}{RT}\right)$$

利用这种方法同样可以得到 Cu-20Cr 和 Cu-30Cr 复合材料的相应关系曲线，如图 7-59 和图 7-60 所示。表 7-29 是 Cu-Cr 复合材料构建本构方程过程中需要的相关参数值。

3. 本构方程

由表 7-29 得到 Cu-Cr 复合材料本构方程相关参数，从而求得材料的热变形激活能和本构方程，如表 7-30 所示。从表 7-30 得知，Cu-Cr 复合材料的热变形激活能因 Cr 含量的不同各有差异。纯 Cu 材料的热变形激活能为 209.455kJ/mol[44]，Cr 的添加使得复合材料的热变形激活能增大，与纯 Cu 材料的热变形激活能相比，分别提高了 24.5%、15.7% 和 17.6%。

表 7-29　Cu-Cr 复合材料本构方程的相关参数

材料	α	n	K	Q	$\ln A$
Cu-10Cr	0.017978	6.132795	5.113808	260.743	24.357
Cu-20Cr	0.0176046	5.33348	5.465086	242.336	22.490
Cu-30Cr	0.0207032	4.82533	6.141034	246.365	20.618

表 7-30　Cu-Cr 复合材料的热激活能和本构方程

材料	热变形激活能 $(Q)/(\text{kJ/mol})$	本构方程
Cu-10Cr	260.743	$\dot{\varepsilon} = 3.79 \times 10^{10}\left[\sinh(0.01798\sigma)\right]^{6.1328} \cdot \exp\left(-\dfrac{260743}{RT}\right)$
Cu-20Cr	242.336	$\dot{\varepsilon} = 5.85 \times 10^{9}\left[\sinh(0.017605\sigma)\right]^{5.333} \cdot \exp\left(-\dfrac{222336}{RT}\right)$
Cu-30Cr	246.365	$\dot{\varepsilon} = 7.15 \times 10^{9}\left[\sinh(0.01342\sigma)\right]^{6.205} \cdot \exp\left(-\dfrac{246365}{RT}\right)$

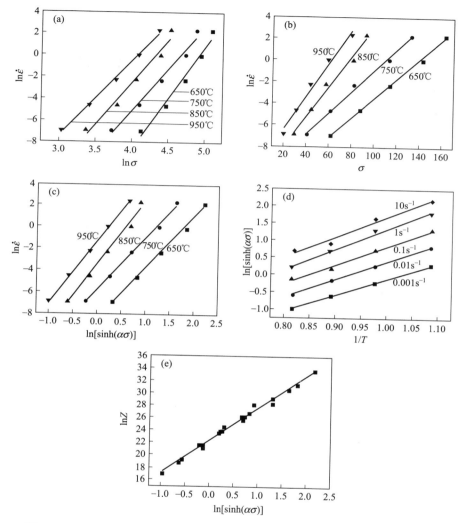

图 7-59 4-5Cu-20Cr 复合材料的形变温度、应力及压缩速率之间的线性关系

(a) $\ln\dot{\varepsilon}$-$\ln\sigma$；(b) $\ln\dot{\varepsilon}$-σ；(c) $\ln\dot{\varepsilon}$-$\ln[\sinh(\alpha\sigma)]$；

(d) $\ln[\sinh(\alpha\sigma)]$-$1/T$；(e) $\ln[\sinh(\alpha\sigma)]$-$\ln Z$

7.4.4 热加工图

图 7-61 为 Cu-30Cr 复合材料在应变为 0.3 时的热加工图的绘制过程。首先根据实验数据和相关公式求得 m、η 和 $\xi\dot{\varepsilon}$ 的值，然后根据温度和应变速率，绘制出材料的耗散效率图如图 7-61(a) 所示。从图 7-61(a) 中可知，等值线的数值代表耗散效率因子 η 的百分数，其数值大小表示放电等离子烧结的 Cu-30Cr 复合材料在热变形过程中微观组织演变所消耗的能量。应变速率越低，形变温度越高

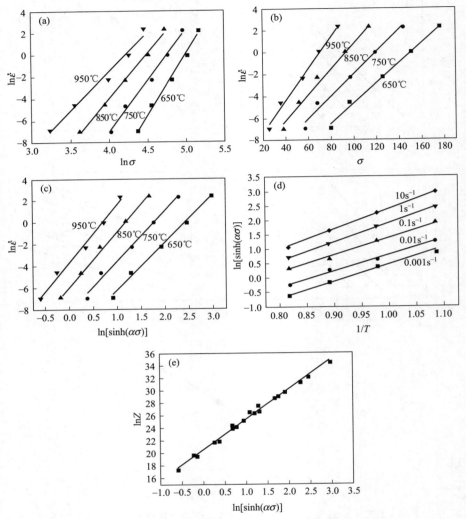

图 7-60　Cu-30Cr 复合材料的形变温度、应力及压缩速率之间的线性关系
（a）$\ln\dot{\varepsilon}$-$\ln\sigma$；（b）$\ln\dot{\varepsilon}$-σ；（c）$\ln\dot{\varepsilon}$-$\ln[\sinh(\alpha\sigma)]$；
（d）$\ln[\sinh(\alpha\sigma)]$-$1/T$；（e）$\ln[\sinh(\alpha\sigma)]$-$\ln Z$

时材料的 η 值就会越大。这是因为材料热加工过程中组织发生动态回复或动态再结晶，需要位错的累积，同时位错的移动随温度的增加而加快，因此温度升高、应变速率降低时，材料的 η 值升高。图 7-61(b) 是 Cu-30Cr 材料应变为 0.3 条件下的流变失稳图。图 7-61(b) 中阴影部分表示失稳区域，在实际材料加工时应尽可能避开这些位置。为了更加清楚直观地了解材料的 η 值和 $\xi\dot{\varepsilon}$ 的变化情况，可以通过绘制相应的三维效果图，如图 7-61(c) 和图 7-61(d) 所示。

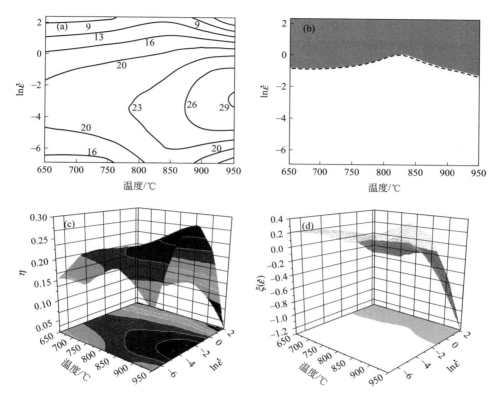

图 7-61　Cu-30Cr 复合材料的二维和三维耗散效率图与失稳图（ε＝0.3）
(a)、(c) 耗散效率图；(b)、(d) 失稳图

　　利用这种方法绘制出三种 Cu-Cr 复合材料在应变从 0.1～0.6 时的热加工图，如图 7-62～图 7-64 所示。

　　从图 7-62～图 7-64 中可知，三种 Cu-Cr 复合材料的热变形的加工图会随着应变的不同而不同，材料加工图中的失稳区域也会呈现不同的位置变化。从图 7-62 中可知，Cu-10Cr 复合材料的功率耗散系数多维持在 10%～40% 之间。在各个应变条件下，Cu-10Cr 复合材料的失稳区域范围主要有两部分，一个是在较低的温度条件下，另一个是在温度较高的条件下。从图 7-62(a)～图 7-62(f) 中看出，在温度较低时，650～730℃ 温度范围内，应变速率在 0.001～0.6s^{-1} 范围内材料出现加工不稳定现象。当真应变处于 0.2 时，Cu-10Cr 复合材料的加工性能表现较为良好，仅在 650～680℃、0.005～0.05s^{-1} 的区域出现流变失稳。在应变为 0.3 和 0.4 时有相似的失稳范围，均是在温度为 650～710℃，应变速率为 1～10s^{-1} 范围内发生失稳。随着应变的继续增加，材料的失稳区域面积有增大的趋势，从加工图分析，Cu-10Cr 复合材料的适宜加工范围是温度 760～870℃、应变速率为 0.35～5s^{-1}。

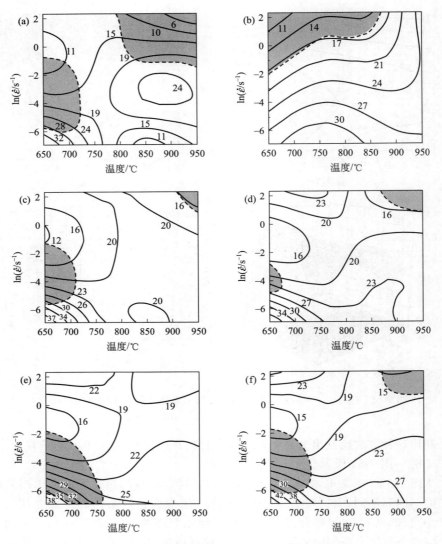

图 7-62　Cu-10Cr 复合材料各个应变时的热加工图

(a) $\varepsilon = 0.1$；(b) $\varepsilon = 0.2$；(c) $\varepsilon = 0.3$；(d) $\varepsilon = 0.4$；(e) $\varepsilon = 0.5$；(f) $\varepsilon = 0.6$

　　从图 7-63Cu-20Cr 复合材料的加工图可以看出，在应变较小时（$\varepsilon = 0.1$、0.2），材料的失稳区域较大，见图 7-63（a）和图 7-63（b）。随着应变继续增加，图 7-63（c）表示失稳主要集中在较低温度、较快应变速率条件下，当应变继续增大，材料失稳集中在 $800 \sim 950℃$、应变速率为 $0.4 \sim 10s^{-1}$ 范围内，而较高耗散效率发生 $700 \sim 850℃$。因此，Cu-20Cr 复合材料的适宜加工范围在形变温度 $730 \sim 810℃$、应变速率 $0.001 \sim 0.4s^{-1}$ 之间。

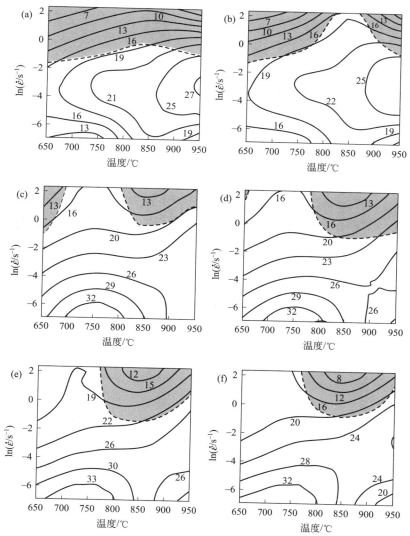

图 7-63　Cu-20Cr 复合材料各个应变时的热加工图

（a）ε＝0.1；（b）ε＝0.2；（c）ε＝0.3；（d）ε＝0.4；（e）ε＝0.5；（f）ε＝0.6

从图 7-64 可知，Cu-30Cr 复合材料的加工图与 Cu-20Cr 复合材料的加工图有相似的规律。通过对 Cu-30Cr 复合材料的加工图分析最终确定，该复合材料的优选加工范围是形变温度 850～900℃、应变速率 0.01～0.1s^{-1}。

7.4.5　组织演变

1. 变形温度对微观组织的影响

变形温度是材料加工过程中的关键参数，在实际生产中选择合适变形温度会

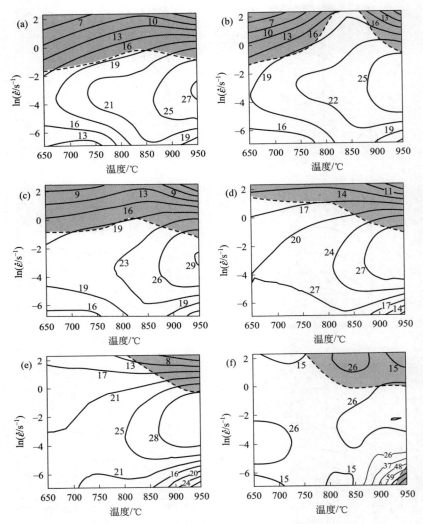

图 7-64　Cu-30Cr 复合材料各个应变时的热加工图

（a）$\varepsilon=0.1$；（b）$\varepsilon=0.2$；（c）$\varepsilon=0.3$；（d）$\varepsilon=0.4$；（e）$\varepsilon=0.5$；（f）$\varepsilon=0.6$

对材料内部组织有很大影响。图 7-65 是 Cu-10Cr 复合材料在不同温度条件下的变形后组织变化情况。从图 7-65 中看出，较低变形温度（650℃）下，材料晶粒沿轴向被压缩，径向被拉长，具有明显的方向性，晶粒在被拉长同时内部有细小的晶粒开始出现；随温度的升高（750℃），材料晶界周围的小晶粒明显增多；温度继续增加至850℃时，材料基体内部再结晶晶粒已经完全分布，出现大量等轴晶粒；继续升温至950℃时，晶粒有明显长大现象。

应变速率不变，随温度升高，材料易发生动态再结晶。这是由于温度升高，

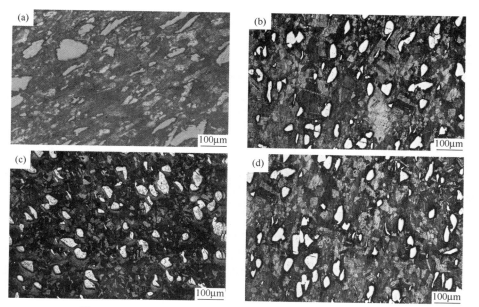

图 7-65 Cu-10Cr 复合材料热形变后的微观组织（0.01s^{-1}）
（a）650℃；（b）750℃；（c）850℃；（d）950℃

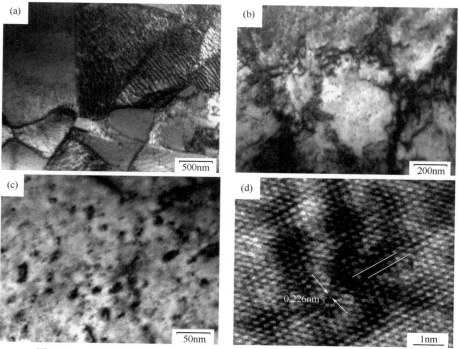

图 7-66 Cu-10Cr 复合材料热变形后的 TEM 微观结构（850℃，0.1s^{-1}）
（a）再结晶晶粒；（b）位错；（c）Cr 析出相；（d）Cr 的高分辨图像

原子热振幅就会增大，原子间作用力减弱，造成材料流变应力下降[45]。较高的温度不仅为再结晶提供动力，同时也为原子扩散、空位以及位错的滑移和攀移提供动力，因而有利于再结晶的发生。

图 7-66 为 Cu-10Cr 复合材料的应变速率为 $0.1s^{-1}$、形变温度 850℃的 TEM 形貌。从图 7-66(a)、图 7-66(b) 中可以看到，材料晶粒内部和晶界处有大量的位错缠结塞积，位错会使得材料的机械强度增加。从图 7-66(c) 中看出材料铜基体上分布有细小的 Cr 析出相，析出相的存在会对位错和晶界移动起到钉扎阻碍作用，材料变形则需要更大作用力。图 7-66(d) 是图 7-66(c) 中 Cr 的高分辨图像，Cr 与 Cu 基体之间具有良好的共格关系，并测得立方晶系 Cr 的（200）晶面的面间距为 0.226nm。

2. 应变速率对微观组织的影响

在 850℃、应变速率不同情况下，Cu-20Cr 复合材料微观组织变化见图 7-67。从图 7-67 中可知，应变速率较大时，再结晶晶粒明显减小。这是由于应变速率升高，材料的硬化率增大，应变量一定时，材料内部位错增多，材料变形储能增加，为材料再结晶提供动力；并且变形速率越快时，晶粒来不及长大，再结晶晶粒尺寸就会更加细小。

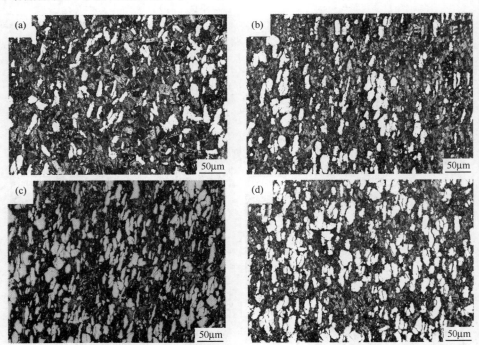

图 7-67　Cu-20Cr 复合材料热变形后的微观组织（850℃）
(a) $0.001s^{-1}$；(b) $0.1s^{-1}$；(c) $1s^{-1}$；(d) $10s^{-1}$

◆ 参考文献 ◆

[1] 张九兴，刘科高，周美玲．放电等离子烧结技术的发展和应用［J］.粉末冶金技术，2002，45（4）：322-328.

[2] Dobedoe R S, Wost G D, Lewis M H. Spark plasma sintering of ceramics［J］.Bulltin of the European Ceramic Society, 2002, 1: 19-24.

[3] Hungria T, Galy J C. Spark plasma sintering as a useful technique to the nanostructuration of piezo-ferroeletric materials［J］.Advanced Engineering Materials, 2009, 11（8）: 615-631.

[4] 张九兴，岳明，宋晓艳，等．放电等离子烧结技术与新材料研究［J］.功能材料，2004，1（3）：14-21.

[5] 赵明．W/Cu 和 Mo/Cu 合金的 SPS 烧结与性能研究［D］.北京：北京工业大学，2010.

[6] Deshpande P k, Lin R Y. Wear resistance of WC particle reinforced copper matrix composites and the effect of porosity［J］.Materials Science and Engineering, 2006, 418: 137-145.

[7] 彭北山，宁爱林．提高弥散强化铜合金强度的主要方法［J］.冶金丛刊，2004，5：4-6.

[8] 张毅，刘平，田保红，等．Cu-Ni-Si-P-Cr 合金高温热变形行为及动态再结晶［J］.中国有色金属学报，2013，23（4）：970-976.

[9] 胡赓祥，蔡珣，戎咏华．材料科学基础［M］.上海：上海交通大学出版社，2010：215.

[10] 李慧中，张新明，陈明安，等．2519 铝合金热变形流变行为［J］.中国有色金属学报，2005，15（4）：621-625.

[11] Ramanathan S, Karthikeyan R, Deepak K V. Hot deformation behavior of 2124Al alloy［J］.Journal of Materials Science Technology, 2006, 22（05）: 611-615.

[12] 杨志强，刘勇，田保红，等．真空热压烧结制备 10vol% TiC/Cu-Al₂O₃ 复合材料及热变形行为研究［J］.功能材料，2014，45（2）：02147-02151.

[13] 毛卫民，赵新兵．金属的再结晶与晶粒长大［M］.北京：冶金工业出版社，1994.

[14] 刘煜，李益民．粉末微注射成型的研究进展［J］.材料导报，2007，21（11）：91-94.

[15] 臧若愚，曲选辉，尹海清，张国庆．金属粉末注射成型技术在航空制造业的应用［J］.航空制造技术，2009：（3）：47-50.

[16] 蔡艳波．温压成形和注射成形制备钨铜复合材料研究合［D］.合肥：合肥工业大学，2009.

[17] Turnbull D, Vonnegut B. Nucleation catalysis［J］.Ind Eng Chem, 1952, 44（6）: 1292.

[18] 黄培云．粉末冶金原理：第 2 版［M］.北京：冶金工业出版社，1995：396-408.

[19] 龙毅．材料物理性能［M］.长沙：中南大学出版社，2009.

[20] 李瑞卿．高强高导 Cu-Zr-Cr-RE 合金热变形和时效行为研究［D］.洛阳：河南科技大学，2014.

[21] 果世驹．粉末烧结理论［M］.北京：冶金工业出版社，2002：11-219.

[22] 黄培云．粉末冶金原理［M］.北京：冶金工业出版社，2006：331-337.

[23] 吴人洁．复合材料［M］.天津：天津大学出版社，2002：55-72.

[24] 冯威，栾道成，王正云，等．影响钨铜复合材料烧结致密度的两个因素［J］.中国钨业，2007，22（5）：23-26.

[25] 冯威，栾道成，王正云，等．成形压力与粉末粒径对钨铜复合材料烧结性能的影响［J］.粉末冶金材料科学与工程，2007，12（6）：354-358.

[26] 邹军涛，王献辉，肖鹏，等．工艺因素对变形 CuW70 合金组织与性能的影响［J］.电工材料，2008，（2）：11-18.

[27] 史晓亮，邵刚勤，段兴龙，等．热压烧结制备高密度钨铜合金 [J].机械工程材料，2007，31（3）：37-40.

[28] 蔡一湘，刘伯武．钨铜复合材料致密化问题和方法 [J].粉末冶金技术，1999，17（2）：138-144.

[29] 何平，王志法，姜国圣．钨铜合金的致密化技术 [J].矿冶工程，2007，27（5）：81-83.

[30] 胡赓祥，蔡 ，戎咏华，等．材料科学基础 [M].上海：上海交通大学出版社，2006：169-216.

[31] 石德珂．材料科学基础 [M].北京：机械工业出版社，2003，92-132.

[32] 王迎新．Mg-Al合金晶粒细化、热变形行为及加工工艺的研究 [D].上海：上海交通大学，2006：143-182.

[33] Liu P, Wang A Q, Xie J P, et al. Characterization and Evaluation of Interface in SiCp/2024 Al Composite [J].Transaction of Nonferrous Metals Society of China, 2015, 25（5）：1410-1418.

[34] 龙毅．材料物理性能 [M].长沙：中南大学出版社，2009：156-190.

[35] 彭北山，宁爱林．提高弥散强化铜强度的主要方法 [J].冶金丛刊，2004，（5）：4-6.

[36] 申利权，杨旗，靳丽，等．AZ31B镁合金在高应变速率下的热压缩变形行为和微观组织演变 [J].中国有色金属学报，2014，24（9）：2195-2204.

[37] 杨志强，刘勇，田保红，等．TiC（30%）/Cu-Al$_2$O$_3$复合材料热变形及动态再结晶 [J].复合材料学报，2015，32（1）：117-124.

[38] 游国强，左旭东，谭霞，等．压铸态AZ91D镁合金热压缩变形流变应力研究 [J].稀有金属材料与工程，2013，42（9）：1844-1848.

[39] 田保红，朱建娟，刘平，等．变形及热处理后CuCr25触头材料的性能研究 [J].材料热处理学报，2007，28（z1）：126-129.

[40] 杨雪瑞，田保红，张毅，等．纳米和微米Al$_2$O$_3$混杂颗粒增强弥散铜组织和热变形行为 [J].材料热处理学报，2014，35（1）：1-5.

[41] 刘凯，鲁世强，欧阳德来，等．300M钢动态再结晶动力学 [J].塑性工程学报，2012，19（3）：82-87.

[42] 欧阳德来，鲁世强，崔霞，等．不同应变速率下TA15钛合金口形变过程中动态再结晶行为 [J].稀有金属材料与工程，2011，40（2）：325-330.

[43] 杨绥跃，张之岭，张雷，等．应变速率对AZ61镁合金动态再结晶行为的影响 [J].中国有色金属学报，2011，21（8）：1081-1087.

[44] 赵瑞龙，刘勇，田保红，等．纯铜的高温变形行为 [J].金属热处理，2011，36（8）：17-20.

[45] Wen D X, Lin Y C, Li H B, et al. Hot Deformation Behavior and Processing Map of a Typical Ni-based Superalloy [J].Materials science and engineering A, 2014, 591（2）：183-192.

第8章

Al₂O₃-弥散铜的热变形

Al$_2$O$_3$-弥散铜复合材料，是在铜基体中引入热力学稳定性高、弥散均匀分布的第二相 Al$_2$O$_3$ 粒子，钉扎位错、阻碍位错运动，抑制再结晶的进行，从而使基体强度得到大幅度提高的一种复合材料[1~9]。Al$_2$O$_3$-弥散铜复合材料性能具有导电导热性能好、良好的热稳定性、高强度高硬度等优点。Al$_2$O$_3$ 颗粒结构稳定，热稳定性和化学稳定性良好，硬度高，本身硬质点既能承受载荷，又作为弥散相，钉扎位错，形成位错源，阻碍位错运动，同时能够抑制再结晶的进行，使 Al$_2$O$_3$-弥散铜复合材料在高温下也能保持较高的强度和硬度。

Al$_2$O$_3$-弥散铜复合材料在替代银基触头材料、集成电路引线框架、电阻焊电极、微波管结构、高强度电力线、连铸机结晶器、焊炬喷嘴等方面有着广阔的应用前景[10~13]。

Al$_2$O$_3$-弥散铜复合材料研究较多，采用的制备方法多为原位生成法或者外加颗粒法，复合材料中的 Al$_2$O$_3$ 颗粒尺寸通常在纳米级（内氧化法）或微米级（外加法），制备的弥散铜的高温强度还有待进一步提高[14~37]。

本章在真空热压内氧化烧结工艺的基础上，采用外加微米级 Al$_2$O$_3$ 颗粒和内氧化原位生成纳米级 Al$_2$O$_3$ 颗粒的方法，制备尺寸混杂 Al$_2$O$_3$-弥散铜复合材料，期望获得基体内同时存在内氧化产生的纳米级 γ-Al$_2$O$_3$ 颗粒及外加的微米级 α-Al$_2$O$_3$ 两种尺寸及组织混杂颗粒，且外加 α-Al$_2$O$_3$ 的结构稳定性及强度均优越于 γ-Al$_2$O$_3$。两种尺寸的 Al$_2$O$_3$ 颗粒钉扎位错和强化机制有所不同，位错线可以绕过纳米级颗粒或者切过尺寸较大的微米级颗粒，阻碍位错运动，增大滑移阻力，形成位错塞积，从而提高 Al$_2$O$_3$ 弥散铜的强度。

8.1 Al₂O₃-弥散铜制备、组织与性能

8.1.1 Al₂O₃-弥散铜制备

实验采用水雾法制备的 320 目 Cu-0.28Al（%，质量分数）合金粉末，400

目 Cu_2O 粉末以及粒度在 $1.0\mu m$ 以下的 α-Al_2O_3 颗粒，其 SEM 形貌如图 8-1 所示。

图 8-1　外加 α-Al_2O_3 颗粒的 SEM 形貌

材料制备步骤如下：

（1）按表 8-1 进行称重、配粉。

表 8-1　Al_2O_3-弥散铜复合材料的配方

材料	Cu-0.28Al（质量分数）/%	Cu_2O（质量分数）/%	外加 Al_2O_3（质量分数）/%	内氧化生成 Al_2O_3（质量分数）/%	总 Al_2O_3（质量分数）/%
弥散铜	97.0	3.0	0	0.25	0.25
弥散铜-0.3%（质量分数）Al_2O_3	96.7	3.0	0.3	0.25	0.55
弥散铜-0.6%（质量分数）Al_2O_3	96.4	3.0	0.6	0.25	0.85
弥散铜-0.9%（质量分数）Al_2O_3	96.1	3.0	0.9	0.25	1.15

（2）混粉研磨　在混料瓶中加入适量干燥洁净的小铜球，在 YH-10 型混料机上混合 2h，装入石墨模具进行真空热压内氧化烧结。

（3）真空热压烧结内氧化　真空热压烧结工艺曲线如图 8-2 所示，VDBF-250 真空热压烧结炉如图 8-3 所示。主要真空热压烧结内氧化工艺参数为：真空度为 $5\times10^{-3}Pa$，温度为 950℃，保温时间 2h，压制压力 30MPa，烧结总时间 2h，而后随炉冷却。由图 8-2 可看出，在升温及烧结过程中，采用分段保温加压，有利于坯体内部气体排出，各部分受力传递均匀，给粉末变形以充分的时间，提高坯体致密度。

8.1.2　Al_2O_3-弥散铜性能

表 8-2 为真空热压烧结态弥散铜、弥散铜-0.3% Al_2O_3、弥散铜-0.6% Al_2O_3 和弥散铜-0.9% Al_2O_3 复合材料的综合性能。由表 8-2 可知，四种材料的

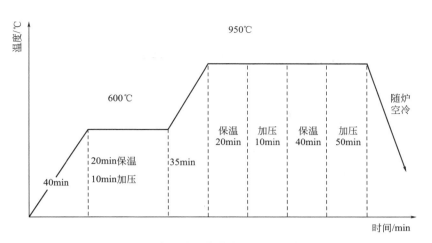

图 8-2 真空热压烧结内氧化工艺曲线

图 8-3 VDBF-250 真空热压烧结炉

致密度较高，均在 97.7% 以上。添加 Al₂O₃ 颗粒后，Al₂O₃-弥散铜复合材料的显微硬度有提高趋势，这是由于微米级 Al₂O₃ 的添加具有明显的增强效果，弥散在基体上的微米级 Al₂O₃ 和内氧化生成的纳米级 Al₂O₃ 颗粒阻碍位错，起到钉扎作用，相应地，电导率有所下降，这表明少量微米级 Al₂O₃ 的添加使基体内颗粒相界面增加，加剧了界面处原子排列的紊乱程度，导致对电子波散射效应增大，降低了电导率[36]。

表 8-2 Al₂O₃-弥散铜复合材料的综合性能

材料	密度/(g/cm³)	致密度/%	硬度（HV）	电导率/%IACS
弥散铜	8.68	97.7	162.5	63.8
弥散铜-0.3% Al₂O₃	8.66	98.9	158.3	62.4
弥散铜-0.6% Al₂O₃	8.62	98.7	169.0	58.1
弥散铜-0.9% Al₂O₃	8.69	98.8	176.5	61.0

8.1.3 Al₂O₃-弥散铜显微组织

图 8-4 为真空热压-内氧化法烧结制备的弥散铜、弥散铜-0.3%Al₂O₃ 复合材料的 SEM 形貌。从图 8-4 可看出，弥散铜基体几乎无空隙，致密度高，组织均匀。

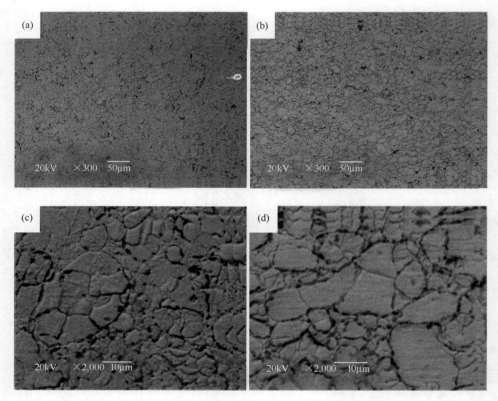

图 8-4 真空热压烧结后复合材料显微组织形貌

（a）弥散铜，低倍；（b）弥散铜-0.3% Al₂O₃，低倍；（c）弥散铜，高倍；（d）弥散铜-0.3%Al₂O₃，高倍

图 8-5 分别为真空热压-内氧化法烧结制备的弥散铜、弥散铜-0.3% Al₂O₃、弥散铜-0.6% Al₂O₃、弥散铜-0.9% Al₂O₃ 复合材料的显微形貌。对比图 8-5(a)～图 8-5(d)，可以看出，随着 Al₂O₃ 颗粒添加的增多，晶粒明显细化。这是由于 Al₂O₃ 颗粒的加入，抑制了晶粒的长大[4]。

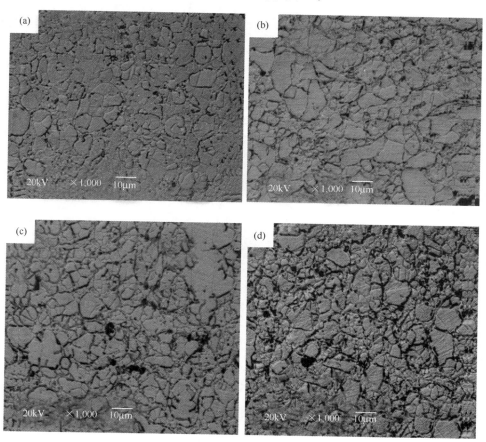

图 8-5　真空热压烧结制备的显微组织形貌
(a) 弥散铜；(b) 弥散铜-0.3% Al₂O₃；(c) 弥散铜-0.6% Al₂O₃；
(d) 弥散铜-0.9% Al₂O₃

图 8-6 为弥散铜-0.9% Al₂O₃ 复合材料的 TEM 微观结构。图 8-6(a)、图 8-6(b)为弥散铜-0.9% Al₂O₃ 的基体、内氧化产物的衍衬像及其选区衍射斑点，可以看出铜基体上均匀分布着纳米级的原位生成的 γ-Al₂O₃，且 Al₂O₃ 的花瓣状衬度表明与铜基体保持共格关系。图 8-6(c)、图 8-6(d) 为弥散铜-0.9% Al₂O₃ 中添加的微米级 Al₂O₃ 颗粒增强相及其选区衍射斑点，界面洁净，与基体结合紧密。

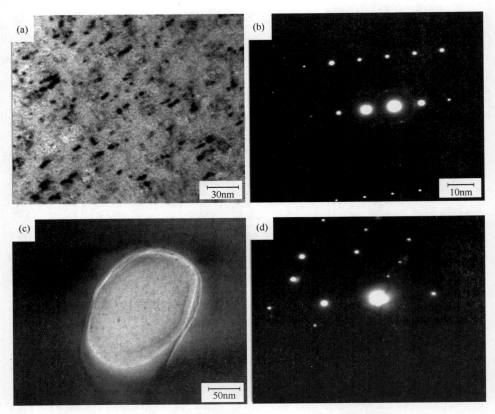

图 8-6　弥散铜-0.9％ Al_2O_3 复合材料中 Al_2O_3 的 TEM 微观结构
（a）内氧化生成的 Al_2O_3 颗粒；（b）内氧化生成的 Al_2O_3 颗粒的衍射斑点；
（c）外加 Al_2O_3 颗粒；（d）外加 Al_2O_3 颗粒的衍射斑点

8.2　Al_2O_3-弥散铜的真应力-真应变曲线

　　Al_2O_3-弥散铜的热变形在 Gleeble-1500D 热模拟试验机上采用圆柱体单向压缩法进行。试样尺寸 ϕ8mm×12mm，两端涂石墨粉以减少试样端面的摩擦对试验精度的影响，试验参数为：压缩变形温度 600℃、700℃、800℃、900℃和950℃；应变速率 $0.001s^{-1}$、$0.01s^{-1}$、$0.1s^{-1}$ 和 $1s^{-1}$；压缩应变量 0.5。

　　图 8-7～图 8-10 分别为弥散铜、弥散铜-0.3％ Al_2O_3、弥散铜-0.6％ Al_2O_3 和弥散铜-0.9％ Al_2O_3 复合材料在不同条件下的真应力-真应变曲线。从图 8-7 可知，在相同的变形温度时，弥散铜的真应力随应变速率的增加而升高；在应变速率相同时，真应力随变形温度的升高而降低。

　　弥散铜复合材料的真应力随应变量的增加先快速增大然后缓慢减小，之后达到一个稳定的趋势，这是典型的动态再结晶类型特征，因为铜有较高的层错能

（$\gamma = 0.04\mathrm{J/m^2}$），扩展位错宽度较大，但热变形时扩展位错的交滑移较难进行，难以出现动态回复软化，更容易发生动态再结晶[38]。

材料热变形过程是一个加工硬化和软化同时存在的过程[39]，从图 8-7 可以看出，弥散铜复合材料的动态再结晶类型的真应力-真应变曲线可分为 3 个阶段：①加工硬化阶段，在应变量小于再结晶临界应变量时，真应力随应变增加而迅速增加，主要归因于位错的增殖及 Al₂O₃ 颗粒的钉扎作用而表现出加工硬化；②动态再结晶阶段，此时开始有动态再结晶的软化作用，但加工硬化仍占主导作用，当达到应力峰值后，由于再结晶软化作用加强，真应力将随应变增加而下降；③稳态流变阶段，此时加工硬化和再结晶软化达到动态平衡，真应力几乎不随应变量的增加而变化[40]。

温度升高和应变速率降低使再结晶临界应变量减小，真应力随应变增加而迅速增加的加工硬化阶段缩短，经过动态再结晶阶段达到真应力峰值后，迅速进入再结晶软化和加工硬化相平衡的稳态流变阶段，加工硬化主要归因于位错的增殖及 Al₂O₃ 颗粒的钉扎作用[41]。

比较图 8-7～图 8-10 可以看出，随着 Al₂O₃ 含量的升高，弥散铜复合材料峰值应力增大。Al₂O₃ 颗粒的增多，使 Al₂O₃ 颗粒对位错的钉扎作用更为明显。

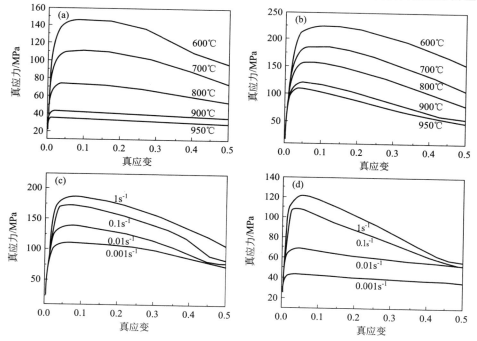

图 8-7　弥散铜复合材料的真应力-真应变曲线图

（a）$\dot{\varepsilon} = 0.001\mathrm{s^{-1}}$；（b）$\dot{\varepsilon} = 1\mathrm{s^{-1}}$；（c）700℃；（d）900℃

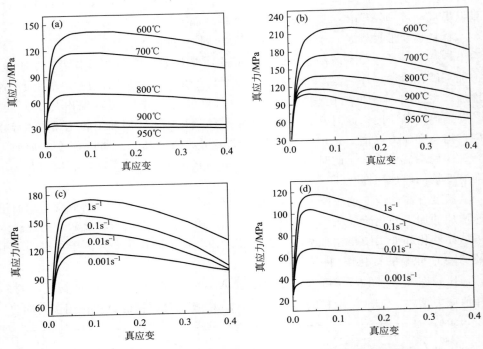

图 8-8　弥散铜-0.3% Al_2O_3 复合材料的真应力-真应变曲线

（a）$\dot{\varepsilon}=0.001s^{-1}$；（b）$\dot{\varepsilon}=1s^{-1}$；（c）700℃；（d）900℃

表 8-3～表 8-6 是不同成分的 Al_2O_3-弥散铜复合材料在不同的变形条件下的峰值应力值，由表中可看出：相同的材料，变形速率一定，变形温度升高，Al_2O_3-弥散铜复合材料的峰值应力降低。这是因为变形温度对金属的热变形有重要影响，一般随着温度的升高，一是金属原子的动能增大，原子间的结合力减弱，减小了滑移阻力，使材料的变形容易；二是有利于位错运动，使位错密度下降，增强了材料的变形协调能力，消除部分加工硬化；三是提高了金属材料的再结晶形核率及长大速率，加快再结晶速度，动态再结晶软化作用加强，使得金属的力学性能和机械性能下降[4,42～44]。

表 8-3　不同变形条件下弥散铜复合材料的峰值应力

应变速率/s^{-1}	600℃	700℃	800℃	900℃	950℃
0.001	147.75	112.03	75.03	44.64	36.15
0.01	174.33	140.45	108.32	70.28	34.12
0.1	205.32	175.10	139.36	109.90	65.55
1.0	228.40	190.07	161.01	125.09	114.78

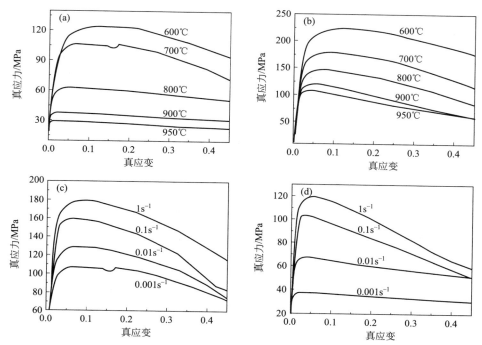

图 8-9　弥散铜-0.6％ Al₂O₃ 复合材料热压缩变形真应力-真应变曲线

(a) $\dot{\varepsilon}=0.001s^{-1}$；(b) $\dot{\varepsilon}=1s^{-1}$；(c) 700℃；(d) 900℃

表 8-4　不同变形条件下 0.3％ Al₂O₃-弥散铜复合材料的峰值应力

应变速率/s⁻¹	600℃	700℃	800℃	900℃	950℃
0.001	143.06	118.7	71.37	38.44	34.81
0.01	163.43	139.53	93.75	68.69	51.27
0.1	207.03	160.16	148.03	105.85	66.05
1.0	223.28	178.38	143.61	120.98	112.06

表 8-5　不同变形条件下 0.6％ Al₂O₃-弥散铜复合材料的峰值应力

应变速率/s⁻¹	600℃	700℃	800℃	900℃	950℃
0.001	125.61	107.55	65.45	39.30	30.56
0.01	162.52	129.94	100.63	68.74	49.65
0.1	184.60	161.40	132.98	105.29	60.28
1.0	227.21	182.310	150.38	123.64	112.59

表 8-6　不同变形条件下 0.9％ Al₂O₃-弥散铜复合材料的峰值应力

应变速率/s⁻¹	600℃	700℃	800℃	900℃	950℃
0.001	160.06	131.24	95.14	53.58	43.10
0.01	181.78	153.68	121.97	76.01	55.50
0.1	212.34	178.66	153.47	120.36	68.43
1.0	239.28	205.65	170.56	136.9	118.94

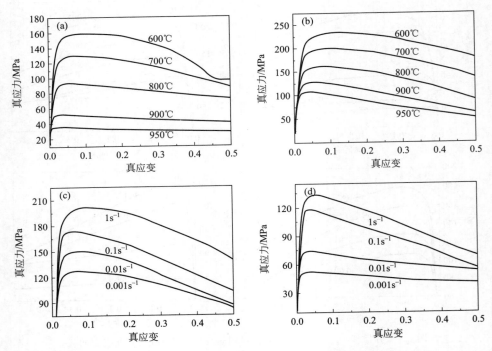

图 8-10 弥散铜-0.9％ Al_2O_3 复合材料热压缩变形真应力-真应变曲线

(a) $\dot{\varepsilon}=0.001s^{-1}$；(b) $\dot{\varepsilon}=1s^{-1}$；(c) 700℃；(d) 900℃

相同的材料，温度一定，峰值应力随着变形速率的增大而增大。这是由于，变形速率的增大，一是单位时间里产生的位错密度增大，加工硬化程度增大，使材料的变形抗力增大；二是变形时间缩短，动态再结晶进行不充分，软化程度降低，从而使复合材料的峰值应力值增大。

变形速率及温度一定，Al_2O_3-弥散铜复合材料的峰值应力随着 Al_2O_3 添加量的增大而增大，这是由于 Al_2O_3 颗粒的钉扎作用而表现出加工硬化。

8.3　本构方程

弥散铜、弥散铜-0.3％ Al_2O_3、弥散铜-0.6％ Al_2O_3、弥散铜-0.9％ Al_2O_3 复合材料的热激活能及其本构方程列于表 8-7。由表 8-7 可知，添加 Al_2O_3 颗粒后，Al_2O_3-弥散铜复合材料的热激活能增加，这是由于在热变形过程中，位错运动到加入的微米级 Al_2O_3 颗粒周围，阻力增大，形成位错塞积，使热变形难度增大，从而使 Al_2O_3-弥散铜复合材料的热变形激活能增加。

表 8-7　Al_2O_3-弥散铜复合材料的热激活能及其本构方程

材料	热激活能(Q) /(kJ/mol)	本构方程
弥散铜	133.02	$\dot{\varepsilon}=8.909\times10^5[\sinh(0.01286\sigma)]^{5.4343}\cdot\exp\left(-\dfrac{133020}{RT}\right)$
弥散铜-0.3% Al_2O_3	135.99	$\dot{\varepsilon}=5.069\times10^5[\sinh(0.01436\sigma)]^{5.299}\cdot\exp\left(-\dfrac{135990}{RT}\right)$
弥散铜-0.6% Al_2O_3	136.46	$\dot{\varepsilon}=8.25\times10^5[\sinh(0.013134\sigma)]^{5.084}\cdot\exp\left(-\dfrac{136460}{RT}\right)$
弥散铜-0.9% Al_2O_3	143.89	$\dot{\varepsilon}=3.76\times10^6[\sinh(0.010761\sigma)]^{6.7228}\cdot\exp\left(-\dfrac{143890}{RT}\right)$

8.4　热加工图

图 8-11 为弥散铜复合材料不同应变量的热加工图。图 8-11 中阴影部分为失稳区域，可以看出，失稳区域面积随着应变量的增加有增大趋势，失稳区域主要集中在高应变速率及低温区域内。功率耗散值的最大值主要出现在低应变速率及高温区域，有随着变形温度的升高和应变速率的减小而增大的趋势[53]。

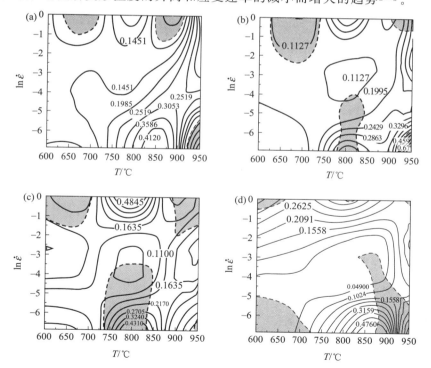

图 8-11　弥散铜复合材料的热加工图

(a) 0.2；(b) 0.3；(c) 0.4；(d) 0.5

对比图 8-11(a) 与图 8-11(b) 可知，应变量较低时，应变速率大于 $0.1s^{-1}$ 的区域发生了流变失稳，这是由于较高的应变速率条件下，Al_2O_3 颗粒对铜基体的钉扎作用使界面处产生应力集中，而引起的界面开裂导致的流变失稳。图 8-11(b) 和图 8-11(c) 中的 800℃左右的低应变区和图 8-11(d) 中低应变速率和高温存在失稳区，此区域的功率耗散率大于 47%，大的功率耗散率意味着出现特殊的显微组织或导致流变失稳[54]，即为超塑性或者裂纹区，本章试验条件下复合材料出现裂纹区。

图 8-12 为弥散铜复合材料在应变速率为 $0.1s^{-1}$，变形温度分别为 600℃、950℃时的显微组织。由图 8-12(a) 可看出，其显微组织为典型的纤维状组织。在图 8-12(b) 中，随着温度的升高，细小的等轴再结晶组织代替原有的纤维组织。这与图 8-7 真应力-真应变曲线所揭示的热变形机制一致，即弥散铜复合材料的等温热压缩变形机制以动态再结晶为主[41,55]。

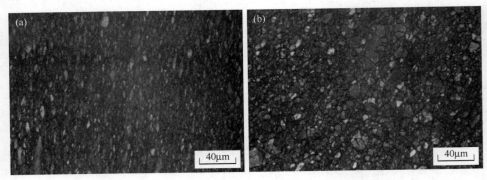

图 8-12　变形速率为 $0.1s^{-1}$ 时弥散铜复合材料的显微组织

(a) 600℃；(b) 950℃

综合上述分析，弥散铜复合材料的最佳热变形工艺参数范围为：变形温度 850～950℃，应变速率为 0.01～$0.1s^{-1}$。

同理可计算得出弥散铜-0.3% Al_2O_3、弥散铜-0.6% Al_2O_3、弥散铜-0.9% Al_2O_3 复合材料的 m、η 与 ξ 的值，建立弥散铜-0.3% Al_2O_3、弥散铜-0.6% Al_2O_3、弥散铜-0.9% Al_2O_3 复合材料的热加工图，如图 8-13、图 8-15、图 8-17所示。

图 8-13 为弥散铜-0.3% Al_2O_3 复合材料不同应变量的热加工图，阴影部分为失稳区域，由图 8-13 可看出，与弥散铜复合材料一样，失稳区域面积随着应变量的增加有增大趋势，失稳区域主要集中在高应变速率及低温区域内。功率耗散值的最大值主要出现在低应变速率及高温区域，有随着变形温度的升高和应变速率的减小而增大的趋势。图 8-13(a) 应变量为 0.2 的时候，最大功率耗散值仅为 42.13%，在图 8-13(b) 应变量为 0.3 时，最大功率耗散值仅为 50.19%，在

图 8-13(d) 应变量为 0.5 时，最大功率耗散值为 54.54%，功率耗散效率随着应变量的增大而增大，且最大值出现的变形温度为 800～950℃，应变速率为 0.01～0.001s⁻¹。

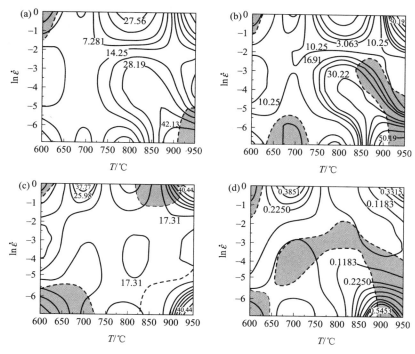

图 8-13 弥散铜-0.3% Al₂O₃ 复合材料的热加工图
(a) 0.2；(b) 0.3；(c) 0.4；(d) 0.5

图 8-14 为弥散铜-0.3% Al₂O₃ 在应变速率为 0.1s⁻¹，变形温度分别为 600℃、950℃时的显微组织。

由图 8-14(a) 可看出，其显微组织为典型的纤维状组织，在图 8-14(b) 中，随着温度的升高，细小的等轴再结晶组织代替原有的纤维组织。这说明，弥散铜-0.3% Al₂O₃ 在 600℃时动态再结晶没有进行充分，再结晶软化作用不明显，与应力-应变曲线中 600℃的真应力远远大于 950℃相符合。综合上述分析，弥散铜-0.3% Al₂O₃ 复合材料的最佳热变形工艺参数范围为：变形温度 800～900℃，应变速率 0.001～0.01s⁻¹。

图 8-15 为弥散铜-0.6% Al₂O₃ 复合材料不同应变量的热加工图，阴影部分为失稳区域，由图 8-15 可看出，与弥散铜-0.3% Al₂O₃ 复合材料、弥散铜复合材料一致，失稳区域面积随着应变量的增加有增大趋势，失稳区域主要集中在高应变速率及低温区域内。功率耗散值的最大值主要出现在低应变速率及高温区

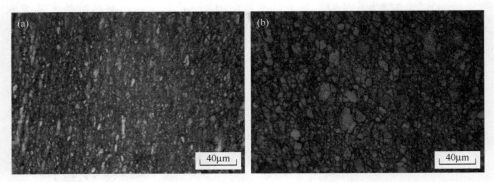

图 8-14　变形速率为 $0.1s^{-1}$ 时，弥散铜-0.3% Al_2O_3 复合材料的显微组织
(a) 600℃；(b) 950℃

域，有随着变形温度的升高和应变速率的减小而增大的趋势。在图 8-15(d) 应变量为 0.5，应变速率为 $0.001s^{-1}$ 时出现最大功率耗散值 68.33%。

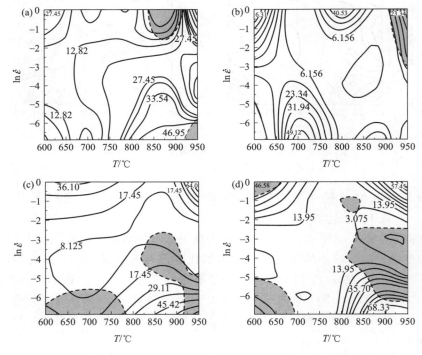

图 8-15　弥散铜-0.6% Al_2O_3 复合材料不同应变量的热加工图
(a) 0.2；(b) 0.3；(c) 0.4；(d) 0.5

图 8-16 为弥散铜-0.6% Al_2O_3 在应变速率为 $0.1s^{-1}$，变形温度分别为 600℃、800℃时的显微组织。由图 8-16(b) 可看出，在 800℃时其显微组织出现

细小的等轴再结晶组织。这说明，随着 Al_2O_3 颗粒加入，动态再结晶在 800℃ 进行充分，与图 8-14（c）中 800℃ 区域出现高功率耗散值相吻合。

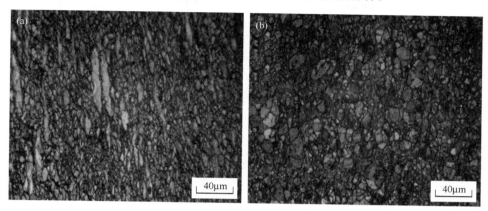

图 8-16 变形速率为 $0.1s^{-1}$ 时弥散铜-0.6% Al_2O_3 复合材料的显微组织

（a）600℃；（b）800℃

综合上述分析，弥散铜-0.6% Al_2O_3 复合材料的最佳热变形工艺参数范围为：变形温度 800～900℃，应变速率为 $0.001～0.01s^{-1}$。

图 8-17 为弥散铜-0.9% Al_2O_3 复合材料不同应变量的热加工图，阴影部分为失稳区域。由图 8-17 可看出，图 8-17（a）应变量为 0.2 的时候，最大功率耗散值仅为 34.70%，在图 8-17（c）应变量为 0.4 时，最大功率耗散值仅为 39.01%，在图 8-17（d）应变量为 0.5 时，最大功率耗散值仅为 40.19%，功率耗散效率随着应变量的增大而增大，且与弥散铜-0.3% Al_2O_3 复合材料相比，随着 Al_2O_3 颗粒的增加，功率耗散值减小，说明加入了 Al_2O_3 颗粒使材料的加工性能变差。

采用透射电镜对弥散铜-0.9% Al_2O_3 复合材料热模拟试验后的结构进行分析，如图 8-18 所示，材料的内部位错密度较高，内氧化生成的细小弥散分布均匀的 Al_2O_3 颗粒，促使动态再结晶的顺利进行，与真应力-真应变曲线的特征相符合。

综合上述分析，弥散铜-0.9% Al_2O_3 复合材料的最佳热变形工艺参数范围：变形温度为 800～850℃，应变速率为 $0.1～1s^{-1}$。

上述四种材料的最佳热变形工艺参数范围列于表 8-8。

表 8-8 Al_2O_3-弥散铜的最佳热变形工艺参数

材料	变形温度/℃	应变速率/s^{-1}
弥散铜	850～900	0.01～0.1
弥散铜-0.3% Al_2O_3	800～900	0.001～0.01
弥散铜-0.6% Al_2O_3	800～900	0.001～0.01
弥散铜-0.9% Al_2O_3	800～850	0.1～1.0

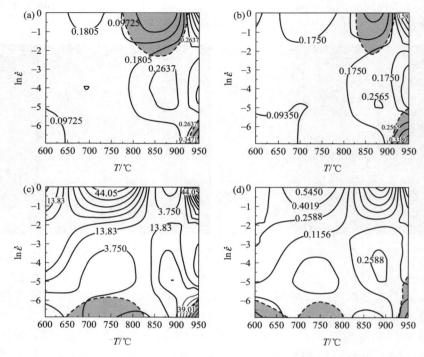

图 8-17 弥散铜-0.9% Al₂O₃ 复合材料的热加工图

（a）0.2；（b）0.3；（c）0.4；（d）0.5

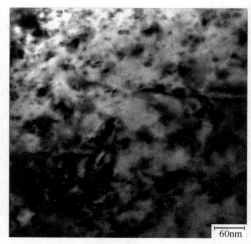

图 8-18 800℃、变形速率为 0.1s⁻¹ 时弥散铜-0.9% Al₂O₃ 复合材料的 TEM 微观结构

◆ 参考文献 ◆

［1］ 李红霞，田保红，宋克兴，等．内氧化法制备 Al₂O₃/Cu 复合材料［J］.兵器材料科学与工程，2004，27（5）：64-68.

［2］ Nadkarni A V. Dispersion strengthened copper properties and applications［M］.Cleveland：SCM Metal Products，1985：51-59.

［3］ 李美霞，罗骥，郭志猛，等．高塑高强纳米 Al₂O₃-Cu 复合材料［J］.北京科技大学学报，2010，32（2）：230-233.

［4］ Song K X，Jian D X，QiM D，et al. Optimization of the processing parameters during internal oxidation on of Cu Al alloy powders using an artificial neural net-work［J］.Materials and Design，2005，26（11）：337-341.

［5］ 田保红，宋克兴，刘平，等．高性能弥散强化铜基复合材料及其制备技术［M］.北京：科学出版社，2011：44-60.

［6］ 王武孝，袁森，宋文峰．Al₂O₃/Cu 复合材料的研究进展［J］.特种铸造及有色金属，1998（5）：50-51.

［7］ Motta M S，Jena P K，Brocchi E A，et al. Characterization of Cu-Al₂O₃ nano scale composites synthesized by in situreduction［J］.Materials Science and Engineering，2001，26（15）：175-177.

［8］ 程建奕，汪明朴，李周，等．纳米 Al₂O₃ 粒子弥散强化铜合金冷加工及退火行为［J］.稀有金属材料与工程，2004，33（11）：1178-1181.

［9］ Viseslava R，Dusan B，Milan T J. Properties of copper matrix reinforced with various size and amount of Al₂O₃ particles［J］.Journal of materials processing Technology，2008，200（3）：106-114.

［10］ 张家敏，亢若谷，彭茂公，等．产业化制备弥散强化铜材料的性能及工艺研究［J］.云南冶金，2004，33（6）：25-28.

［11］ 李美霞，罗骥，郭志猛，等．纳米 Al₂O₃ 弥散强化铜复合材料的产业化制备及研究［J］.材料导报，2010，24（1）：50-52.

［12］ 王孟君，娄燕，张辉，等．弥散强化铜电阻焊电极材料的研制［J］.矿冶工程，2000，20（2）：54-56.

［13］ 韩胜利，田保红，刘平，等．点焊电极用弥散强化铜基复合材料的进展［J］.河南科技大学学报，2003，24（4）：16-19.

［14］ 刘爱辉，周祝龙，丁红燕，等．原位复合法制备高强高导 Al₂O₃/Cu 复合材料［J］.热加工工艺，2011，40（8）：96-98.

［15］ 郭明星，汪明朴，李周，等．机械合金化制备不同粒子弥散强化铜合金的研究［J］稀有金属，2004，28（5）：926-930.

［16］ 徐磊，梁淑华，范志康．高强度高导电率 Cu-Al₂O₃ 复合材料的制备［J］.热加工工艺，2002（1）：39-40.

［17］ Morris M A，Morris D G. Microstructual refinement and associated strength of copper alloys obtained by mechanical alloying［J］.Materials Science and Engineering，1989，A111：115-127.

［18］ ［日］长谷川正义．喷射弥散铜强化合金［M］.卞为一，万国朝译．北京：国防工业出版社，1986：160-172.

[19] 高闰丰，梅炳初，朱教群，等．弥散强化铜基复合材料的研究现状与展望 [J].稀有金属快报，2005，24（8）：1-6.

[20] 黄培云．粉末冶金原理 [M].北京：冶金工业出版社，1982：210-223.

[21] 刘爱辉，周祝龙，丁红燕，等．原位复合法制备高强高导 Al_2O_3/Cu 复合材料 [J].热加工工艺，2011，40（8）：96-98.

[22] 徐磊，梁淑华，范志康．高强度高导电率 Cu-Al_2O_3 复合材料的制备 [J].热加工工艺，2002，（1）：39-40.

[23] 胡锐，商宝禄，李华伦，等．高强高导电 Cu 基复合材料的新型制造技术 [J].兵器材料科学与工程，1998，21（6）：40-43.

[24] 贾燕民，丁秉钧．制备弥散强化铜的新工艺 [J].稀有金属材料与工程，2000，29（2）：141-143.

[25] 程建奕，汪明朴，李周，等．Cu-Al_2O_3 纳米弥散强化铜短流程制备工艺及性能 [J].材料科学与工艺，2005，13（2）：127-130.

[26] Wadley H N G, Zhou X W, Johnson R A, et al. Mechanisms model and methods of vapor deposition [J].Progr Mater Sci, 2001, 46: 3-9.

[27] 刘柏雄，韩宝军，陈一胜，等．溶胶-凝胶法制备 Al_2O_3 弥散强化铜基复合材料 [J].铸造，2006，（55）3：252-253.

[28] 赵瑞龙．钨铜复合材料的制备及热变形和热加工图研究 [D].洛阳：河南科技大学，2011：30-41.

[29] 冯江．WC/Cu-Al_2O_3 触头材料的组织与性能的研究 [D].洛阳：河南科技大学，2012：43-48.

[30] 李美霞，罗骥，郭志猛，等．内氧化法制备纳米 Al_2O_3 弥散铜复合材料的研究 [J].粉末冶金技术，2011，29（3）：214-217.

[31] 张运，武建军，李国彬，等．铜铝合金的内氧化 [J].材料科学与工艺，1999，7（2）：91-95.

[32] 申玉田，崔春翔，申玉发，等．Cu-Al 合金内氧化的热力学分析 [J].稀有金属材料与工程，2004，33（6）：87-92.

[33] Li G B, Sun J B, Guo Q M, et al. Fabrication of the nanometer Al_2O_3/ Cu composite by internal oxidation [J].Journal of Materials Processing Technology, 2005, 11 (170): 336-340.

[34] 于艳梅，李华伦，张先锋，等．内氧化法制备 Al_2O_3-Cu 复合材料的反应动力学分析 [J].西北工业大学学报，2000，18（4）：661-663.

[35] 国秀花，宋克兴，邸建新，等．Al_2O_3 弥散强化铜基复合材料的研究现状与进展 [J].材料开发与应用，2006，21（4）：41-45.

[36] 彭北山，宁爱林．提高弥散强化铜合金强度的主要方法 [J].冶金丛刊，2004，153（5）：4-6.

[37] 杜宇，赵永庆，戚运莲，等．Ti26 钛合金热压缩变形行为 [J].稀有金属材料与工程，2008，37（s4）：630-633.

[38] 胡赓祥，蔡 ，戎咏华，等．材料科学基础 [M].上海：上海交通大学出版社，2006.

[39] 石德珂．材料科学基础 [M].北京：机械工业出版社，2003.

[40] 冯江，田保红，孙永伟，等．弥散铜-WC 复合材料的热变形行为及热加工图 [J].2012，37（3）：66-69.

[41] 杨雪瑞，田保红，张毅，等．Cu-Al_2O_3 复合材料热变形行为及加工图 [J].金属热处理，2012，37（12）：26-29.

[42] Hajri M, Melende Z A, Woods R, et al. Influence of heat treatment on tensile response of an oxide dispersion strengthened copper [J] J Alloys Compd, 1999, 290: 290-296.

[43] Song K X, Liu P, Tian B H. Stabilization of nano Al_2O_3p/Cu composite after high temperature annealing treatment [J].Materials Science Forum, 2005: 475-479.

[44] 张博，彭艳，孙建亮，等．加氢反应器筒节材料动态再结晶临界条件 [J].热加工工艺，2012，41

（22）: 13-16.

[45] Sellars C M, Mctegart W J. On the mechanism of hot deformation [J].Acta Metal, 1966, 14 （9）: 1136-1138.

[46] Bruni C, Forcellese A. Gabrielli F. Hot workability and model for flow stress of NIMONIC 115 NI-base super alloy [J].Journal of Materials Processing Technology, 2002, 24（2）: 125-126.

[47] Zener C, Hollomon J H. Effect of strain-rate upon the plastic flow of steel [J].Appl Phys, 1944, 15（1）: 22-27.

[48] Rao K P, Doraivelu S M, Roshan H M, et al. Deformation processing of an aluminum alloy containing particles: studies on Al-5PciSi alloy 4043 [J].Metal allurgical and Materials Transactions A, 1983, 4（8）: 1671-1679.

[49] Prasad Y V R K, Sasidhara S. Hot working guide: A compendium of processing maps [M]. Materical Park, OHASM International, 1997.

[50] 王艳, 王明家, 蔡大勇, 等. 高强度奥氏体不锈钢的热变形行为及其热加工图 [J].材料热处理学报, 2005, 26（4）: 65-69.

[51] 孙耀峻.16Mn2VB 非调质钢热变形行为及热加工图 [J].热加工工艺, 2010, 39（20）: 48-51.

[52] Srivatsan T S, Hajri A M, Troxell J D. The tensile deformation cyclic fatigue and final fracture behavior of dispersion strengthened copper [J].Mech Mater, 2004, 36（7）: 99-104.

[53] 曹素芳, 潘清林, 刘晓艳, 等. Al-Cu-Mg-Ag 合金的热变形加工图及其分析 [J].材料科学与工艺, 2011, 19（2）: 126-129.

[54] Su H K, Dong N L. Recrystallization of alumina dispersion strengthened copper strips [J].Materials Science and Engineering A, 2001, 12（3）: 115-121.

[55] 王迎新.Mg-Al 合金晶粒细化、热变形行为及加工工艺的研究 [D].上海: 上海交通大学, 2006, 59-65.

[56] Rigney D A. Commends on the sliding wear of metals [J].Tribology international, 1997, 30 （5）: 361-367.

[57] 邱常明. 道岔用高锰钢力学性能试验及耐磨机理研究 [D].唐山: 河北理工大学.2007: 84-97.

[58] 贾均红, 周惠娣, 王静波, 等. 青铜-石墨复合材料在干摩擦和水润滑下的摩擦磨损性能及磨损机理研究 [J].摩擦学学报, 2002, 22（1）: 36-39.

[59] Balamurugan G M, Muthukannan D V, Anandakrishnan V. Comparison of high temperature wear behavior of plasma sprayed WC-Cocoated and hard chromium plated AISI 304 austenitic stainless steel [J].Materials and Design,2012, 35: 640-646.

[60] 韩晓明, 高飞, 宋宝韫, 等. 摩擦速度对铜基摩擦材料摩擦磨损性能影响 [J].摩擦学学报, 2009, 29（1）: 89-95.

[61] 李彬, 王红. 温度对 Al₂O₃/ZrB/ZrO₂ 复合材料摩擦磨损特性的影响 [J].功能材料, 2012, 19 （43）: 9-1.